高职高专计算机类专业系列教材

ASP.NET 动态 Web 开发
项目化教程

主　编　柴继红

副主编　王毅峰

西安电子科技大学出版社

内 容 简 介

本书基于“互联网+医疗健康”行业背景，根据产品实施与软件开发等岗位技能需求，以实际工作流程来设计项目框架。书中内容以 SQL Server 数据库应用和 ASP.NET Web 开发的任务实施为主，知识讲解为辅，兼顾项目化动态 Web 开发实践与网络协议、数据库管理和 ASP.NET 应用的知识体系。以 GH 子系统的开发为项目载体，知识体系主要内容包括 HIS 系统行业软件业务流程、TCP 及 HTTP 等网络协议基础、数据库查询与统计、数据维护与管理、数据库设计、面向对象的 C#基础、ASP.NET 的三层架构、一般处理程序、ASP.NET 内置对象、ADO.NET 数据访问对象、服务器控件、数据源控件、数据绑定等核心模块，由浅入深，帮助读者快速入门。

本书适合应用型本科和高职院校师生使用，也可作为 Web 应用初级开发人员的参考书。

图书在版编目(CIP)数据

ASP.NET 动态 Web 开发项目化教程 / 柴继红主编. —西安：西安电子科技大学出版社，2020.11

ISBN 978-7-5606-5864-3

Ⅰ. ①A… Ⅱ. ①柴… Ⅲ. ①网页制作工具—程序设计—教材 Ⅳ. ①TP393.092.2

中国版本图书馆 CIP 数据核字(2020)第 173299 号

策划编辑 陈 婷
责任编辑 张嫣然 陈晓辉 陈 婷
出版发行 西安电子科技大学出版社(西安市太白南路 2 号)
电 话 (029)88242885 88201467 邮 编 710071
网 址 www.xduph.com 电子邮箱 xdupfxb001@163.com
经 销 新华书店
印刷单位 陕西精工印务有限公司
版 次 2020 年 11 月第 1 版 2020 年 11 月第 1 次印刷
开 本 787 毫米×1092 毫米 1/16 印 张 20
字 数 478 千字
印 数 1～1000 册
定 价 45.00 元
ISBN 978 - 7 - 5606 - 5864 - 3 / TP

XDUP 6166001-1

前　言

ASP.NET 技术是当今 Web 应用开发三大主流技术之一，它提供了丰富的控件和服务，开发人员可以用尽可能少的代码轻松构建安全可靠、功能强大的 Web 应用，因此在各行业应用软件中占有一定的市场份额，如智慧医疗、电子商务、智能餐饮、工业互联网等行业领域。

国家“十三五”规划提出了创新未来的健康理念和医疗服务模式，加强医疗信息化、远程医疗服务、智慧健康管理等细分领域的发展。本书选取“互联网+医疗健康”为动态 Web 开发项目化设计的行业场景，由 HIT 企业一线工程师杨浩老师担任技术顾问，通过分析智慧医疗健康行业领域 Web 应用软件的产品实施、技术支持与软件开发岗位的核心技能，确定教材的知识技能模块和项目任务。

本书以 GH 子系统为教学载体，由入门篇(走进 HIS 的 Web 世界)、进阶篇(GH 数据库应用与设计)、实战篇(GH 子系统 Web 开发)构成三层体系模式。采用项目化任务驱动的方式，带领读者由浅入深，分别从 Web 协议、数据库设计、动态 Web 开发三个模块全面系统地学习基于 ASP.NET 动态 Web 开发相关的核心技能，在完成项目实践任务的同时，快速系统地构建知识体系。

入门篇　走进 HIS 的 Web 世界(项目一)：介绍医疗信息系统的行业背景和技术前沿，对门诊 HIS 的工作流程模块进行详细讲解和实操训练；通过 Wireshark 软件分析 TCP/IP 协议和 HTTP 协议的数据交互流程，构建 IIS、Node.js 等 Web 服务器，体验基于 HTTP 协议的 B/S 软件架构。

进阶篇　GH 数据库应用与设计(项目二～项目五)：搭建 SQL Server 环境，实现对于 GH 数据库的简单查询、分组查询统计、多表查询、构建视图和存储过程等综合应用；使用 SQL 语句的方式来管理数据库中的数据，包括增、删、改等对数据的基本维护管理操作，以实现对数据字典信息的维护；学习 GH 数据库的设计开发流程，包括数据库的需求分析、数据库的概念及逻辑设计、数据库的物理实现等核心技能，学习使用 CREATE、ALTER、DROP 等 DDL 数据定义类语言进行数据库对象的定义，解决数据库设计和实现过程中所面临的数据完整性问题。

实战篇　GH 子系统 Web 开发(项目六、项目七)：实战演练小型项目 GH 子系统，掌握基于 B/S 架构的小型信息系统的软件工程开发方法和技能；重点训练基于 ASP.NET 开发环境下的项目开发流程及部署方法，开发 ASP.NET Web Form 应用和 C#类，学习基于 C#的面向对象的核心思想；重点学习操作 ASP.NET 数据库访问基础，数据源控件及数据展现控件等数据绑定的通用方法和技能，以及前端页面展示组件的综合应用开发。

针对动态 Web 开发类教材大都缺乏行业应用场景的深度融合，缺少基于行业岗位技能工作流程的工学结合项目化教学设计等问题，本书设计的项目源于企业“工作实务”，面向健康与医疗服务行业领域，强化训练“医工融合”的岗位核心技能。以 GH 子系统的应用及开发为课程的项目化教学载体，模拟医疗软件公司新入职员工的培训学习过程，通过三个篇章的项目模块构成逐级进阶的三层体系模式，内容深入浅出，由现象到本质，做中学、学中练，以项目任务为导向，由任务入手引出相关知识，通过任务实现过程的技能训练，强化学生对 Web 开发的编程、调试综合能力。

本书采用“任务分析思路引导、相关知识点探究、开发实战攻略、综合能力拓展”的教学方法，突出“做中学”的实践教学过程，通过项目引入、知识讲解、实践提高，逐步为读者建立完整的知识技能体系，使读者能够根据指引自学完成项目开发，零基础实现基于 ASP.NET 的动态 Web 开发。

本书中的项目所采用的开发环境为 VS.NET 2015 和 SQL Server 2017 数据库。需要源代码的读者可与编者联系(编者邮箱：chaijih@szpt.edu.cn)。由于编者水平有限，加之时间仓促，书中难免存在疏漏与不足，敬请读者、同行批评指正。

编　者

2020 年 4 月

目　　录

入门篇　走进 HIS 的 Web 世界

进阶篇　GH 数据库应用与设计

实战篇　GH 子系统 Web 开发

入门篇

走进 HIS 的 Web 世界

项目一　走进 HIS 的 Web 世界

项目分析

小张成功应聘了一家医疗信息软件公司，从产品实施和技术支持岗位开始轮岗实习。但是小张对于医疗信息系统软件产品以及系统的网络应用模式都不是很熟悉，因此公司为他安排了专人指导的入职培训。首先培训学习了整个医疗信息系统的技术前沿，然后重点就门诊 HIS 系统工作流程进行了详细讲解和实操训练。由于公司的产品是基于 Web 应用的软件模式，小张还认真学习了企业局域网网络拓扑、网络设备、网络协议等计算机网络的基础知识，系统掌握了 Internet 的工作模式，理解了 TCP/IP 协议和 HTTP 协议的数据交互流程，掌握了 Web 应用系统的软件架构，全面了解了医院信息系统的各业务功能模块，掌握了 HIS 软件的安装实施测试流程，学习了常见问题的解决方案。下面，我们和小张一起，来完成门诊 HIS 的操作应用、门诊 HIS 系统的网络架构分析、门诊 HIS 的 Web 信息流监测等学习任务吧。

任务 1.1　门诊 HIS 的操作应用

任务描述

医院的门诊业务是医院业务的重要组成部分之一，是医院对外服务的窗口。门诊系统利用计算机软硬件技术、网络通信技术等现代化信息技术手段对医院进行科学化、规范化、标准化的综合性管理。门诊系统涉及的相关部门有门诊挂号室、门诊病案室、门诊各诊疗科室医生工作站、门诊收费处、门诊药房、门诊检验科等医技科室。通过患者在医院的就诊过程，这些部门就被有序地连接在一起，仿佛一个个独立的齿轮被一个链条有机地串联在一起一样，推动着医院的车轮运行。门诊 HIS 就像是这个链条，从每个齿轮中获得信息，并将之传递到下一个齿轮，最终使我们获得一套完整的临床信息。

门诊 HIS 的设计开发也都是遵循各部门科室的流程规定而进行的，符合上级行政主管部门及医院的各项要求。卫生部颁布的《医院信息系统基本功能规范》是 HIS 系统设计开发的指南和评审标准。小张实习期间，认真研究学习了门诊 HIS 的标准化流程，包括各模块的业务流程图及操作应用方法。他发现，虽然有很多公司开发 HIS，信息管理方式和操作界面也略有差异，但基本的业务流程都是遵循规范设计的，所以学习起来也就没有那么复杂混乱了。

小张按照患者就诊的流程，分别参照如下 3 个子任务，完成了门诊 HIS 的分析和软件操作应用，从而深刻理解了门诊 HIS 的业务流程。

(1) 分析门诊患者就诊流程；

(2) 门诊 HIS 基本就诊流程应用；

(3) 门诊 HIS 查询与统计应用。

学一学

1.1.1 智能医疗信息化进程

随着信息技术的快速发展，越来越多的医院正在加速实施数字化医院的建设，以提高医院的服务水平和核心竞争力。数字医疗不是数字化医疗设备的简单集合，而是把计算机网络技术、信息管理技术、物联网通信技术等综合应用于整个医疗过程的一种新型智慧医疗技术。

1. HMIS

医院管理信息系统(Hospital Management Information System，HMIS)在我国的应用，开始于 20 世纪 80 年代末期，最初主要实现了医院财务物资等信息管理功能，多使用单机版应用软件，即传统的医院信息系统(Hospital Information System，HIS)，主要负责医院的管理过程信息化，相当于信息的收集、加工与决策过程。医院信息系统是指利用计算机软、硬件技术，网络通信技术等现代化手段，对医院及其所属各部门的人流、物流、财流进行综合管理，对在医疗活动各阶段中产生的数据进行采集、存储、处理、提取、传输、汇总、加工生成各种信息，从而为医院的整体运行提供全面的、自动化的管理及各种服务的信息系统。医院信息系统是现代化医院建设中不可缺少的基础设施与支撑环境。HMIS 的主要目标是支持医院的行政管理与事务处理业务，减轻事务处理人员的劳动强度，辅助医院管理，辅助高层领导决策，提高医院的工作效率，从而使医院能够以更少的投入获得更好的社会效益与经济效益。例如，财务系统、人事系统、住院病人管理系统、药品库存管理系统等就属于 HMIS 的范围。

2. CIS

随着我国整体信息化建设的开展，HMIS 已经不能满足医院的信息化需求，于是，以北京 301 医院信息科为首的科研团队从 20 世纪 90 年代初期就开始了基于 C/S 架构的临床信息系统研究。2000 年前后，随着通信技术和光纤技术的发展，以及存储装置容量的提高，影像信息的传输和存储变得越来越方便，医学影像存档与传输系统(Picture Archiving and Communication Systems，PACS)便应运而生，并且为形成真正意义的电子病历提供了契机，指纹识别和数字签名技术的发展也给电子病历的保存和传输合法性提供了保证。在此阶段，PACS 和实验室信息系统(Laboratory Information System，LIS)开始逐渐与 HIS 及电子病历系统相融合，也就是构建基于患者信息的临床医疗信息系统(Clinical Information System，CIS)。

CIS 的主要目标是支持医院医护人员的临床活动，收集和处理病人的临床诊疗信息，丰富和积累临床医学知识，并提供临床咨询、辅助诊疗、辅助临床决策，提高医护人员的工作效率，为病人提供更多、更快、更好的服务。例如，住院医嘱处理系统、病人床边系统、医生工作站系统、LIS、放射科信息系统、PACS、药物咨询系统等就属于 CIS 的范围。

一个完整的医院信息系统(Integrated Hospital Information System，IHIS)应该既包括医院管理信息系统，又包括临床医疗信息系统。当然 HMIS 和 CIS 也不是截然分开的，HMIS 中常常会涉及一些病人的临床信息，特别是它所收集的病人主索引、病案首页等信息往往是 CIS 中以病人为中心的临床医疗信息的基础。而 CIS 一旦建立，也往往会使 HMIS 工作得更准确和更有效率。因此，业界一般使用 CIS 来概括现阶段的医院信息系统，等同于 IHIS，包括 HIS、PACS、LIS 等子系统的融合体系。一个典型的医院数字化平台硬件框架如图 1.1.1 所示，医院内部局域网分为三层网络体系，各功能科室进行信息的收集和接入，由各楼宇进行汇聚交换至信息中心的核心层交换路由器，而位于信息中心机房的服务器也通过此局域网提供 HIS、PACS、LIS 等各个子系统的信息存储和处理服务。医院内部信息系统通常需要通过外部接口连接一些医疗信息数据通用接口系统，因此医院局域网可以通过防火墙连接外网系统。外部通用数据接口系统一般包括社区卫生信息系统、医疗保险信息系统、远程医学信息系统以及新型农村合作医疗信息系统。

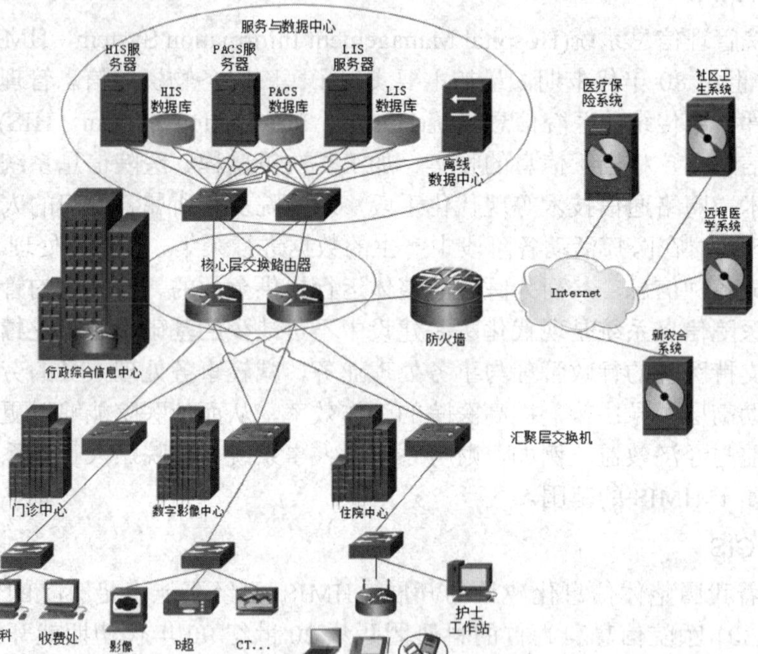

图 1.1.1 医院数字化平台硬件框架

3. 互联网+医疗健康

“互联网+医疗健康”是计算机技术、通信技术、物联网技术与医疗健康管理相结合而产生的新一代医疗信息化应用领域。2015 年前后，随着互联网技术的迅猛发展和智能手机终端设备的大量普及，互联网+医疗不再只是一个概念，而是有了实施推广的根基。远程医疗、分级诊疗、移动健康监测等新兴医疗模式正逐步得以落实，同时，医联体、医共体、家庭医生等名词也如雨后春笋般层出不穷。

1) 远程医疗

所谓远程医疗，是指使用远程通信技术、全息影像技术、计算机多媒体等技术手段发挥大型医学中心在医疗技术和设备上的优势，为医疗条件较差的地区及特殊环境提供远程会诊及护理、远程手术指导、远程医疗信息服务、远程教育等医学活动。图 1.1.2 所示为典型的远程医疗系统平台，采用高清视频会议系统设备组建，手术室、主任室、远程会诊中心、示教室和观摩室各配置一套视频电视终端，MCU 放置在机房，存储服务器设置在资料室，MCU、会议终端、网管服务器、存储服务器均接入医院局域网，通过医院的千兆以太网实现与 Internet 的互联。

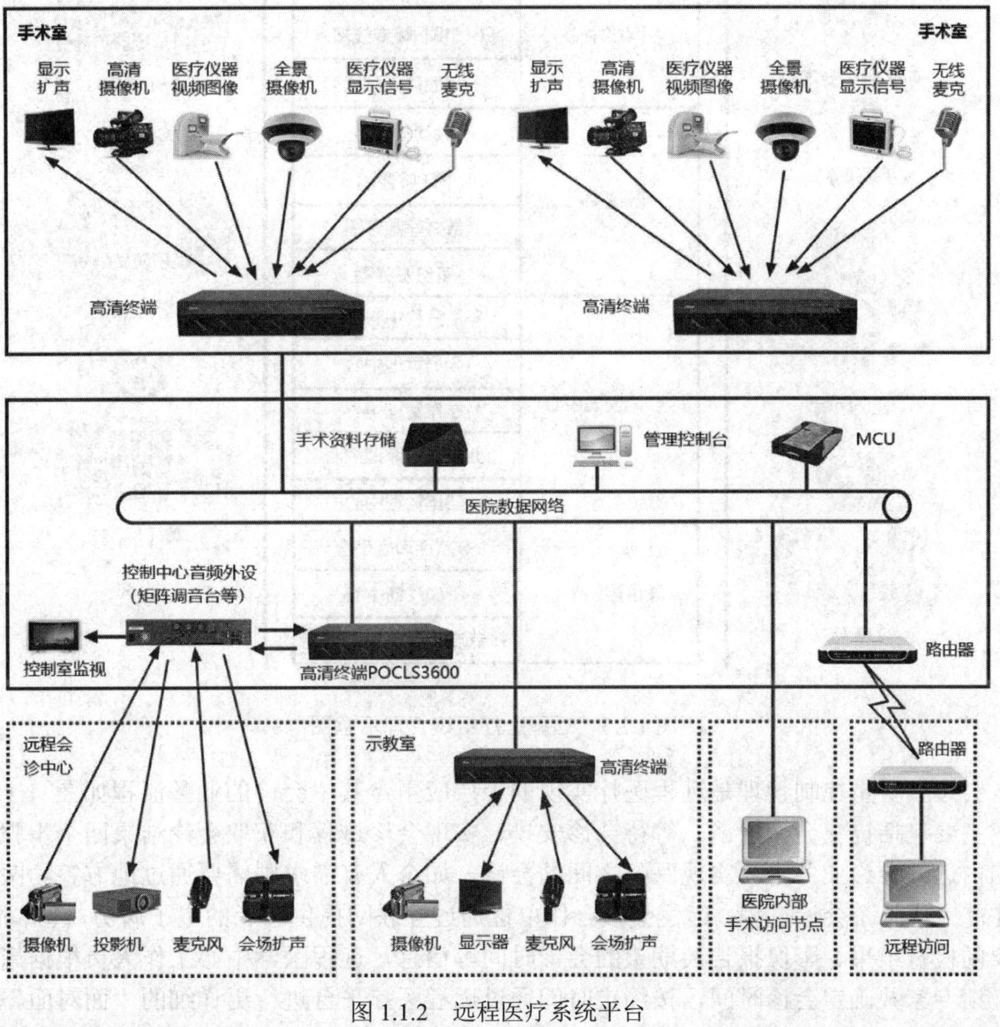

图 1.1.2　远程医疗系统平台

北京 301 医院作为医疗技术领军单位，建立了基于有线通信网络的远程医疗系统平台，与国内多个地方医院签订了远程医疗服务协议，提供优质的医疗服务。同时，还建立了基于卫星通信网络的全军远程医学信息网络平台，截至 2017 年，已通过 700 多个双向卫星站点、60 余个远程车载卫星移动终端，覆盖了国外、远海、边防等 1300 多个远程诊疗点，为全军会诊超过 1.28 万例次，开辟了医疗航母服务基层的信息新航道。

远程医疗在国外已经发展了近 50 年，而在我国则由北京 301 医院最早于 2009 年开始提供远程医疗服务，近十年迅猛发展，不但实现了利用高速网络进行数字、图像、语音的综合传输，而且实现了实时的语音和高清晰图像交流。

远程医疗组织管理涉及的环节很多，如图 1.1.3 所示，包括网络管理、数据管理、会诊管理、质量控制管理等。

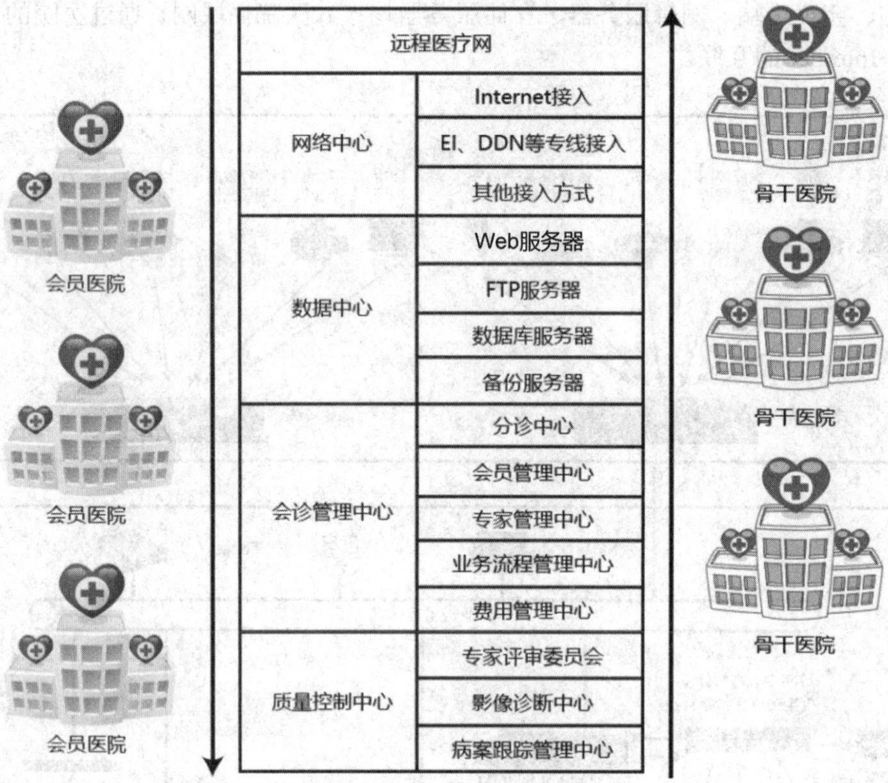

图 1.1.3　远程医疗组织管理示意图

会诊和质量控制管理是远程医疗实现的上层应用，其中会诊的业务流程如图 1.1.4 所示，主要包括提交会诊申请、等待会诊安排、实现会诊过程和获取会诊结果四个步骤。目前国内远程会诊业务主要实现医院之间的会诊，如个人有需求则需要通过地方签约医疗单位才能完成整个会诊过程。远程会诊合作单位通过互联网提供患者的电子病历、基本情况、必要的检查结果、影像报告及期望的会诊时间等信息，远程医学中心工作人员根据患者病情邀请专家并确定会诊时间，按约定时间通过远程医疗平台进行更详细的“面对面”远程会诊，其间也可根据情况邀请其他国内外合作医院联合会诊。会诊结束后，申请单位通过互联网获取专家的书面诊断意见。

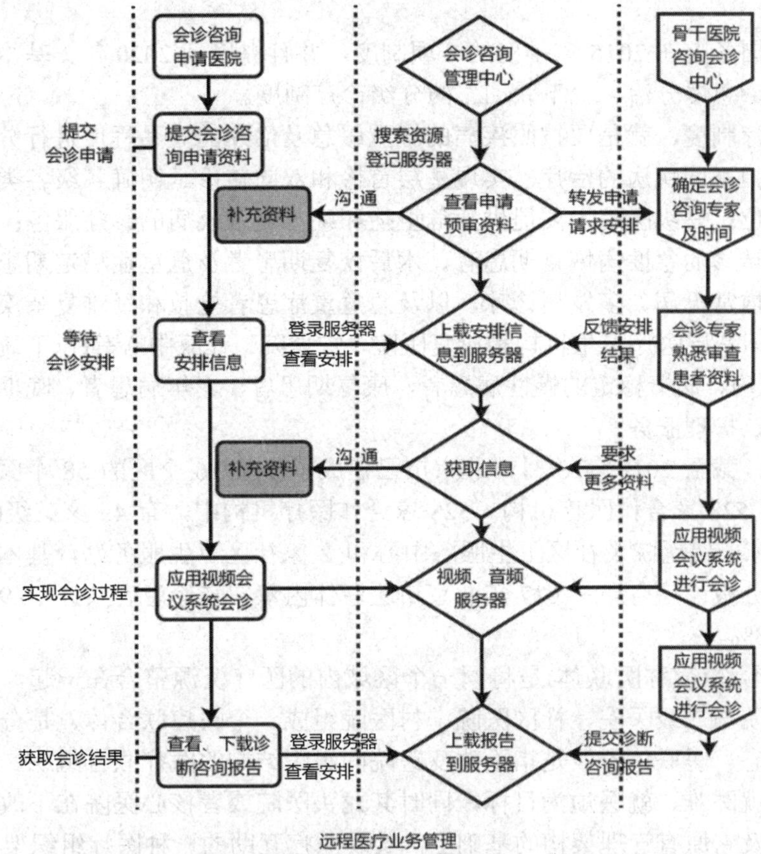

图 1.1.4　远程会诊流程图

网络和数据管理是远程医疗网实现的软硬件基础，提供了基本的通信和业务数据交换存储服务。具体的远程医疗会诊网络协议模型如图 1.1.5 所示，可见远程医疗系统会诊申请端与医院内部的 CIS 也进行信息整合，PACS 子系统采集到的患者影像可以通过网络协议传输到远程的医学中心，各种信息在双方对等层进行无缝传输，因此掌握网络协议对于实施和应用医疗信息系统、远程医疗系统都是极其重要的。

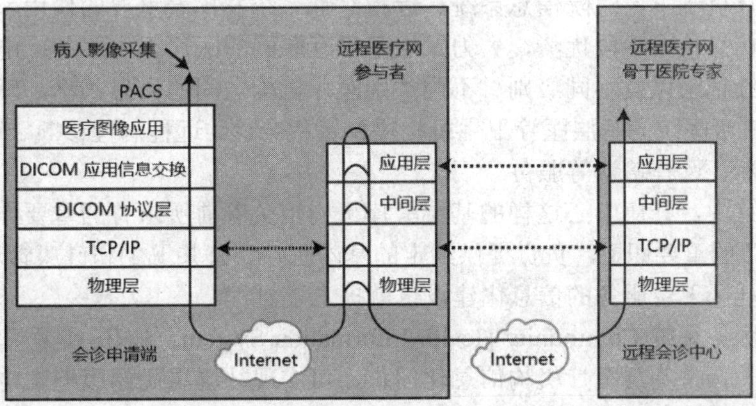

图 1.1.5　远程医疗会诊网络协议模型

2) 分级诊疗

分级诊疗是国务院在 2015 年推出的一项制度，并且提出到 2020 年，基本建立“基层首诊、双向转诊、急慢分治、上下联动”的分级诊疗制度。

所谓分级诊疗制度，就是要按照疾病的轻重缓急及治疗的难易程度进行分级，不同级别的医疗机构承担不同疾病的治疗，实现基层首诊和双向转诊。明确各级各类医疗机构诊疗服务的功能定位：三级医院主要提供急危重症和疑难复杂疾病的诊疗服务；二级医院主要接收三级医院转诊的急性病恢复期患者、术后恢复期患者及危重症稳定期患者；县级医院主要提供县域内常见病、多发病诊疗，以及急危重症患者抢救和疑难复杂疾病向上转诊服务；一级医院即基层医疗卫生机构和康复医院、护理院、社康中心等(以下统称慢性病医疗机构)为诊断明确、病情稳定的慢性病患者、康复期患者、老年病患者、晚期肿瘤患者等提供治疗、康复、护理服务。

据初步统计，截至 2018 年 3 月，北京市已建成了覆盖 16 个区的 58 个医联体，包括 55 家核心医院和 528 家合作医疗机构。528 家合作医疗机构中，有 45 家三级医院、66 家二级医院、415 家一级医院及社区卫生服务中心和 2 家社区卫生服务站，基本形成了以全市医联体为主的分级诊疗格局。2017 年北京市医联体内双向转诊患者共计 16.9 万人次，比去年同期增加 6.3%。

区域医疗联合体(简称医联体)是将同一个区域内的医疗资源整合在一起，通常由一个区域内的三级医院与二级医院、社区医院、村医院组成一个医疗联合体，是分级诊疗制度的载体和基本形态。医联体一般是指不改变医院间组织结构的医疗联合组织。因此，医联体是以解决患者就医难、就医烦为目标，同时其龙头医院或者核心医院在不改变基层医疗组织的属性，以及它原有管理架构的基础上，实现医疗互助的一种医疗组织架构系统。

区域医疗共同体(简称医共体)是加强区域医疗资源共享的推手。医共体即二级医院或县医院与其下属的基层医疗机构整合在一起的一体化机构，在医共体内的医疗机构更加紧密，因此便于二级医院或县级医院将现有的检查检验、消毒供应中心等资源，向一级医院包括基层医疗卫生机构和慢性病医疗机构开放，实现医共体内资源共享最大化。医共体特指一个区域内的医院与其他医疗服务机构和组织联系在一起，重新组合、重新构建的一个整体性的全新医疗组织架构。它的主要特点并不是医疗联合体的属性，而是医疗集团组织的属性。

在分级诊疗机制下，医院信息系统、远程医疗系统发挥着重要的作用，充分发挥互联网、大数据等信息技术手段优势，大力发展基于互联网的医疗卫生服务：电子健康档案和电子病历的连续记录以及不同级别、不同类别医疗机构之间的信息共享，确保转诊信息畅通；鼓励二、三级医院向基层医疗卫生机构提供远程会诊、远程病理诊断、远程影像诊断、远程心电图诊断、远程培训等服务。

在分级诊疗中，社康中心这样的基层医疗机构担负着前所未有的重要作用，肩负着签约“家庭医生”的重要职责，负责提供约定的基本医疗、公共卫生和健康管理服务。因此，基础医疗机构社区卫生服务的信息化建设也就提上了日程。

社区卫生服务系统(Community Health Information System，CHIS)是医疗信息系统的重要组成部分之一，是基层医疗机构信息化门户，可实现社区居民健康档案电子化采集，建立社区健康数据中心，以及对电子化的健康档案数据进行各种医学和社会学统计，从宏观方面了解居民健康或行为方面的动态并及时采取措施。建立社区卫生服务系统的目的是向辖区内人群提供连续、综合、协调的医疗、保健、预防、慢病康复等服务，是以健康为中心实现的初级诊疗、慢病管理和康复服务。因此社区卫生服务系统信息化是“互联网+医疗健康”的重要支撑，也是分级诊疗系统的重要组成。社区卫生服务系统框架如图 1.1.6 所示。

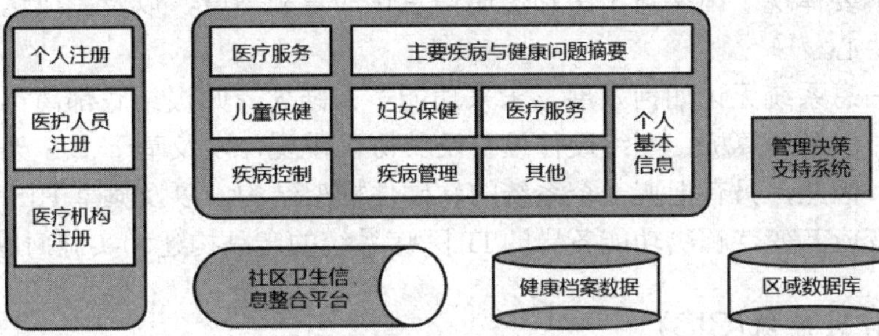

图 1.1.6　社区卫生服务系统框架

3) 移动健康监测

随着我国进入老龄化社会的步伐加快，独居、孤寡的“空巢老人”也正以前所未有的速度增长，移动健康监测对于老年人，冠心病、高血压、糖尿病等慢性疾病的患者和心脏、心血管术后恢复患者的健康管理都是极有意义的。而智能终端、物联网和大数据的高速发展又为移动健康监测的发展提供了必要条件。这类信息化系统主要包括远程心电图、心率、血压、血糖等主要生理参数监测，以及生活方式管理等健康干预在内的整体健康管理方案。移动健康监测对于分级诊疗也是一种有效的技术补充，对于边远地区的基层医疗机构、社区中的慢病患者等，都可以采用移动健康监测设备获取患者生理信息，通过无线通信技术将信息传输到远程的云服务中心，签约的家庭医生或者上级医疗机构都可以很快获取信息并进行诊断和健康管理。图 1.1.7 是一款基于 NB-IoT 的移动健康监测系统框图。

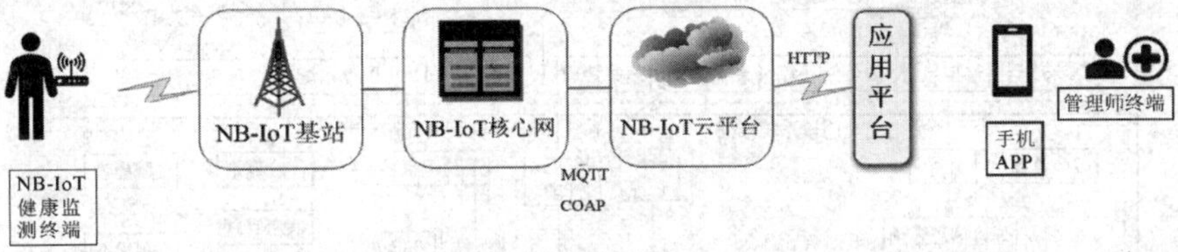

图 1.1.7　移动健康监测系统框图

2018 年 7 月 12 日，国家卫生健康委员会为深入贯彻落实习近平总书记关于推进“互联网+医疗健康”，让百姓少跑腿，数据多跑路，不断提升公共服务均等化、普惠化、便捷化水平的指示要求，决定在全行业开展“互联网+医疗健康”便民惠民活动，提出了最新的“互联网+医疗健康”服务纲要。

可以看出，未来三年“互联网+医疗健康”行业的医疗信息化综合服务主要包括就医诊疗服务、结算支付服务、患者用药服务、公共卫生服务、家庭医生服务、远程医疗服务、健康信息服务、应急救治服务、政务共享服务以及检查检验服务等十项板块。到 2020 年，实现二级以上医疗机构普遍提供分时段预约诊疗、智能导医分诊、候诊提醒、检验检查结果查询等线上服务；预约时段精确到 1 小时以内，并优先向医疗联合体内基层医疗卫生机构预留预约诊疗号源；二级以上医院普遍提供移动支付等“一站式”结算服务；远程医疗服务覆盖全国所有医疗联合体和县级医院；电子健康档案数据库与电子病历数据库互联对接，全方位记录、管理居民健康信息；构建包含脑卒中、心血管病、危重孕产妇、外伤等急救流程的协同信息平台；三级医院要实现院内医疗服务信息互通共享等一系列要求。这个具体的行动纲要体现了国家对于医疗健康信息化的重视力度，以及完成这项任重而道远的惠民工程的决心。

智能医疗信息系统无论如何发展，未来功能多么强大，归根结底都离不开最基础的体系与架构模型，包括计算机、网络硬件设备及其协议模型，以及基于 B/S 架构的信息系统软件体系架构。因此，只有把握一个系统的软硬件框架结构，以及典型 HIS 的流程规范核心，才能以不变应万变，解决功能各异的 IT 医疗系统的产品构建和实施问题。

1.1.2　临床信息系统(CIS)

医疗信息化进程已走向了“互联网+医疗健康”，在医联体和医共体的大环境下，医院内部的信息化依旧是医疗信息数据源的获取终端，因此医院内部 CIS 的构建仍然是医疗信息化的核心和主体，学习和掌握 CIS 的功能模块、基本流程以及信息数据流，对于深入医疗信息化领域具有重要的意义。

1. CIS 概述

CIS 以病人基本信息、经济费用信息和药物物资管理信息为三条主线，业务覆盖临床科室、医疗护理管理部门及各个医技科室。图 1.1.8 所示为典型的 CIS 流程框图，从图中可以清晰地看到患者信息在医院内的流动和传输过程。

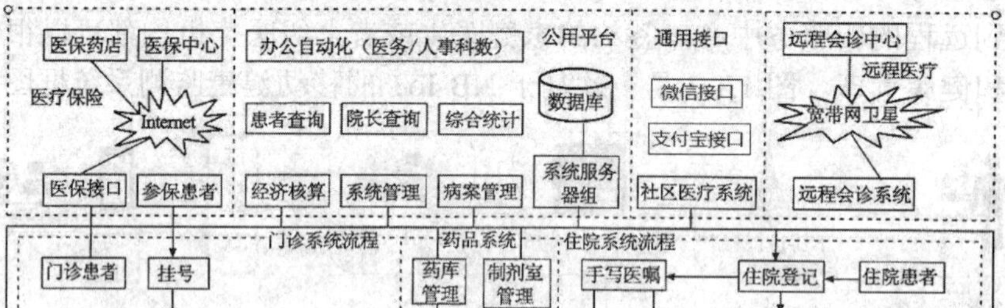

图 1.1.8　CIS 流程框图

对于如此庞大、复杂的信息系统，按照卫生部制定的 HIS 功能规范，大致可以分为 5 个分系统。

1) 临床诊疗分系统

临床诊疗分系统包括门急诊及住院医生工作站、护士工作站、临床检验子系统、输血及血库管理子系统、医学影像子系统、手术麻醉管理子系统。

2) 药品管理分系统

药品管理分系统包括数据准备及药品字典、药品库房管理子系统、门急诊药房管理子系统、住院药房管理子系统、药物知识库。

3) 经济物资管理分系统

经济物资管理分系统包括门急诊挂号子系统，门急诊划价收费子系统，住院病人入/出/转管理子系统，住院收费管理子系统，医嘱处理子系统，财务、经济核算子系统，物资、设备管理子系统。

4) 综合管理与统计分析分系统

综合管理与统计分析分系统包括病案管理子系统、医疗统计查询子系统、院长综合查询和辅助决策子系统、病人咨询服务子系统。

5) 外部接口分系统

外部接口分系统包括医疗保险接口、社区卫生服务接口、远程医疗咨询系统接口等。

2. CIS 核心子系统

1) 门诊管理

按照病人流向划分，人流量最大的莫过于门诊管理，覆盖病人在门诊的挂号预约、门诊护士站候诊、门诊医生工作站就诊、划价、收费、取药等整个过程。其中可使用电话或微信等网络平台预约挂号，也可实地挂号，病人可使用医疗保险、医疗保健 IC 卡(银行卡用于医院信息系统也将成为一种新趋势)，以方便持卡人的一切检查、治疗及取得药品都由计算机网络系统完成划价收费，有些医院信息系统还研制了触摸屏电子咨询系统方便病人就诊，也提高了医院服务质量。

2) 门诊医生工作站

门诊医生工作站是门诊诊疗过程的核心子系统，通常负责管理病人的病历信息，如录入病史、管理该病人的就诊经历、提出检查申请、管理该病人的检查报告、开处方等。该模块的输入功能要求要尽可能智能化，提供标准病历模板、输入提示和药物禁忌等功能，可加快录入速度，提高诊疗效率。另外，由于有网络支持和数据库服务器的管理，病人病历等很多数据可以由各科室(各子系统)共享，如医生工作站提出的心电图检查单，在心电图室检查完成后，临床医生可在自己的工作站查看检查结果，这就方便了病历管理，提高了服务质量。

3) 住院管理

住院管理是负责管理根据病情需要留院观察诊治的病人，包括负责住院登记、病案编目和医务统计等的住院基本信息管理，以及负责病人入/出/转病床的护士工作站及医嘱管理的病房护理信息子系统。从病人入院开始，即可从网络中查询病人的基本信息，安排病床。医生在自己的工作站书写病历、下达各种检查和治疗医嘱，通过网络传输到护理中心，病人可及时得到妥善处理。

4) 病房护理管理

病房护理管理也是住院管理子系统中的重要模块。该模块包括：负责病区床位管理；录入医嘱进行相应处理，并将有关医嘱信息传输到相应的执行部门(如检验检查手术等子系统)；护理计划、记录、评价等护理管理。病房护理管理与住院收费子系统关联，可以进行相应的费用管理。

5) 实验室信息管理子系统

实验室信息管理子系统是检验科室使用的子系统。接收临床(门诊和住院)的检验申请，并将检验结果报告传至临床，这是该模块的主要功能。核心技术包括检验申请单与病历单的编号关联(以保证检验结果准确无误地与该病人对应)；检验设备与计算机的自动数据采集接口设计，快速录入检验结果数据。

6) 检查信息管理子系统

检查信息管理子系统是与 LIS 子系统设计类似的子系统，用于实现心电图、脑电图、B 超、放射科检查等检查项目的信息管理。由于 B 超图像信息管理的复杂性，医院信息系统常把放射医学管理系统的图像统一独立出来，称为医学影像存档与通信系统，即 PACS 子系统。放射医学管理系统包括对 X 线检查、CT、超声检查、核医学检查、核磁共振检查的管理，工作内容包括由计算机生成数字化图像，进行图像处理以提高图像质量，并完成图像归档。

PACS 子系统主要负责接收、获取影像设备的 DICOM3.0 和非 DICOM3.0 的影像数据，支持非 DICOM 影像设备的影像转化为 DICOM3.0 标准数据；提供缩放、移动、镜像、反相、旋转、滤波、锐化、伪彩、播放、窗宽窗位调节等功能；提供 ROI 值、长度、角度、面积等数据测量、标注；支持 JPG、BMP、TWF 等多格式存储，以及转化为 DICOM3.0 格式功能；支持设备间影像传递，海量存储、迁移管理；提供同时调阅病人不同时期、不同影像设备的影像及报告进行对比确诊；支持影像数据的远程发送和接收；提供丰富灵活的诊断模板报告。PACS 涉及大量数据的管理，因此数据准确可靠快速传输很关键；建立可靠的存储体系及备份方案，实现病人信息的长期保存也很关键。

7) 手术、麻醉管理子系统

手术、麻醉管理子系统是专用于住院病人手术与麻醉的申请、审批、安排以及术后有关信息的记录和跟踪等功能的子系统。医院手术、麻醉的安排是一个复杂的过程，合理、有效、安全的手术、麻醉管理能有效保证医院手术的正常进行。手术前根据有关规定完成手术、麻醉的申请和审批信息，提供患者基本信息：姓名、性别、年龄、住院病例号；病区、床号、入院诊断、病情状态、护理等级、费用情况等，完成各项检查和手术器械准备，诊断明确，病人签署手术同意书和麻醉签字单。当然，手术前医生还须开会讨论手术和麻醉方案，提供医生、护士、麻醉、手术用药器械等信息，方能进行手术。术后需要将手术记录、麻醉记录等手术情况，以及病人血压、脉搏、呼吸等信息提交，进行汇总。

8) 输血管理子系统

输血管理子系统是对医院的特殊资源——血液进行管理的子系统，包括血液的入库、储存、供应以及输血科(血库)等方面的管理。其主要目的是为医院有关工作人员提供准确、方便的工作手段和环境，以便保质、保量地满足医院各部门对血液的需求，保证病人用血安全。入库管理，包括录入血液制品入库信息、储血号、品名(如全血、成分血等)、血型、来源、采血日期、采血单位、献血者、包装、数量等；配血管理，实现自动获得临床输血申请单并完成配血信息处理，提供配血信息提示；发血管理，根据临床输血申请单和配血信息进行核实，按照《临床输血技术规范》打印输血记录单，完成发血操作；费用管理，完成入库、血化验(定血型、Rho 检验、配血型等)、发血等过程中的费用记录，并与住院处联机自动计费。另外还有报废管理、自备血管理、有效期管理及查询统计等。

9) 物资和设备管理子系统

物资和设备管理子系统是用于医院后勤物资和设备管理的子系统，设备管理包括：医院大型设备库存管理、设备折旧管理、设备使用和维护管理等功能；设备购增录入、编辑、查询功能；设备增值情况录入、编辑、查询功能；设备出库单录入、编辑、查询功能；设备调配单录入、编辑、查询功能；设备销减管理功能；设备维修情况记录和维修费用管理功能；设备完好情况和使用情况登记管理功能；设备入出总账检索查询和打印功能；设备折旧汇总统计打印功能。另外，设备管理字典维护功能是事务处理的基础，而事务处理后可进行查询统计。

10) 药物信息管理子系统

药物信息管理子系统是用于协助整个医院完成对药品管理的子系统，其主要任务是对药库、制剂、门诊药房、住院药房、药品价格、药品会计核算等信息的管理以及辅助临床合理用药，包括处方或医嘱的合理用药审查、药物信息咨询、用药咨询等。药品库房管理功能包括：录入或自动获取药品名称、规格、批号、价格、生产厂家、供货商、包装单位、发药单位等药品信息以及医疗保险信息中的医疗保险类别和处方药标志等，提供药品入库、出库、调价、调拨、盘点、报损丢失、退药等功能；提供药品字典库维护功能(如品种、价格、单位、计量、特殊标志等)，支持一药多名操作，判断识别，实现统一规范药品名称；药品库存明细统计查询；提供药品的有效期管理，可自动报警和统计过期药品的品种数量和金额，并有库存量提示功能。门诊药房主要负责从药库出库药品的管理：可自动获取药品名称、规格、批号、价格、生产厂家、药品来源、药品剂型、药品属性、药品类别、医保编码、领药人、开方医生和门诊患者等药品基本信息；提供对门诊患者的处方执行划价消减库存功能。住院药房管理功能部分与门诊药房类似，另外还具有分别按患者的临时医嘱和长期医嘱执行确认上账功能。另外还有药品会计核算及药品价格管理功能、制剂管理功能、合理用药咨询功能等。

11) 财务管理子系统

财务管理子系统是涉及费用相关的子系统，涉及多个部门，尤其是门诊管理的挂号划价收费，以及住院管理的出入院管理。当然还有其他辅助子系统生成的费用，原始数据部分可以从其他子系统获得，其余需要手工输入，然后形成各种报表，并进行财务分析，主要是财务管理的业务问题。

12) 医疗统计查询子系统

前面所述的各个子系统产生了病人基本信息、医疗护理信息、经济管理信息和药品物资信息等信息，可以满足医院信息集中存储、分散处理、综合查询的需求，并可用直观的图表形式查询任意时期各部门和各类人员的医疗工作综合信息、卫生经济管理综合信息、病人综合信息等。统计查询子系统在上述各事务处理类子系统获取信息的基础上完成医疗数量和医疗质量指标的统计分析，例如，将当日或当月医疗数据、医疗经济、病种分析、各种统计报表等信息在网上共享，从而大大提高医疗管理的效率。

13) 院长查询辅助决策子系统

CIS 各事务处理子系统产生的基础信息可以帮助管理者及时了解医院运行情况，提高决策质量和效果。例如，通过对病人信息的查询，可以及时了解病人的流动情况、危重病人情况、病房床位占用情况等；在日常医疗管理中，放弃依赖看报表的方式，而是用计算机实时查询，获得最新信息，使管理者有及时可靠的依据进行分析、判断，针对性强；解决了手工管理无法解决的问题，使医院管理更加规范化、标准化和科学化。

在各子系统中，可以看出，门诊和住院是病人在医院的主要功能业务链，是以病人为中心，按照病人诊治流程划分的。而医院内部的各个子系统是相互交错联系的，如门诊、住院子系统需要检查、检验子系统的信息支持方可辅助确诊，而检查、检验子系统需要门诊、住院子系统的病人基本信息的管理才可能有序高效高质地完成辅助检查的任务。

将 CIS 各子系统按大类来划分，包括五个分系统，每个分系统再划分为若干子系统，子系统还可以划分为若干功能模块，各个子系统间、模块间进行频繁的数据传输和处理，共同支持 CIS 的功能实现，这也是我们要学习的企业级业务系统的开发设计思想，分而治之、自顶向下、逐步细化的模块化设计方法。

3. CIS 信息链

医院是信息非常密集的机构，各个医疗和管理环节的信息量极大，而且各子系统间的信息相互交叉共享，因此学习、分析和开发医院信息系统，科学有效地实现数字化医院的信息共享，除了了解上文的系统模块业务流程外，还需要明确各子系统模块的信息构成。

医院的主要业务信息大致分为四类，也就是细分为四条信息链：病人临床医疗信息、医疗费用信息、业务管理信息和综合统计信息。

1) 病人临床医疗信息

病人临床医疗信息包括病人自然信息、住院信息、诊断信息、手术信息、医嘱、检验结果和检查结果(含图像)、病程信息等，这些都是病人就诊流程中的关键信息。

2) 医疗费用信息

医疗费用信息包括在各个诊疗环节发生的检查、处置、手术、药品等各类费用，这些是就诊过程中的另一类基本信息。

3) 业务管理信息

业务管理信息包括完成病人就诊过程中所产生的过程控制信息，如预约就诊信息、出入院信息、药品出入库信息、医疗设备采购信息等，这些信息一般都是局部部门或个别业务环节的过程信息。

4) 综合统计信息

综合统计信息则是由基本信息和业务管理信息加工得到的，如病人流动情况、平均住院天数、效益分析等信息，是派生信息。

以上各类信息的数字化是数字化医院建设的基础和核心，它们不是独立存在的，而是相互关联、层层递进的。在医生工作站、护士工作站、检验科室等环节产生的病人医疗信息是医院信息系统中以病人为中心模式的重要数据源，当然，以病人为中心事务处理流程各环节还同时产生医疗费用信息和业务管理信息。而综合统计信息是在上述三类信息基础上的汇总。

1.1.3 门诊 HIS 需求分析

1. 门诊 HIS 功能需求

CIS 包含五大分系统、数十个子系统，复杂度很高。我们以门诊诊疗过程为业务逻辑主线，集成门诊管理子系统、PACS 子系统、LIS 子系统、门诊医生工作站、药物信息管理子系统、财务管理子系统等多个功能子系统，构建“门诊 HIS”，以此为例来学习医疗信息系统的业务逻辑功能模块及其需求分析方法，掌握行业软件操作应用技能，从而为软件开发奠定技术基础。

典型的门诊 HIS 对门诊业务中发卡管理、挂号分诊、诊室叫号接诊、收费、发药、标本处理等多个环节进行全程管理，主要覆盖病人在门诊就诊期间的各个环节，包括挂号、分诊、诊治、交费、取药、标本采集、检验、检查和复诊等，实现电子处方、电子验单、电子检查单以及门诊电子病历。虽然各医院的管理模式有所区别，但各医院门诊的业务流程却极为类似。门诊业务流程如图 1.1.9 所示，展现了简单的挂号、医生工作站、收费、药房各门诊子系统的功能流程。

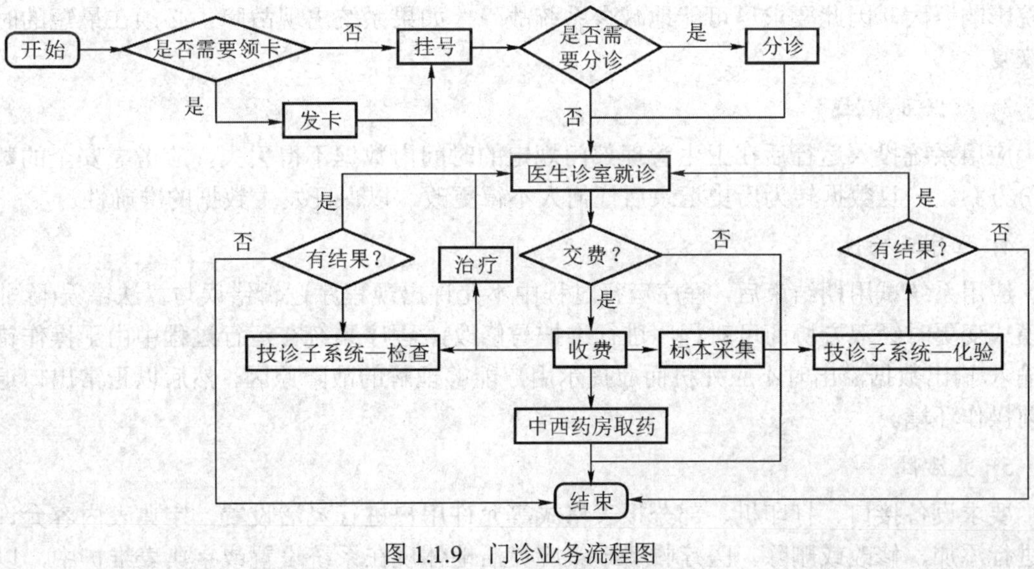

图 1.1.9 门诊业务流程图

患者就诊的第一步即进行身份登记，为更好地管理门诊患者的资料，系统可以采用发放诊疗卡的方法，把卡内号码作为患者在医院的唯一标识。身份登记后进行挂号，等候医生诊治。医生为患者诊治有询问患者病情、体检、诊断、开具门诊医嘱等环节，患者根据医嘱前往收费处交费，再根据需要完成检查、检验、治疗和手术等诊疗过程。

2. 门诊 HIS 性能需求

门诊 HIS 直接面对大量的病人，一般应做到操作简便、快捷、准确、可行，避免和减少操作人员的人为差错；方便病人就诊，缩短就诊时间，减少排队现象；能进行病人的唯一身份管理，建立病人的健康档案；在医生工作站录入信息，以病人信息为中心；与住院、检验、技诊等子系统进行集成，提升门诊系统的功能。

1) 响应时间

门诊系统对实时系统响应速度要求较高，要求每笔事务处理能及时响应，做到当数据录入操作时无等待时间，可以采取优化的设计缩短系统处理每一笔业务的时间。同时应考虑大门诊量的需求，原因如下：

(1) 数据存储量大。三甲医院的日门诊量很大，粗略估计，门诊病人每人次平均约有10 条西药处方、2 条中药处方、2 张检验申请单、1 张检查申请单。不计算电子检查申请单书写电子病历所占空间，平均每人次门诊病人的数据量有 5K 字节。以门诊量为 5000 人次/日的医院为例，每年的数据量约为 875G 字节。如果计算电子检查申请单书写电子病历，所占空间将更大。

(2) 数据吞吐量大。门诊 HIS 将检索大量的中西药品信息、检验项目、检查项目、治疗项目等，所产生的数据量也较大，在系统设计时必须加以考虑。

2) 系统可靠性

门诊是不停顿的业务，要求系统满足 7 天/24 小时全天候运行的要求，在系统设计时必须考虑系统和数据实时热备份的方式，以避免系统出现意外故障。门诊 HIS 系统的瘫痪对医院影响巨大，因此要求尽可能地减少系统故障，如果系统出现故障，必须在最短的时间内恢复。

3) 数据可靠性

应用系统投入运行后在卫生管理部门规定的时间内数据不得丢失，应考虑安全的数据备份方案。一旦数据转为历史记录后任何人不得更改，以保证发生数据的准确性。

4) 程序正确性

应用系统试用期结束后，程序运行过程中不允许出现程序逻辑错误与算法错误(除非管理模式变更时经双方协商可对程序进行维护与修改)，程序系统在运行过程中由于操作错误或输入/输出数据溢出时不应死机而应提示用户能够理解的故障原因，然后以正常出口退出当前操作环境。

5) 灵活性

要求设备接口、打印机、部分报表格式等允许用户进行灵活设置，字典表内容允许用户进行添加、修改或删除。医疗收费政策应灵活地体现在系统设置或字典表维护中，以适应医疗改革的需要。

6) 安全性

对每个用户进行权限设置，并对权限进行分类和分级。系统能够根据用户的权限限制用户使用的功能，不允许非授权用户进入系统。系统管理员或其指定的人员能够给其他用户分配权限。

1.1.4　门诊 HIS 软件体系架构

完成门诊 HIS 的需求分析后，首先是采用模块化的设计思想，按照系统需求和模块划分，把系统分为物理上和结构上相对独立的子系统，都有较健壮的系统特性；同时在逻辑上又属于同一个系统，在宽带网、高性能服务器和一体化软件平台的支持下，子系统之间的数据交换和功能调用几乎是无缝的，这样随着医院业务发展的需求和信息服务内容的增减来修改系统，也只是子系统模块的增删，比较容易实现且不会影响原系统的运行。

目前，大型综合医院医疗信息系统采用网络环境下的应用模式，主流架构包括 C/S 架构和 B/S 架构两种。

1. C/S 架构

C/S 架构是一种比较早的软件架构，主要应用于局域网内。在这之前也经历了集中计算模式，随着计算机网络的进步与发展，尤其是可视化工具的应用，出现过两层 C/S 和三层 C/S/S 架构。

C/S 架构采用两层结构，第一层是在客户机系统上实现界面显示与业务逻辑，第二层是通过网络连接数据库服务器。

C/S/S 架构如图 1.1.10 所示，是把应用服务器作为独立逻辑部分的三层结构，把业务逻辑封装在共享的中间层，不同的客户端都可访问相同的中间层，减少由于在每个单独的客户端应用中重复业务逻辑所造成的冗余，即为“瘦”客户端，这样客户端的应用程序可以写得很小，而把大多数工作交给中间层处理，当然对于这种模式，客户端同样是需要实现一定应用逻辑的，因此需要下载一个客户端，安装后才可以使用。

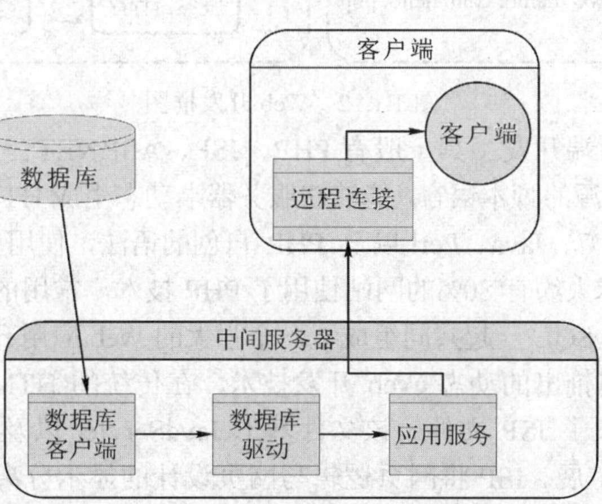

图 1.1.10　C/S/S 三层架构体系

2. B/S 架构

随着 Internet 的高速发展，如图 1.1.11 所示的 B/S/S 架构日益成熟，使得“瘦”客户端可以在浏览器中运行，整个网络采用 TCP/IP 协议，通过 Web 服务，结合浏览器的多种 Script 语言和 ActiveX 技术，用通用浏览器实现原本需要复杂专用软件才能实现的强大功能，可发布静态与动态信息，通过公用网关接口(CGI)与数据库结合，提供大量的动态数据。Web 前端页面主要做一些数据渲染、数据请求等比较精简的逻辑，大部分的逻辑则交给后台来实现。

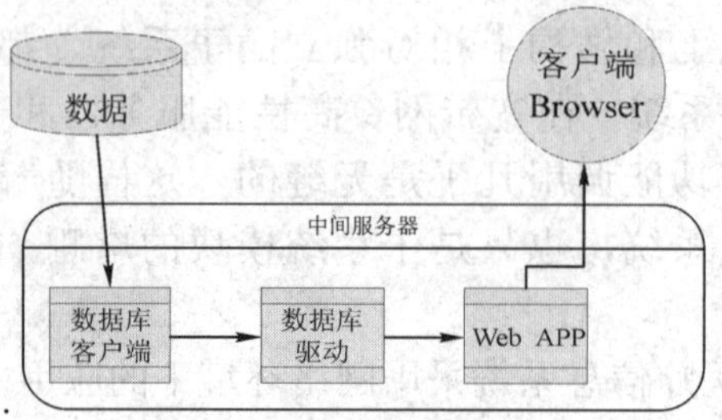

图 1.1.11　B/S/S 三层架构体系

3. 三大 Web 开发平台

如图 1.1.12 所示，主流的 B/S 软件开发架构是基于 WWW 浏览器技术和 TCP/IP 协议实现的。浏览器提交表单数据，采用动态交互模式运行服务器端的服务器程序，并通过该程序来存取数据库进行数据计算，最终把动态 HTML 页面返回客户端浏览器显示。

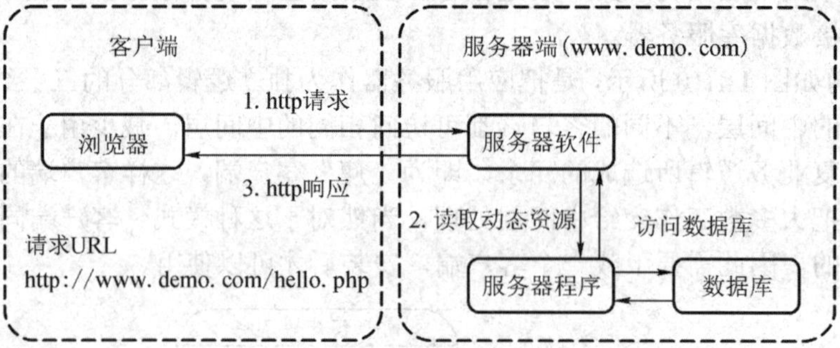

图 1.1.12　Web 开发框图

Web 应用开发的后端开发工具一般有 PHP、JSP、ASP.NET 三大平台。

PHP 是一种通用开源的脚本语言，能够在服务器端动态生成 HTML，并能够访问数据库。PHP 独特的语法混合了 C、Java、Perl 以及 PHP 自创的语法，使用广泛，主要适用于中小型的 Web 开发。目前全球大约有 80%的网站使用了 PHP 技术，常用的框架有 Laravel 等。PHP 与 Linux、Apache 和 MySQL 一起共同组成了一个强大的 Web 应用开发的后台，简称 LAMP。

JSP 是由 Sun 公司推出的动态 Web 开发技术，在传统的 HTML 网页文件中插入 Java 程序段和 JSP 标记形成了 JSP 文件。该文件基于 JavaServlet 以及整个 Java 体系，可实现 HTML 语法中的 Java 扩展。JSP 将网页逻辑与网页设计的显示分离，使基于 Web 的应用程序开发迅速容易。

ASP.NET 是微软公司推出的 Web 开发模型，可以创建包括从小型个人网站到大型企业级 Web 应用等各种类型的项目，系统具有高效、强大、安全可靠等特点，一般选用 C#作为开发语言，使用 Microsoft SQL Server 作为数据库系统，运行于 Windows 的 Web 服务器 IIS(Internet Information Server)之上。一般企业级的 HIS 开发多采用 ASP.NET。

开发基于 B/S 架构的门诊 HIS 系统，需要综合掌握计算机网络、数据库应用以及 Web 开发等技能，本任务学习了解了医疗信息化的背景以及 CIS、门诊 HIS 各子系统模块的功能流程规范，为后续的 Web 开发奠定了良好的应用场景的基础。接下来在继续深入学习和分析网络架构以及 HTTP 信息流传输机制的基础上，将会分别开展 Microsoft SQL Server 和 ASP.NET 等项目的学习。

任务实现

1. 门诊 HIS 基本就诊流程应用

1) 挂号

学生张三由于突发肚子痛去医院看病，挂内科号，如果你是挂号员，请为其办理挂号。挂号界面如图 1.1.13 所示。

提示：民康 HIS 的登录名为 mkuser，密码为 999999。

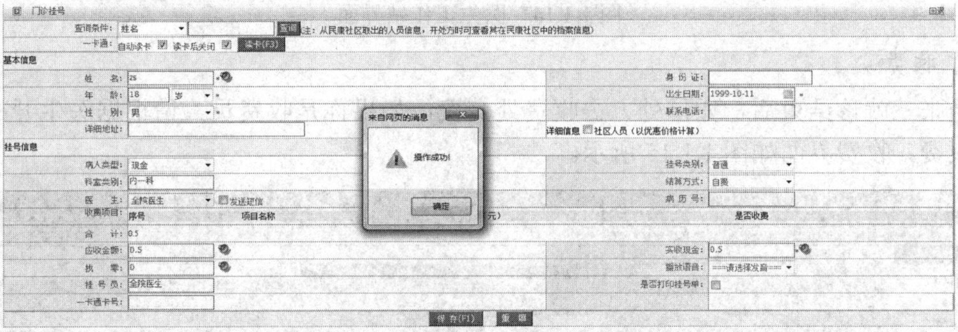

图 1.1.13　挂号界面

2) 看病

如果你是医生，当张三挂完号后，到你的诊室进行看病，请用医生工作站“易迅电子病历”给张三开“药物”处方。医生工作站界面如图 1.1.14 所示。

提示：医生工作站“易迅电子病历”登录名为 999999，密码为 999999。从候诊病人队列中选择病人“叫号”，然后，病人状态就从“候诊”进入“就诊”，当诊疗完成后即进入“已诊”状态。

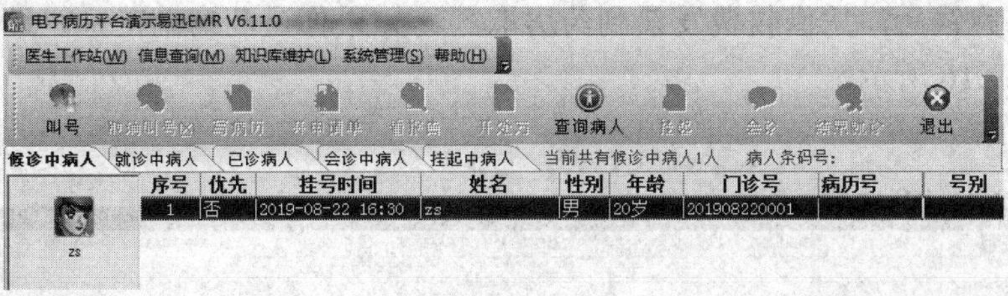

(a)

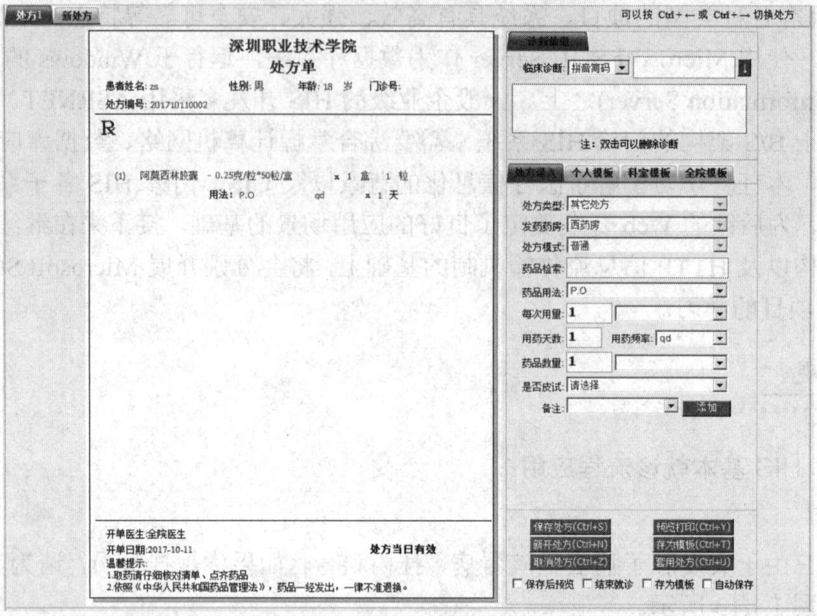

(b)

图 1.1.14　医生工作站界面

3) 收费

当张三就诊结束后，凭借处方去收费处交费，如果你是收费员，请根据医生开的处方进行收费。收费界面如图 1.1.15 所示。

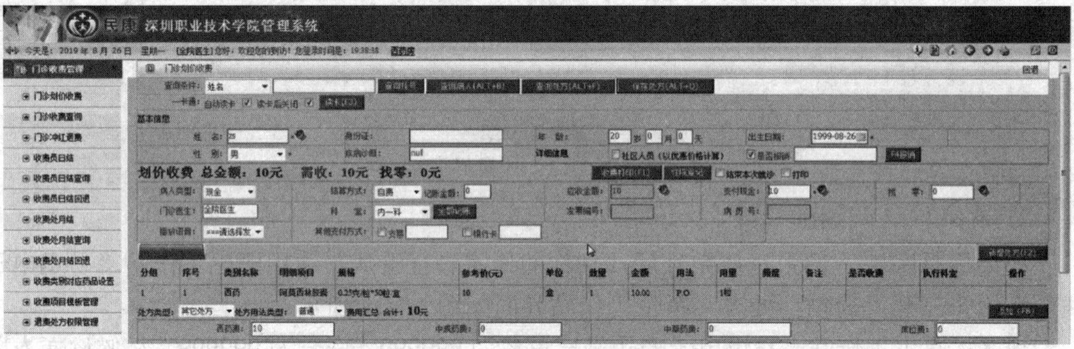

图 1.1.15　收费界面

4) 发药

当张三交完钱后，凭借收费发票到药房取药，如果你是药房药剂师，请进行发药。发药界面如图 1.1.16 所示。

图 1.1.16　发药界面

2. 门诊 HIS 查询与统计应用

1) 门诊挂号子系统

挂号类别维护界面如图 1.1.17 所示。

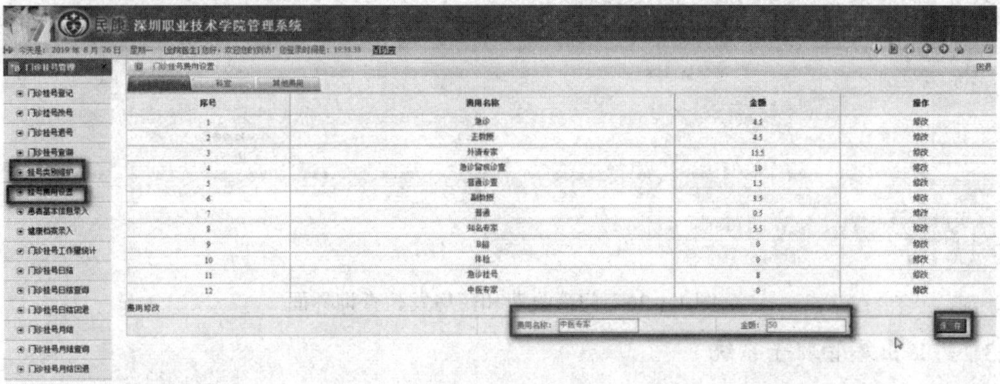

图 1.1.17　挂号类别维护界面

退号界面如图 1.1.18 所示。

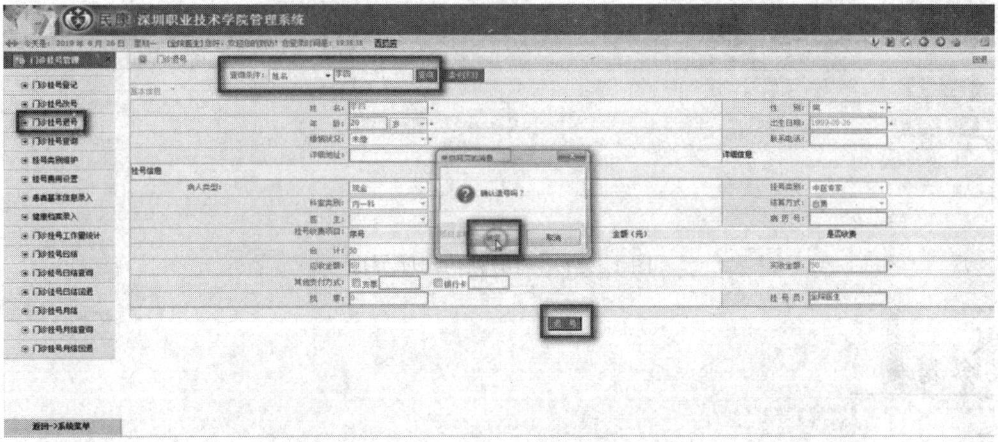

图 1.1.18　退号界面

门诊挂号工作量统计界面如图 1.1.19 所示。

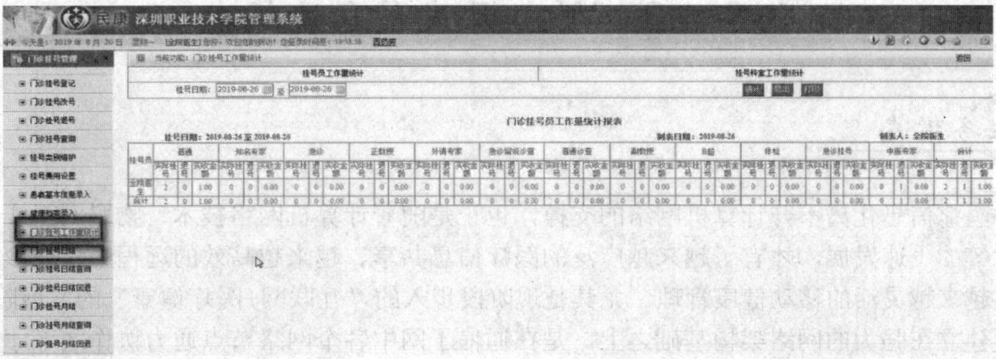

图 1.1.19　门诊挂号工作量统计界面

2) 门诊收费子系统

门诊收费和药房发药查询界面如图 1.1.20 所示。

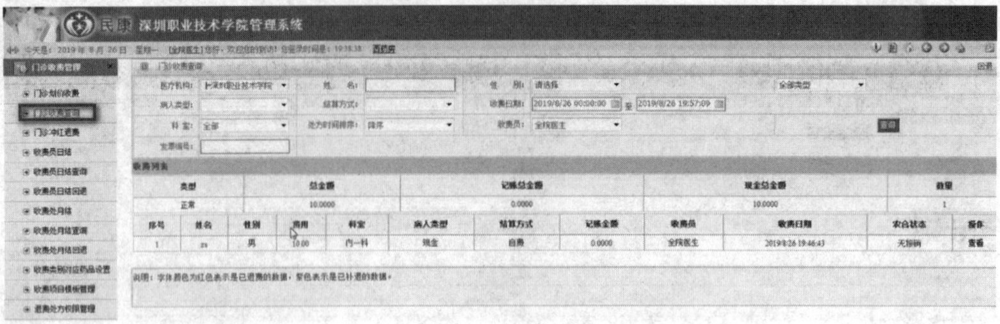

图 1.1.20　门诊收费和药房发药查询界面

3) 药品出库管理子系统

药房领药出库界面如图 1.1.21 所示。

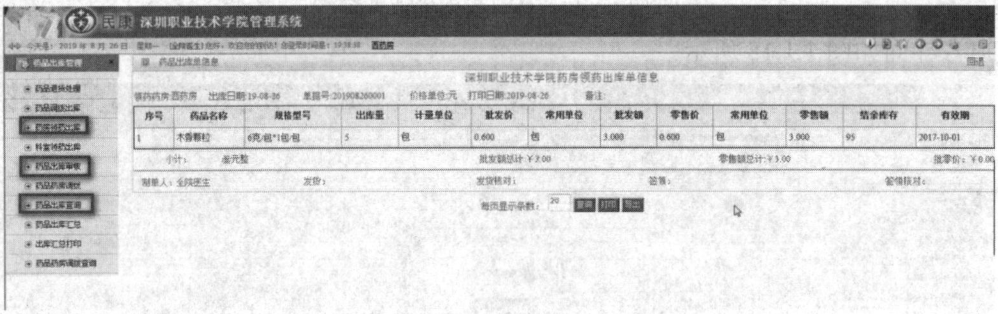

图 1.1.21　药房领药出库界面

任务拓展

学习阅读《医院信息系统基本功能规范》，分析系统开发的基本功能框架。

任务 1.2　Web 开发信息流探究

任务描述

医疗信息化离不开计算机网络的支撑，也正是随着计算机网络技术、物联网无线传感技术等的飞速发展，才有了越来越广泛的医疗信息共享、越来越高效的远程医疗会诊沟通以及越来越灵活的移动健康管理。尤其是现阶段步入的“互联网+医疗健康”的发展阶段，更是建立在强大的网络架构基础之上，是在通信子网中各个网络节点通力协作之下才能实现的一种信息资源共享融合。

为了能实现计算机之间的信息共享，计算机网络经历了从单机分时到多机分布式，最初的计算机通信只能在有限的计算机间进行，直到 ARPAnet 的出现，ARPA 机构潜心研究开发了 TCP/IP 协议，构建了更加容易使用、方便互联的网络协议体系，这才使得自由简单地连接更多的计算机成为可能。而且，现今的网络已不仅局限于连接计算机了，通过 TCP/IP 协议还可以连接汽车、家电、机器人等各种不同的设备，虚拟化的云计算数据中心也是使用以 TCP/IP 协议为核心的网络技术。以 TCP/IP 协议为基础的现代网络技术已经渗透到对各种设备的控制和信息传输之中，所以作为 Web 应用开发者，深入学习 TCP/IP 协议可以为日后构建或运维复杂而稳定的网络系统奠定良好的基础。

作为在产品实施和技术支持轮岗的职员小张，对整个 HIS 产品的网络拓扑结构已了如指掌，但由于 Web 的前端或后端应用开发中都有层出不穷的新技术或新框架平台，小张深知“对基础及核心部分的深入学习是成为一名专业技术人员的前提，以不变应万变才是立足之本”。因此，要想在专业技术道路上走得更扎实，绝对离不开学习 HTTP 协议这一环节。

下面就跟随小张一起来探索计算机网络问题的核心方法，完成 Web 信息流的监测探究任务，掌握使用 Cisco Packet Tracer 和 Wireshark 进行网络协议分析，理解协议数据格式的解析方法，通过网络抓包数据分析 TCP 的 3 次握手过程，通过 Node.js 构建 HTTP 服务器来深入理解 HTTP 协议及服务器功能，从底层扎实地实践，系统领悟网络协议的奥妙，为后续的 Web 开发奠定良好的基础。

(1) Packet Tracer 实践之 TCP/IP 数据包解析；
(2) Wireshark 实践之 TCP 协议 3 次握手；
(3) 配置测试 IIS 服务器；
(4) Node.js 初体验之构建 HTTP 服务器。

学一学

1.2.1　OSI 七层协议参考模型

1. 网络协议

生活中有各种各样的协议，比如为了完成购房这件事，就需要由业主和顾客双方协商，制定双方共同认可、共同遵守的约定，也称为“购房协议”。

类似地，在计算机网络中，协议(Protocol)指 “通信双方”为了实现“通信”这个功能而事先达成的“约定”。

可见，每个协议都是针对某一个特定目标或需要解决的问题而制定的双方共同遵守的约定和规则。因此，当有新的功能需求时，就会出现新的协议，比如为了实现 Web 浏览器、电子邮件、文件传输、远程登录等功能而分别制定的 HTTP、SMTP、FTP、TELNET 协议等。

2. 协议的分层

请问当我们发送一封电子邮件，访问某个主页获取信息时，是否感觉到协议的存在？

再请问当我们领用的新电脑需要连接网络、配置计算机的网络连接时，是否感觉到协议的存在？

是的，只要网络设置完成、联网成功后，人们通常会忘记协议之类的事情，因为只要应用程序了解如何利用相关的协议，就足以让人们顺利使用所建的网络连接了。其实，在网络实现通信的过程背后，是协议在发挥着重要的作用。

复杂庞大的计算机网络中包含着各种厂商、各种 CPU、各种操作系统的异构化产品，如何解决异构机型的相互通信问题？唯一的办法就是制定“分层的协议”。

“化繁为简，各个击破”是人们解决复杂问题的基本思想。在“分层思想”的指导下，人们对计算机网络进行层次划分，把庞大的网络系统划分为若干较小的、简单的问题，每一层都在“协议”的约定下解决明确的任务或相对独立的功能，而不需要关心上下层是如何实现的，只需要知道如何通过“层与层之间的接口 Interface”来获取或提供“服务 Service”即可。

国际标准化组织(OSI)设计制定的网络参考模型，称为 OSI 模型。这一模型将通信协议中必要的功能分成了 7 层，这些分层使得那些比较复杂的网络协议变得更加简单而标准化。计算机网络“协议分层”的思想，与计算机软件中的“模块化开发”具有同样的优点，即分层之后，每一层的协议实现变得简单，某一层的协议改变不会波及整个系统，上层的协议可以通过简单的接口来获取下层的服务，而无需感知下层复杂的协议内容。

3. OSI 七层协议参考模型

图 1.2.1 所示为 OSI 参考模型与计算机网络硬件结构的对应关系图。OSI 参考模型的核心包括三大层次，其中会话层之上的三层面向信息处理和网络应用；网络层以下的三层面向通信处理和网络通信；中间的传输层为上三层的网络应用提供可靠的“端”到“端”通信服务。

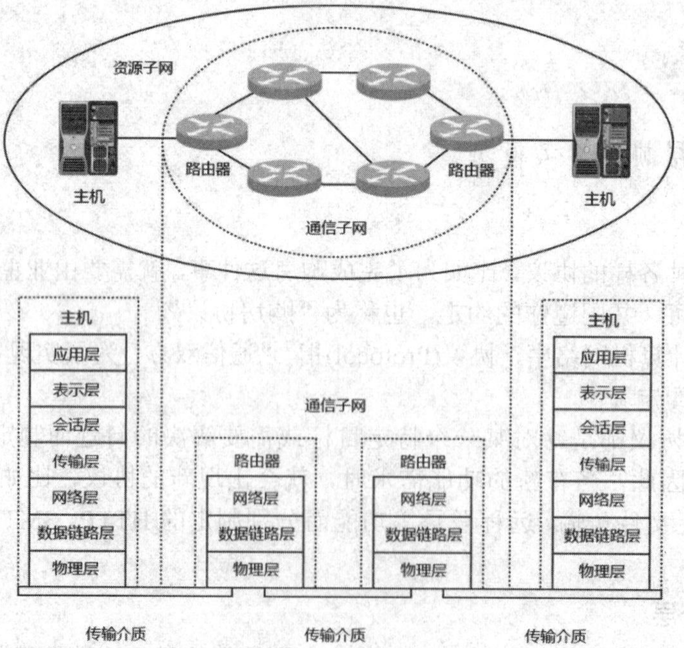

图 1.2.1　OSI 参考模型与计算机网络硬件结构的对应关系图

OSI 参考模型层次结构如图 1.2.2 所示，OSI 参考模型对各层做了一系列功能性的宏观界定，对于学习和设计具体的协议可以起到很好的引导作用。许多具体的通信协议，如 TCP/IP 协议都是对应 OSI 参考模型进行协议和接口的详细设计的。因此，学习 TCP/IP 协议、HTTP 协议等，通常需要以 OSI 参考模型的分层为原型进行学习，有助于加深对 TCP/IP 协议的理解。

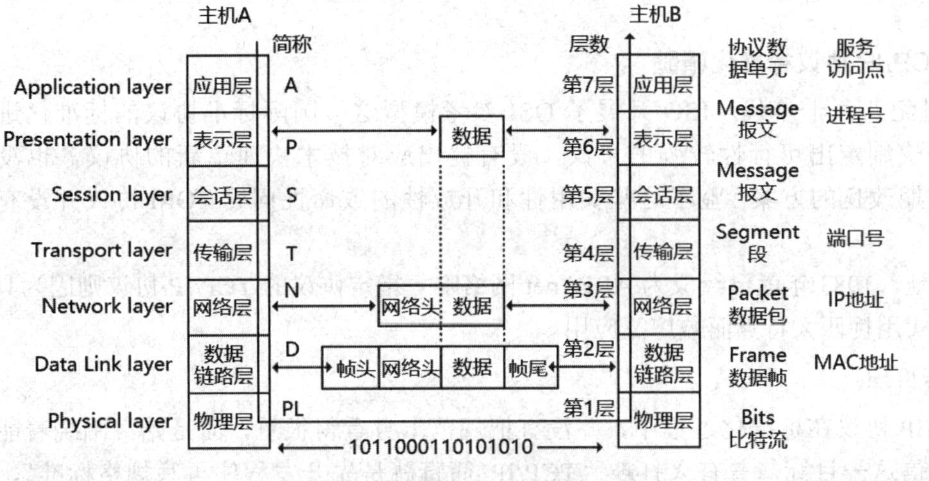

图 1.2.2　OSI 参考模型层次结构图

小知识

数据单位：在 TCP/IP 的整个传输过程中，传输的数据在不同层时单位有所差异。如图 1.2.2 所示，用户发出的数据在应用层统称报文(或者消息)Message；在 TCP 传输层则分组为段，称为 Segment；然后向下到了网络层，就成为数据包 Packet；在数据链路层则以帧 Frame 的形式传输；在物理层则以比特流 Bits 的形式存在。

应用层：为应用程序提供服务并规定应用程序中通信相关的细节，包括 Web 浏览器、电子邮件、文件传输、远程登录等协议。

表示层：将应用处理的信息转换为适合网络传输的格式，或将来自下一层的数据转换为上一层能够处理的格式。它主要负责数据格式的转换、数据加密与解密、数据压缩与恢复等功能。它决定数据的展现(编码)形式，如同一部电影可以采样、量化、编码为 RMVB、AVI，一张图片能够是 JPEG、BMP、PNG 等格式。

会话层：管理通信连接的逻辑通路(数据流逻辑通路)，例如服务器验证用户登录的过程就是会话层的典型实例；另外还负责传输方式(单工、双工)、传输延迟、吞吐量等控制管理。

传输层：起到为上三层和下三层“承上启下”的作用，负责端到端的数据传输和控制，只在通信双方节点上进行处理，而无需在路由器上处理。

网络层：将数据传输到目标地址，主要负责跨网络数据传输，基于 IP 数据包的寻址和路由选择。

数据链路层：负责基于物理层面互连的节点之间的数据传输，例如同一个以太网内的

2 个节点之间的通信。该层涉及数据帧的生成和接收、MAC 寻址、差错控制、流量控制等方面的标准。

物理层：基于传输介质提供的信号传输服务，实现相邻节点间的 0、1 比特流的传输，涉及二进制与电压电平、光信号之间的转换、信号电平、信号时序等标准。

1.2.2　TCP/IP 协议

1. TCP/IP 协议标准化精髓

20 世纪八九十年代，ISO 开展了 OSI 参考模型这一国际标准协议的标准化进程，但没有尽快制定出可行性较强的协议，没有提出应对技术快速革新的协议，也没有及时提出后期改良的方案。鉴于这些实用性和开放性的致命性问题，OSI 协议并没有得到普及。

相反地，1983 年就已经成为 ARPAnet 网络唯一指定协议的 TCP/IP 协议则因为具备了开放性和实用性两大特点而被广泛应用。

1) 实用性

TCP/IP 协议在标准化过程中，并没有把规范本身看得很重，而是始终围绕着能够真正实现通信这一目标，曾有人打趣"TCP/IP 简直就是先开发程序再写规格标准"，虽然略显夸张，但也说明了这项技术研发过程追求可行性，摒弃华而不实。据说 TCP/IP 标准化过程中，某个协议的最终详细规范刚刚出炉的时候，其中一些协议已经在某些设备中可靠应用了。

2) 开放性

TCP/IP 协议是由国际互联网工程任务组(the Internet Engineering Task Force，IETF)讨论制定的，而 IETF 本身就是一个允许任何人加入进行讨论的组织。当 TCP/IP 协议中某个大致规范确定下来后，人们会在多个已实现该协议的设备进行通信实验，一旦发现问题，就继续在 IETF 中进行讨论并及时修改程序、协议及相应的文档。经过多次的讨论、实验、修改，一款规范而标准化的协议最终诞生。可见，TCP/IP 协议标准化过程是符合产品实际需求并保持开放式动态更新的。

这些标准化的协议被列入 RFC(Request For Comment)文档并在互联网上公布。RFC 不仅记录了协议规范的内容，还包含了协议的实现和运用的相关信息。获取 RFC 最直接的方法是利用互联网查询"RFC Editor"，具体网址为 http://www.rfc-editor.org/rfc/，网站中一个名为 rfc-index.txt 的文件包含了所有 RFC 的概览。

2. TCP/IP 协议族

很多人从字面理解，认为 TCP/IP 协议专指 TCP 协议和 IP 协议两种协议。实际上，TCP/IP 是对利用 IP 进行通信时所必须用到的协议群的统称，如图 1.2.3 所示，它是一个分层的网际协议族，而 TCP 协议和 IP 协议只是其中的主要协议。

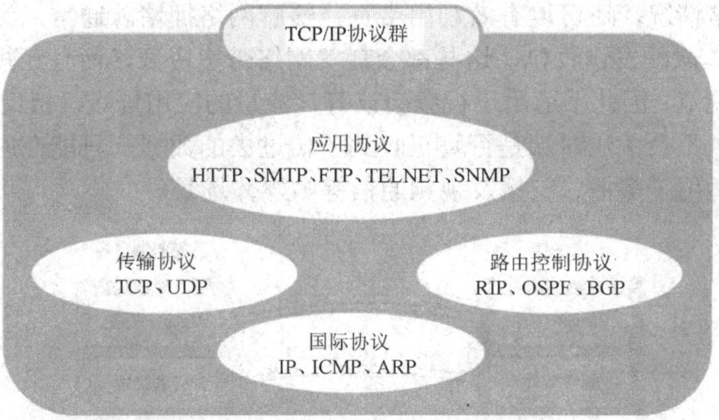

图 1.2.3　TCP/IP 协议族

3. TCP/IP 协议分层模型

TCP/IP 协议是 ARPA 机构潜心研究开发的便于计算机互联的网络协议体系，因其具有实用性和开放性而被快速普及。OSI 参考模型注重宏观上规定“通信协议必要的功能是什么”，而 TCP/IP 协议则从微观上强调“在计算机上实现协议应该开发哪种程序”。

和 OSI 参考模型一样，TCP/IP 协议也是分层体系，而且与 OSI 参考模型具有层次间的对应关系，通常对照为 TCP/IP 四层协议模型，即网络接口层、网际层、传输层和应用层，而在实际应用中，也有学者将网络接口层进一步划分为物理层和数据链路层，从而构成 TCP/IP 五层协议模型。

物理层：TCP/IP 的最底层是负责数据传输的硬件。这种硬件就相当于以太网或电话线路等物理层的设备，与 OSI 参考模型的物理层相类似。

数据链路层：对应以太网中的数据链路层功能，作为操作系统中网卡硬件设备的驱动程序，起到网络接口的作用。

网际层：使用的 IP 协议是整个 TCP/IP 的核心，IP 协议基于 IP 地址转发 IP 分组数据包。IP 是跨域网络传送数据包，使整个互联网都能收到数据的协议，因此也称网际互联。IP 层的三大功能模块是 IP 寻址、路由(最终节点为止的转发)控制、IP 分包与组包。路由控制在此可以类比旅行者乘坐地铁旅行，旅行者需要到每个车站咨询工作人员(查询路由控制表)来决定下一站的方向，到达下一站后再继续询问，直至到达最终目的地。

小知识

网络层还有两个非常实用的协议：ICMP 和 ARP。ICMP 协议一般被用来诊断网络健康状况，如常用的 ping、tracert 命令都是基于 ICMP 协议的，IP 数据包在发送途中一旦发生异常导致无法到达对端目标地址时，ICMP 就给发送端发送一个发生异常的通知。ARP 协议则是从分组数据包的 IP 地址中解析出物理 MAC 地址的地址转换协议。

传输层：该层功能与 OSI 参考模型的传输层类似，如图 1.2.4 所示，主要是让应用程序之间实现通信，包括 TCP 和 UDP 两个代表性协议。TCP 是一种面向有连接的传输层协议，可以保证主机端到端(应用进程)间的通信可达。TCP 能够正确处理在传输过程中丢包、传输顺序混乱等异常情况，还可以有效利用带宽，缓解网络拥堵。通常，为了建立与断开连接，它需要至少 7 次的发包收包，这些都会耗费网络带宽资源，而且还规定了很多实现可靠性功能的复杂规范，因此不适用于视频会议等耗流量的应用场景。相反，因为 UDP 是无连接的传输协议，不会关注对端是否真正收到了传过去的数据，只能在应用程序中进行可靠性检查，因此适用于多播、广播及视频通信等多媒体场景。

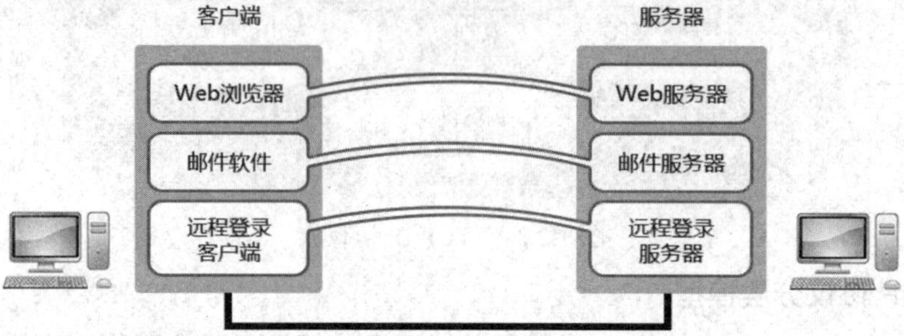

图 1.2.4　传输层示例

想一想

在计算机内部，通常同一时间运行着多个程序，为此必须清楚地区分哪个程序与哪个程序进行通信。请问需要用到哪个主要的数据结构(地址)进行区分?

应用层：该层功能对应 OSI 参考模型会话层的上三层，应用层协议通常根据应用程序的功能而确定，如 HTTP 协议实现的 Web 应用服务功能，FTP 协议实现的文件传输功能等。如图 1.2.5 所示，TCP/IP 应用层的协议大多属于客户端/服务端模式，提供服务的是服务端，获取服务的是客户端。服务端通常会预先部署并等待接收任何时刻客户可能发送的请求。客户端可以随时发送请求给服务端，有时服务端可能会有处理异常等情况，就需要客户端等待片刻后重发请求。

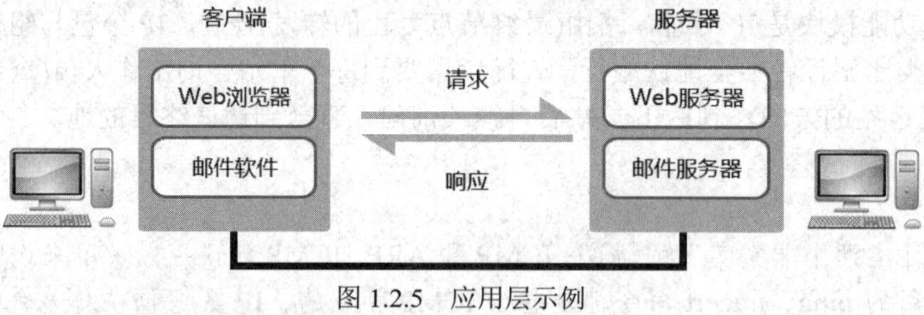

图 1.2.5　应用层示例

4. TCP/IP 协议的数据处理流程

网络协议是实现特定功能的一组约定，这组约定主要包括什么呢?

通常所说的网络协议包括三大要素：语义、语法和时序。语义一般用来解释传输数据的含义，规定了发出何种信息、动作及如何应答，定义做什么；语法规定了数据及控制信息的结构或格式，定义怎么做；而时序则规定了数据及控制信息的结构或格式，定义何时做。

换个角度分析，网络协议的实现主要涉及传输数据的格式(如数据包首部)，协议所识别的地址信息，以及传输控制的命令(如请求命令、功能设置命令)等一系列的约定。因此协议也可以简化理解为“数据结构(数据格式+地址) + 控制流程”的协议两要素，协议的实现就是一个具有特定功能的程序模块，其中，需要定义识别编码地址，双方信息通信的数据格式，以及按照时序实现特定功能的控制流程。

小知识

数据包首部：网络中传输的数据包的格式是协议三要素之一，主要由两部分组成：一部分是协议要用到的首部，这个首部包含了该层必要的信息，如要发送的目标地址以及协议相关信息等，由协议的具体规范来详细定义，明确了协议应该如何读取数据，它能够帮助位于同层的通信另一方理解数据中每个字节的含义，比如包序号在哪个字节，校验字节在哪里，等等，所以看到包首部就如同看到了协议的规范；另一部分是上层传过来的数据。图 1.2.6 所示为各层嵌入的数据包首部以及在数据链路层传输数据的完整结构。每个包首部至少包括 2 个信息：一个是发送端和接收端地址(经过每一层都会有识别包发送端和接收端的信息)，另一个是上层的协议类型。

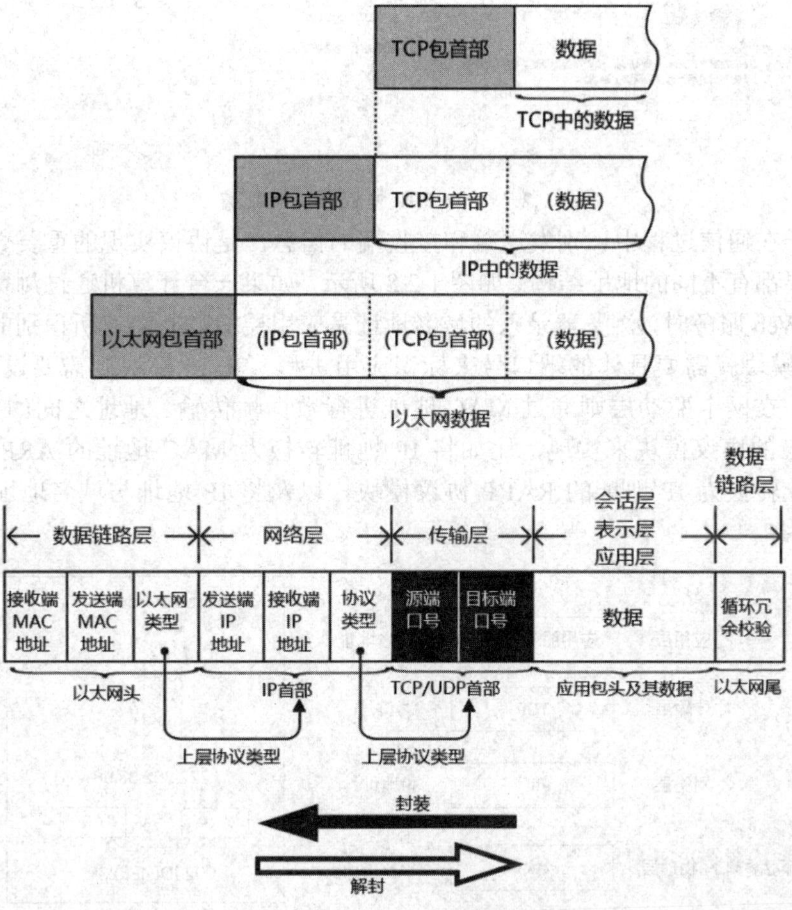

图 1.2.6　TCP/IP 协议数据包首部

1.2.3 IP 地址与子网掩码

从功能层面了解了 TCP/IP 协议栈的数据传输流程，再来看一下操作系统中安装的 TCP/IP 协议栈属性配置，如图 1.2.7 所示。作为实现 TCP/IP 协议功能的软件模块，在实际工作时必须要配置如图 1.2.7 所示的参数，这样才可以有效地构造数据包首部，从而完成数据传输功能。

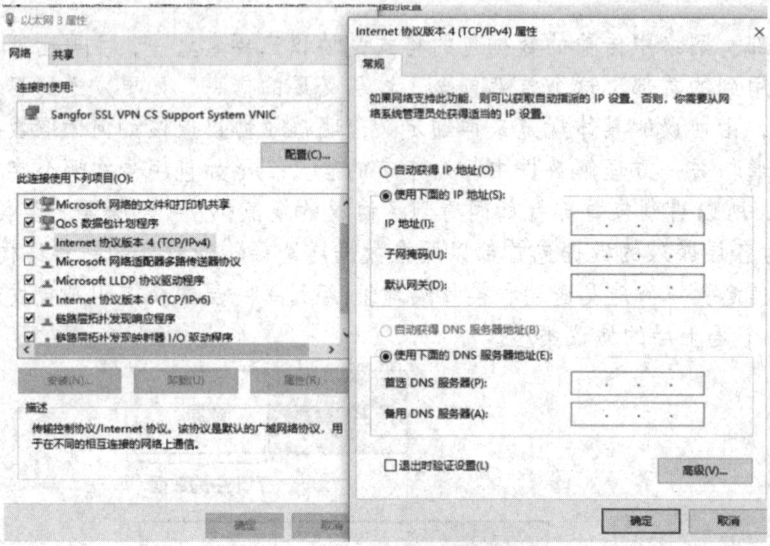

图 1.2.7　TCP/IP 协议栈属性配置

地址用于在通信过程中识别发送端和接收端的信息，是协议实现的重要数据结构。在协议的每个层都有不同的地址结构。如图 1.2.8 所示，如果一台计算机通过浏览器访问另一台计算机的 Web 服务时，浏览器录入的域名地址是应用层 HTTP 协议所识别的主机域名地址，在 TCP 模块就需要具体的端口号来标识应用进程，在 IP 模块则需要设置 IP 地址进行网络路由，在网卡驱动层则通过 MAC 地址进行数据帧传输。地址之间如果需要转换，就要通过相应的协议模块来实现，比如将 IP 地址转换为 MAC 地址的 ARP 协议模块，将 MAC 地址转换为 IP 地址的 RARP 协议模块，以及将 IP 地址与域名地址进行互换的 DNS 协议模块。

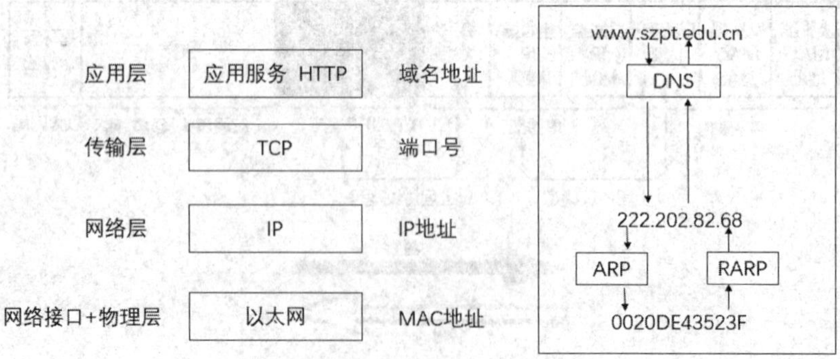

图 1.2.8　各层协议的地址

1. IP 地址

1) IP 地址定义

在 Internet 上连接的所有计算机，从大型机到微型计算机都是以独立的身份出现的，我们称它为主机。为了实现各主机间的通信，每台主机都必须有一个唯一的网络地址。作为连入 Internet 网络的计算机的地址编号，这个地址就叫作 IP(Internet Protocol)地址。如果把个人电脑比作一台电话，那么 IP 地址就相当于电话号码，而路由器就相当于电信局的程控式交换机。

在 Internet 里，IP 地址是一个 32 位的二进制地址，为了便于记忆，将它们分为 4 组，每组 8 位，由小数点分开，用四个字节来表示，而且用点分开的每个字节的数值范围是 0～255，如 202.116.0.1，这种书写方法叫作点分十进制表示法。

2) IP 地址分层格式

互联网是由许多小型网络构成的，每个网络上都有许多主机，这样便构成了一个有层次的结构。IP 地址在设计时就考虑到地址分配的层次特点，将每个 IP 地址都分割成网络号和主机号两部分，以便于 IP 地址的寻址操作。

3) IP 地址分类

IP 地址的网络号和主机号各是多少位呢？如果不指定，就不知道哪些位是网络号，哪些位是主机号？有两种方法解决这个问题，一个是 IP 地址分类，另一个就是使用子网掩码。

IP 地址分为四个级别，分别为 A 类、B 类、C 类和 D 类。它根据 IP 地址中从第 1 位到第 4 位的比特值对其网络标识和主机标识进行区分，如图 1.2.9 所示。

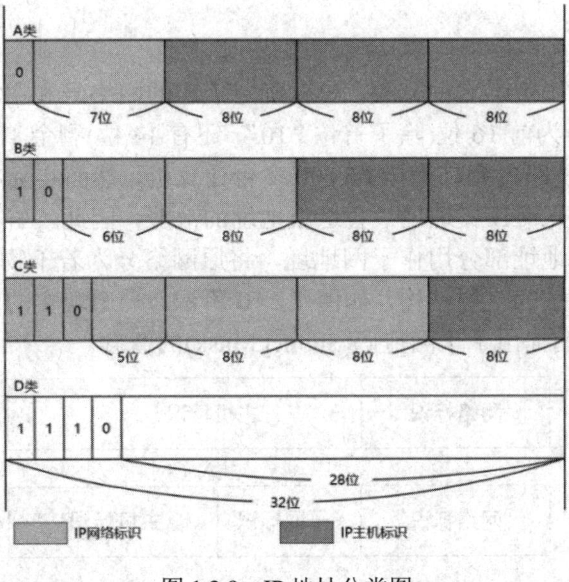

图 1.2.9　IP 地址分类图

A 类地址：首位以“0”开头的地址，第 1 个字节为网络号，后 3 个字节为主机号，即 0.0.0.0～127.0.0.0。

B 类地址：前 2 位为“10”的地址，前 2 个字节为网络号，后 2 个字节为主机号，即 128.0.0.0～191.255.0.0。

C 类地址：前 3 位为“110”的地址，前 3 个字节为网络号，后 1 个字节为主机号，即 192.0.0.0～223.255.255.0。

D 类地址：前 4 位为“1110”的地址，4 个字节全部为网络号，没有主机号，常用于多播，即 224.0.0.0～239.255.255.255。

小知识

分配 IP 地址时，当确定网络号后，主机号对应的各位不可以全部为 0 或全部为 1，因为全部为 0 的表示网络地址，而全部为 1 的则为网络内的广播地址。

4) 公有 IP 地址与私有 IP 地址

随着互联网的普及，IP 地址不足的问题日趋显著，如果按照 IP 地址唯一的原则分配下去，会有 IP 地址耗尽的危险，于是出现了一项新的技术 NAT(Network Address Translator)，用于在本地网络中使用私有地址，在连接互联网时转而使用公有 IP 地址的技术。

私有 IP 地址的地址范围如下所示：

A 类：10.0.0.0～10.255.255.255。

B 类：172.16.0.0～172.31.255.255。

C 类：192.168.0.0～192.168.255.255。

很多学校、企业内部都是采用这种技术，每个终端设置私有 IP，而在路由器或必要的服务器设置全局 IP 地址，如果配有私有 IP 的主机连接 Internet，则通过 NAT 进行通信。

2. 子网掩码

1) 子网的引入

一个 IP 地址只要确定了它的分类，也就确定了它的网络号和主机号各是多少位了。例如 B 类 IP 地址网络号为前 16 位(除了首位“10”，还有 14 位)剩余 16 位是主机号。理论上，在一个网络号对应的链路内允许连接 65 000 多台计算机，然而实际应用中这样的网络是不存在的。直接使用 A 类或 B 类地址，会造成地址的浪费，因此，引入了子网的概念，一种把原来 IP 地址的主机地址部分用作子网地址，将原网络分为若干物理子网络的机制。

引入子网的 IP 地址为三层结构，如图 1.2.10 所示。一个现实的问题是，如何确定子网标识的位呢？于是人们提出了子网掩码(Subnet Mask)的概念。

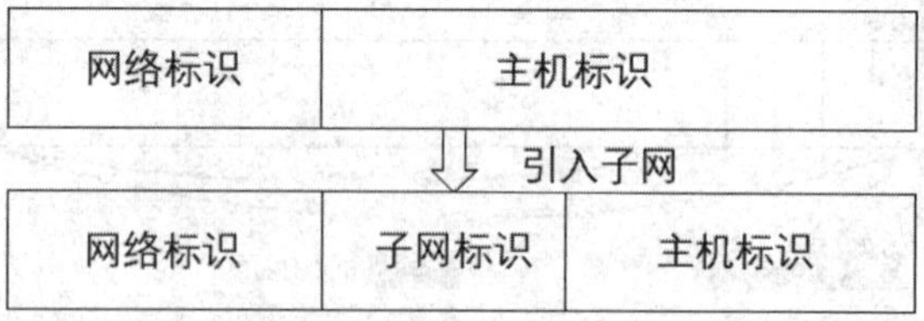

图 1.2.10　三层结构的 IP 地址

2) 子网掩码

子网掩码采用与 IP 地址相同的位格式，由 32 位长度的二进制位构成，也被分为四个 8 位组并采用点分十进制来表示，其中对应 IP 地址网络标识部分(含子网标识)的位全部为

“1”，对应 IP 地址主机标识的部分全部为“0”。例如，B 类 IP 地址的默认子网掩码为 255.255.0.0。

这样，一个 IP 地址就有了两种识别码：一个是 IP 地址本身，一个是用来确定网络标识的子网掩码，二者绑定对照使用，缺一不可。

子网掩码有两种表示形式，一种是 IP 地址和子网掩码分两行列出，例如：

IP 地址　102.2.3.4

子网掩码　255.255.0.0

另一种是 IP 地址后追加网络地址的位数用“/”隔开，例如：

IP 地址　102.2.3.4/16

练一练

给定的 IP 地址为 192.168.1.203，子网掩码为 255.255.255.224，请问这个 IP 地址的子网号和主机号分别为多少？

3. 网关地址

网关(Gateway)是一个网络通向其他网络的 IP 地址，是与主机连在同一个网段并且具有路由功能的设备的 IP 地址，不同子网之间的数据转发依靠网关完成。

4. DNS 服务器

由于 IP 地址不便于记忆，产生了一个可以有效管理主机名和 IP 地址之间对应关系的系统，就是 DNS 系统。DNS 是一种在 Internet 上用域名来唯一标识计算机，并保证主机域名和 IP 地址一一对应的网络服务，通过 DNS 将主机域名解析为 IP 地址才能进行通信，因此在配置 TCP/IP 协议栈参数时需设置 DNS 服务器地址。例如学校 DNS 服务器地址为 10.1.254.190。

1.2.4　揭秘 TCP 协议

1. TCP 通信处理

应用层协议启动 TCP 的连接。例如 HTTP 请求，客户端提出 HTTP 应用服务请求，向端口为 80 的目标地址发送 TCP 连接请求包(SYN 包)，并将自己的端口设置为 2000，接收方 TCP 模块按照接收到数据包的目标端口号轻松识别，并转给相应的应用程序。

2. 端口号 Port

TCP 收到数据包应该转给哪个应用程序？从上文的 TCP 通信处理中可以看出，最核心的参数就是传输层的地址——端口号，用来识别同一台计算机中进行通信的不同应用程序，因此也被称为程序地址。一台计算机可以同时运行多个程序，传输层协议就是利用这些端口号识别本机中正在通信的应用程序并准确传输数据的。常见的应用协议都有默认的端口号，例如 HTTP 为 80 端口，FTP 为 20(数据)和 21(控制)端口，SMTP 为 25 端口，DNS 为 53 端口，等等。

端口号的取值范围为 0～65 535，其中 0～254 为公共应用服务端口，如上文所述的常用应用协议对应的端口；255～1023 被保留用作商业性应用开发端口，如一些网络设备厂商专用协议的通信端口；大于 1023 以上的端口号为自由端口，源主机在请求 TCP 服务时可随机选用。

3. 套接字 Socket

TCP/IP 网络中，可以用 IP 地址标识网络中的一台主机，端口号标识主机中的进程，这样“IP 地址+端口”就可以唯一标识一个进程了。但考虑到网络中有多协议的特点，如传输层的 UDP 和 TCP 协议，要唯一标识一个进程，还应该加入协议类型。

套接字={协议类型+IP 地址+端口号}

这样套接字就可以唯一标识一个进程了。

4. 标识连接

连接是一对进程进行通信的过程。由于进程可以用套接字唯一标识，因此连接可以用源和目标两端的套接字合并来标识。

连接={协议，源 IP 地址，源端口号，目的 IP 地址，目的端口号}

通过上述 5 个信息就可以唯一标识一个应用进程到应用进程的“端到端”连接了。

5. TCP 报文段的格式

协议的实现最核心的是像数据包首部、地址这样的数据结构。TCP 协议也不例外，图 1.2.11 所示为 TCP 报文段的结构，从中可以看出，一个 TCP 报文分为首部和数据两部分。TCP 报文段首部前 20 个字节的内容是固定的，提供了可靠传输服务所需的数据结构，包括源端口号和目标端口号等数据字段。另外 4*N*(*N* 为整数)字节是可选项。

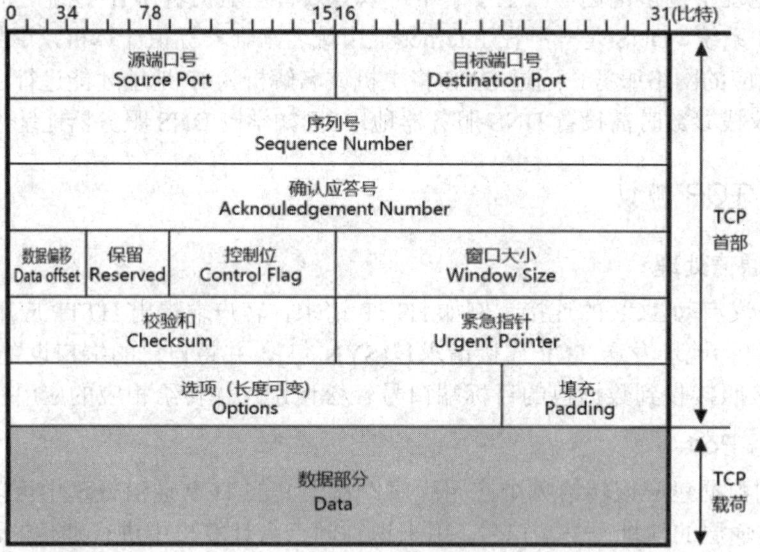

图 1.2.11　TCP 报文格式

1) 序列号

Seq 序号，占 32 位，发送端传输数据时根据传输能力将应用数据划分为不同的数据段，就需要一个序列号作为数据段的标记，接收端主机会根据序列号对数据段进行排列重组，以保证应用数据的正确性。

2) 确认号

Ack 序号，占 32 位，接收端收到数据后，接收端主机会返回一个已收到的消息，即确认号，表示希望接收的下一个数据段的序列号，说明这个确认号之前的数据段已经收到，通过确认号可以实现可靠的数据传输。

3) 偏移量

用于标识报文首部后面数据开始的位置，也就是报文首部长度，以 4 个字节为单位，例如，若首部为 20 个字节，则偏移量为 5。

4) 几个重要的控制标志位

SYN：用来建立连接，如果 SYN=1，ACK=0，则表示该数据包为连接请求，如果 SYN=1，ACK=1，则表示为接受连接。

FIN：表示发送端无数据传输，希望释放连接。

RST：重置位，用来复位一个连接。

URG：紧急数据标志。

ACK：确认标志，1 表示确认号是有效的。

PSH：推送位，1 表示接收端应尽快传送数据给应用进程，而不能等缓存填满才向上交付。

5) 窗口尺寸

允许对方发送的数据量，实现流量控制。

6) 校验和

验证首部和数据，实现差错控制。

6. TCP 建立连接的三次握手

在 TCP/IP 协议中，TCP 协议提供可靠的连接服务，采用三次握手建立一个连接。如图 1.2.12 所示，A 与 B 建立 TCP 连接时：首先 A 向 B 发 SYN(同步请求)，然后 B 回复 SYN+ACK(同步请求应答)，最后 A 回复 ACK 确认，这样 TCP 一次连接(3 次握手)的过程就建立了。

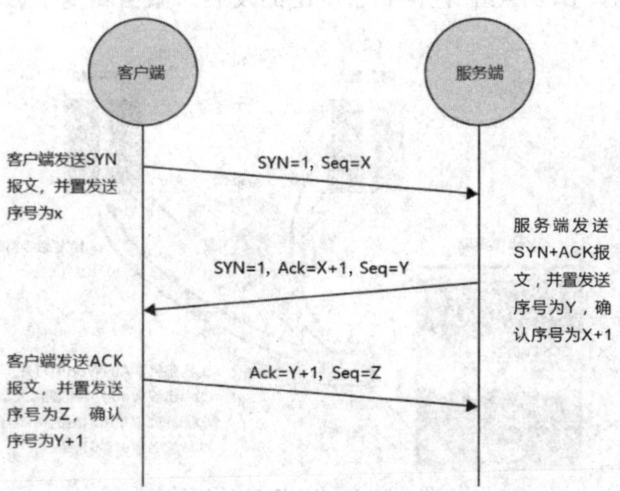

图 1.2.12 TCP 的 3 次握手

1) 第一次握手

连接请求，客户端将标志位 SYN 置为 1，随机产生一个值 Seq=X，并将该数据包发送给服务端，客户端等待服务端确认。

2) 第二次握手

连接应答，服务端接收到数据包后由标志位 SYN=1 知道客户端请求建立连接，服务端将标志位 SYN 和 ACK 都置为 1，Ack=X+1，随机产生一个序列号 Seq=Y，并将该数据包发送给客户端以确认连接请求。

3) 第三次握手

连接确认，客户端收到确认后，检查 Ack 是否为 X+1，ACK 是否为 1，如果正确则将标志位 ACK 置为 1，Ack=Y+1，随机产生一个序列号 Seq=Z，并将该数据包发送给服务端，服务端检查 Ack 是否为 Y+1，ACK 是否为 1，如果正确则连接建立成功，客户端和服务端完成三次握手，随后即可开始传输数据。

想一想

TCP 断开连接需要几个过程呢？请查阅资料完成。

1.2.5　探究 HTTP 协议

1. WWW 与 HTTP

WWW 万维网，也称为 Web，是互联网中将信息以超文本形式展现的系统。这个系统由很多互相链接的超文本文件组成，每个有用的文件都称为“资源”，并且由一个“通用资源标识符”进行定位，这些资源通过超文本传输协议 HTTP 传输给用户。

可以显示 WWW 信息的客户端软件称为 Web 浏览器。借助浏览器，人们不需要考虑该信息保存在哪个服务器，只需要轻轻点击鼠标访问页面的链接，就可以获得 HTML 资源并在浏览器渲染显示，如图 1.2.13 所示。常见的 Web 应用有购物网站、搜索引擎等，随着 H5 最新标准的推出，Web APP 也得到了广泛的发展，微信和基于微信的小程序都是 Web 应用的案例。

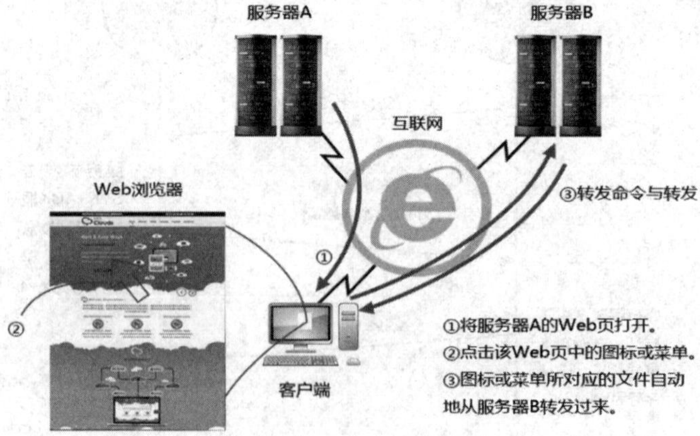

图 1.2.13　WWW 应用案例

为了能够实现上述 Web 应用的功能，WWW 定义了三个重要的概念：信息访问的资源位置即 URI，信息表现的形式即 HTML，以及信息传输的协议即 HTTP 协议。

1) URL 与 URI

在 Internet 的 Web 服务器中，每一个网页文件都有一个访问标记符，用于唯一标记它的访问位置，以便浏览器能访问到，这个访问标记符称为通用资源定位符 URL(Uniform Resource Locator)。在 URL 中，包含了 Web 服务器的主机名、端口号、资源名以及所用的网络协议，例如 http://www.ietf.org:80/index.html，其中 http 表示传输协议，www.ietf.org 表示要请求的服务器主机名，80 表示要请求的端口号，index.html 表示要请求的资源名称。

URL 仅局限于定位互联网中资源的具体位置，而通用资源标识符 URI(Uniform Resource Identifier)则是一个更广义的概念，它是可以应用于不同协议体系的资源标识符，是目前 RFC 文档规范中所采用的概念。在众多的 URI Scheme 中，www 主要用其中的 http 和 https 表示 Web 页的位置和访问 Web 页的方法。

URI 的 http 方案中主机名表示主机域名或 IP 地址，端口号表示传输端口号，路径指主机上该资源的位置，访问内容表示要传给 Web 服务的参数信息，部分信息表示在页面当中的位置，具体格式如下：

http: //主机名/路径

http: //主机名:端口号/路径

http: //主机名:端口号/路径？访问内容#部分信息

小知识

URI 针对特定的协议所表示的标识组合称为方案 Scheme，因此，URI 会有众多的 Scheme，关于 URI Scheme 一览表，请参考下面的文档：http://www.iana.org/ assignments /uri-schemes.html。

2) HTML+CSS+JavaScript

超文本标记语言 HTML(Hyper Text Markup Language)是为了表示 Web 页面的超文本而开发的标记语言，是一种表示 Web 页面的数据格式，如图 1.2.14 所示。标记语言通过在文档中穿插特别的 HTML 标签来表示文档的内容结构，可以指定浏览器中显示的文字、图片、音视频等信息。

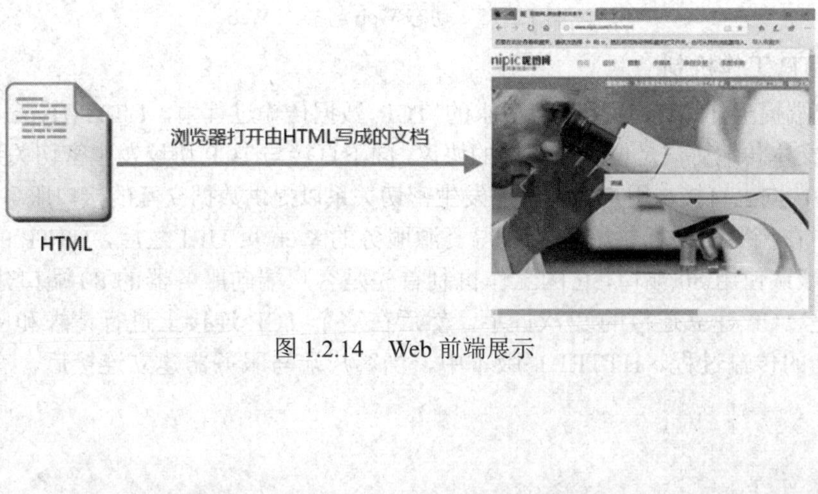

图 1.2.14　Web 前端展示

为了使 Web 页面更美观，需要加入层叠样式表 CSS(Cascading Style Sheets)来指定如何展现 HTML 的元素标签，如布局、文本样式、字体样式以及背景样式等。

为了使用户点击鼠标、按下键盘后页面能有内容和样式的交互效果，需要使用客户端脚本语言 JavaScript，利用文档对象模型 DOM(Document Object Model)获取 HTML 标签元素并对其进行动态改变。

3) 动态 Web 技术

起初的 Web 应用是对客户端发来的请求，返回事先准备好的 Web 资源，也称为静态 Web 技术，如图 1.2.15 所示。随着 Web 应用的普及，仅靠这样的做法已经不足以满足用户的需求，需要由 Web 服务程序访问数据库服务器来动态创建 Web 页面，并以此响应客户请求。开发 Web 服务程序的语言有很多，如前面提到的三大工具平台 Java，C#，PHP，另外还有两种在企业中流行的服务器语言包括 Node.js 和 Python。在此重点介绍 ASP.NET 平台下应用 C#语言开发医疗行业 Web 应用的方法。

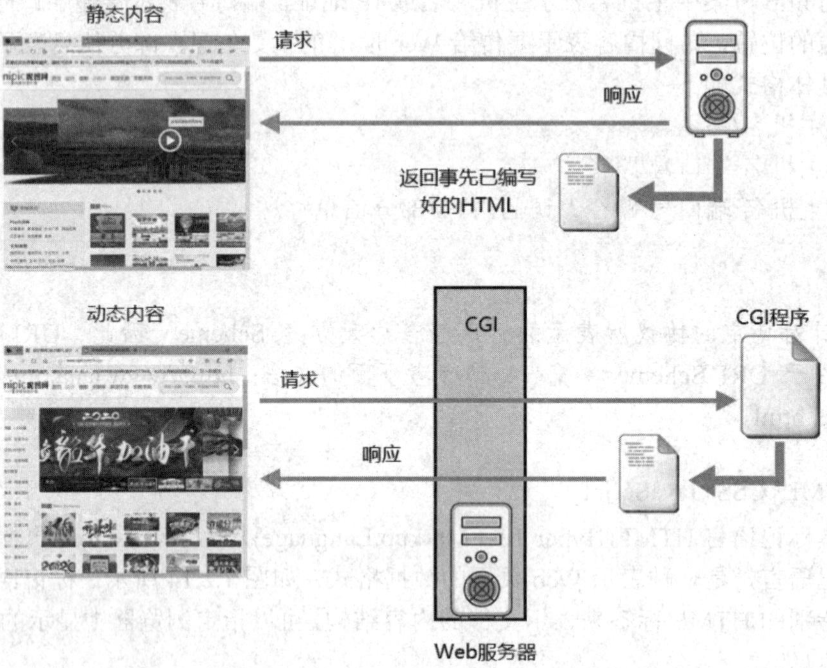

图 1.2.15　动态 Web 与静态 Web

2. HTTP 工作机制

从客户端提出 HTTP 应用服务请求的 TCP 数据传输过程中，HTTP(Hyper Text Transfer Protocol)超文本传输协议是位于应用层的协议，向下直接与 TCP 协议发生密切关系以获取网络传输的服务，向上直接与用户应用程序发生密切关系以提供数据交互的接口服务。

当用户在浏览器地址栏输入要获得资源服务的 Web 页 URI 之后，HTTP 的处理就开始了。HTTP 默认使用 80 端口，它的工作机制首先是客户端向服务器的 80 端口建立一个 TCP 连接，就是 TCP 建立连接的 3 次握手，然后在这个 TCP 连接上进行请求和应答以及相应 HTTP 报文的传输过程。HTTP1.1 版本中，当客户端与服务器建立连接后，客户端可以向服务器发送多个请求，并且在发送下一个请求时，无需等待上次请求的返回结果。但服务器必须按照接收客户端请求的先后顺序依次返回响应结果，以保证客户端能够区分出每次请求的响应内容，因此 HTTP1.1 以上版本协议提供了非常高效的交互方式，且相应的 HTTP 服务器程序规模小、通信速度快。

浏览器、Web 服务器之间之所以能够如此紧密协同工作，就是因为大家都遵循了 HTTP 协议，它由 W3C 组织推出，专门用于定义浏览器和 Web 服务器之间的基于“请求”和“响应”模式下的数据交换格式。因此从事 Web 开发的人员只有深入理解 HTTP 协议，包括消息报文格式以及相关功能命令，才能更好地开发、维护和管理 Web 应用程序。

小知识

HTTP 目前常用的版本有 HTTP1.0，HTTP1.1，HTTP2.0。在 HTTP1.0 中，每一个命令和应答都会触发一次 TCP 连接的建立和断开，也就是每次建立 TCP 连接后，只能处理一个 HTTP 请求，这种方式效率低下。因此从 HTTP1.1 开始，允许在一个 TCP 连接上发送多个命令和应答，这样大大减少了 TCP 连接的建立和断开操作，从而提高了效率。这种方式成为持久连接 keep-alive，目前已成为主流模式。

3. HTTP 报文

类似于 TCP 协议使用 TCP 报文一样，实现 HTTP 协议的核心数据结构就是 HTTP 报文，也称 HTTP 消息。客户端的 HTTP 消息称为请求报文，服务器端返回的 HTTP 消息称为响应报文。HTTP 报文本身是由多行(用 CR+LF 做换行符)数据构成的字符串文本。如图 1.2.16 所示，HTTP 报文大致分为报文首部(或称消息头)和报文主体(或称消息主体)两部分，两者由空行来划分，所以这个空行是不可缺省的。报文首部主要是客户端或服务器端需要处理的请求或响应的内容或属性。如果没有要发送的数据，通常并不一定需要报文主体部分。

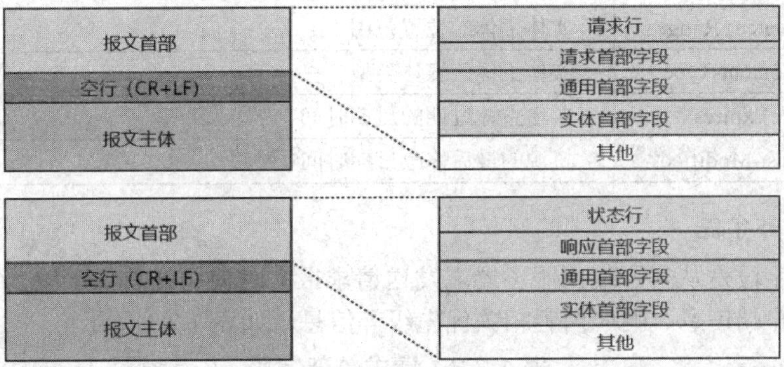

图 1.2.16　HTTP 报文结构

HTTP1.1 规范定义的报文首部字段共 47 种，如果按照其实际用途来划分可以分为四种类型，即图示的通用首部字段、实体首部字段、请求首部字段和响应首部字段。

1) 通用首部字段

通用首部字段是请求报文和响应报文都会使用的首部字段，如 Connection、Date 等，如表 1.2.1 所示。

表 1.2.1　通用首部字段

首部字段名	说　明
Cache-Control	控制缓存的行为
Connection	逐跳首部、连接的管理
Date	创建报文的日期时间
Pragma	报文指令
Trailer	报文末端的首部一览
Transfer-Encoding	指定报文主体的传输编码方式
Upgrade	升级为其他协议
Via	代理服务器的相关信息
Warning	错误通知

2) 实体首部字段

实体首部字段是针对请求报文和响应报文的实体部分使用的首部字段，补充了资源内容更新时间等与实体有关的信息，如表 1.2.2 所示。

表 1.2.2　实体首部字段

首部字段名	说　明
Allow	资源可支持的 HTTP 方法
Content-Encoding	实体主体适用的编码方式
Content-Language	实体主体的自然语言
Content-Length	实体主体的大小(单位：字节)
Content-Location	替代对应资源的 URI
Content-MD5	实体主体的报文摘要
Content-Range	实体主体的位置范围
Content-Type	实体主体的媒体类型
Expires	实体主体过期的日期时间
Last-Modified	资源的最后修改日期时间

3) 请求首部字段

请求首部字段是从客户端向服务器端发送请求报文时使用的首部字段，补充了请求的附加内容、客户端信息、响应内容相关优先级等信息，如表 1.2.3 所示。

表 1.2.3　请求首部字段

首部字段名	说　明
Accept	用户代理可处理的媒体类型
Accept-Charset	优先的字符集
Accept-Encoding	优先的内容编码
Accept-Language	优先的语言(自然语言)

续表

首部字段名	说　明
Authorization	Web 认证信息
Expect	期待服务器的特定行为
From	用户的电子邮箱地址
Host	请求资源所在的服务器
If-Match	比较实体标记(ETag)
If-Modified-Since	比较资源的更新时间
If-None-Match	比较实体标记(与 If-Match 相反)
If-Range	资源未更新时发送实体 Byte 的范围请求
If-Unmodified-Since	比较资源的更新时间(与 If-Modified-Since 相反)
Max-Forwards	最大传输逐跳数
Proxy-Authorization	代理服务器要求客户端的认证信息
Range	实体的字节范围请求
Referer	对请求中 URI 的原始获取方
TE	传输编码的优先级
User-Agent	HTTP 客户端程序的信息

4) 响应首部字段

响应首部字段是从服务器端向客户端返回响应报文时使用的首部字段，补充了响应的附加内容，也会要求客户端附加额外的内容信息，如表 1.2.4 所示。

表 1.2.4　响应首部字段

首部字段名	说　明
Accept-Ranges	是否接受字节范围请求
Age	推算资源创建经过时间
ETag	资源的匹配信息
Location	令客户端重定向至指定 URI
Proxy-Authenticate	代理服务器对客户端的认证信息
Retry-After	对再次发起请求的时机要求
Server	HTTP 服务器的安装信息
Vary	代理服务器缓存的管理信息
WWW-Authenticate	服务器对客户端的认证信息

练一练

查看 HTTP 报文　在 Chrome 浏览器录入 URI“https://sz.58.com”。按 F12 键打开开发者工具，然后切换到【Nextwork】页面，刷新页面，就可以看到当前网页从第 1 个请求开始，依次发送的所有请求，其中，第 1 个请求的 HTTP 报文如图 1.2.17 所示。其中，“General”是基本信息，“Response Headers”是响应头，“Request Headers”是请求头。这 3 组信息是浏览器自动解析后的，若要查看原格式，可以单击【view source】。图中看到的黑色字体的关键字就是 HTTP 协议的报文首部，包含着协议的关键信息。

4. HTTP 请求报文

访问网页资源，在浏览器中查看 HTTP 请求报文的源格式，如图 1.2.17 所示，包括四个部分，即请求行、请求首部、空行和实体内容。第 1 行是请求行，紧接着是请求首部，空行表示请求头的结束，最后是实体内容。

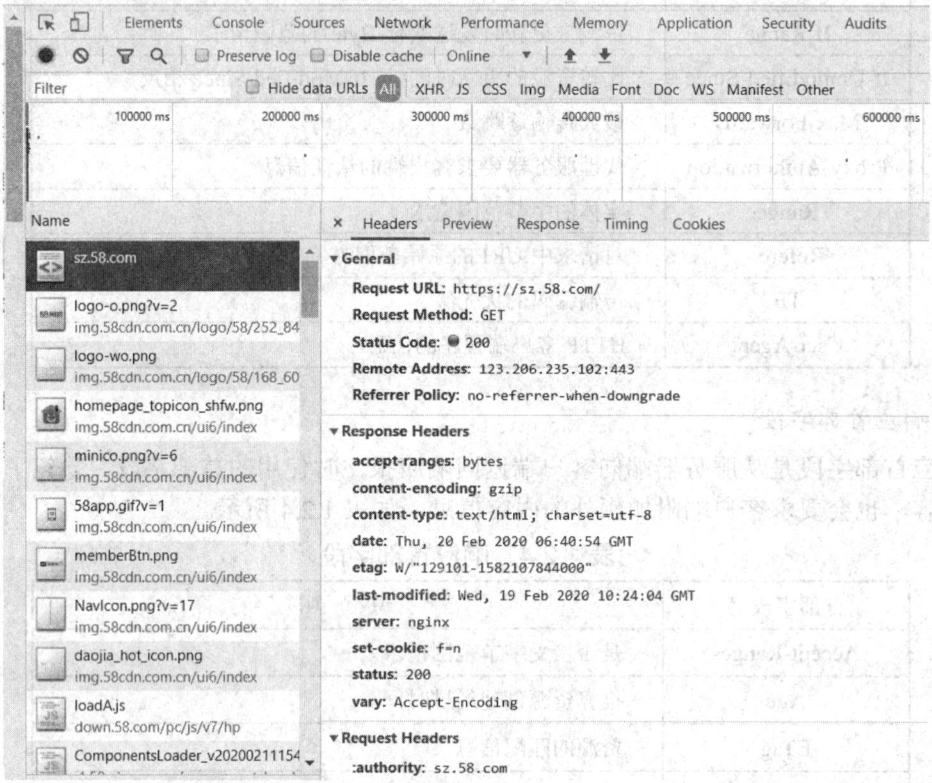

图 1.2.17　浏览器查看 HTTP 报文

每个请求首部由字段名称和对应的值构成，中间用“：”和空格分隔。这些首部字段每个都有特定的用途，应用程序也可以添加自定义的字段。图示为 GET 请求，因此没有实体内容，而对于 POST 方式请求提交表单时，在请求消息中会包括实体内容，实体内容位于请求首部后的空行之后。

1) 请求行

请求行位于请求消息的第一行，如“GET / index.aspx HTTP/1.1”，可见请求行分为三个部分，分别是用于请求的方法、请求 URI(域名右边包括参数的部分)和 HTTP 协议版本。请求的方法也就是 HTTP 请求命令(有多种)，如表 1.2.5 所示，GET 是浏览器打开网页默认使用的请求方法。

表 1.2.5　HTTP 请求命令

请求方式	含　义
GET	获取“请求资源路径”对应的资源
POST	向“请求资源路径”提交数据，请求服务器进行处理
HEAD	获取“请求资源路径”的响应消息头
PUT	向服务器提交数据，存储到“请求资源路径”的位置
DELETE	请求服务器删除“请求资源路径”的资源
TRACE	请求服务器回送收到的请求信息，主要用于测试和诊断
CONNECT	保留将来使用
OPTIONS	请求查询服务器的性能，或者查询与资源相关的选项和需求

2) 请求首部

请求首部位于请求行之后，主要用于向服务器传递附加消息，如浏览器可以接受的数据类型、压缩方法、语言及系统环境等，常见的请求首部如表 1.2.6 所示。

表 1.2.6　HTTP 常用请求首部

首部字段名	说　明
Accept	客户端浏览器支持的数据类型
Accept-Charset	客户端浏览器采用的编码
Accept-Encoding	客户端浏览器支持的数据压缩格式
Accept-Language	客户端浏览器所支持的语言包，可以指定多个
Host	客户端浏览器想要访问的服务器主机
If-Modified-Since	客户端浏览器对资源的最后缓存时间
Referer	客户端浏览器是从哪个页面过来的
User-Agent	客户端的系统信息，包括使用的操作系统、浏览器版本号等
Cookie	客户端需要带给服务器的数据
Cache-Control	客户端浏览器的缓存控制
Connection	请求完成后，客户端希望是保持连接还是关闭连接

3) 实体内容

GET 请求和 POST 请求是两个重要的请求方法，如图 1.2.18 所示。GET 请求是将提交给服务器的参数数据放在 URL 地址中，因此无需实体内容，但由于数据量有限，不能超过 1 KB，而且参数显示在浏览器地址栏，保密性差。

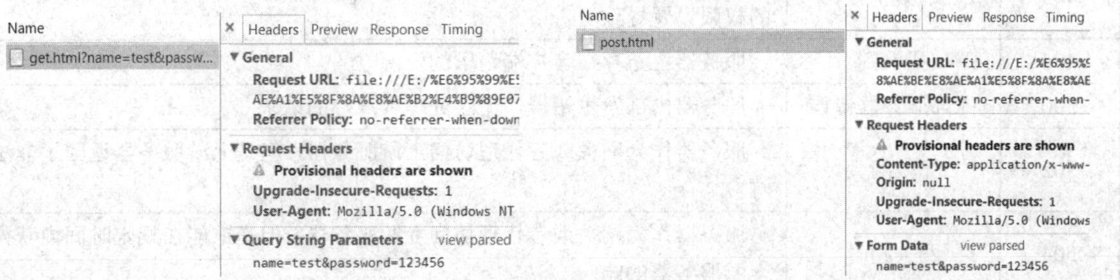

图 1.2.18　GET 请求与 POST 请求对比

而 POST 请求则是将请求数据封装到请求报文的实体内容之中，保密性好且无传输数据量的限制。提交表单后，Content-Type 实体首部会自动配置到请求首部。

5. HTTP 响应报文

与请求报文相对应，HTTP 响应报文也包括状态行、响应首部、空行、实体内容四部分，其源格式如图 1.2.17 所示，网页的 HTML 文档就保存在响应报文的实体内容中。

1) 状态行

在 HTTP 响应报文中，位于第一行的是状态行，用于告知客户端本次响应的状态，如“HTTP/1.1 200 OK”，其中 HTTP/1.1 是协议版本，200 是状态码，OK 是状态的描述信息。

响应状态码表示服务器对客户端请求的各种不同的处理结果和状态，由一个三位十进制数表示。响应状态码共分为五类，通过最高位的 1～5 来区分：

(1) 1**：成功接收请求，要求客户端继续提交下一次请求才能完成整个处理过程。
(2) 2**：成功接收请求并完成整个处理过程。
(3) 3**：未完成请求，客户端需进一步细化请求。
(4) 4**：客户端请求有误。
(5) 5**：服务器端出现错误。

读者无需深入研究具体的状态码，但还是需要了解一些常用的，在 Web 开发过程中调试后端服务时需要对照参考排查错误，如表 1.2.7 所示。

表 1.2.7　HTTP 常用状态码

状态码	含义	说　明
200	正常	客户端的请求成功，响应消息返回正常的请求结果
301	永久移动	被请求的文档已经被移动到别处，此文档的新 URL 地址为响应头 Location 的值，浏览器以后对该文档的访问会自动使用新地址
302	找到	和 301 类似，但是 Location 返回的是一个临时的、非永久的 URL 地址
304	未修改	浏览器在请求时会通过一些请求头描述该文档的缓存情况，当服务器判断文档没有修改时，就通过 304 告知浏览器继续使用缓存，否则服务器将使用 200 状态码返回修改后的文档
401	未经授权	当浏览器试图访问一个受密码保护的页面时，且在请求头中没有 Authorization 传递用户信息，就会返回 401 状态码要求浏览器重新发送带有 Authorization 头的信息
403	禁止	服务器理解客户端的请求，但是拒绝处理。通常由服务器上文件或目录的权限设置导致
404	找不到	服务器上不存在客户端请求的资源
500	内部服务器错误	服务器内部发生错误，无法处理客户端的请求
502	无效网关	服务器作为网关或者代理访问上游服务器，但是上游服务器返回了非法响应
504	网关超时	服务器作为网关或者代理访问上游服务器，但是未能在规定时间内获得上游服务器的响应

2) 响应首部

响应首部位于响应状态行之后，用于告知浏览器本次响应的基本信息，包括服务器程序名、内容的编码格式、缓存控制等，常见的响应首部如表 1.2.8 所示。

表 1.2.8　HTTP 常用响应首部

响应头	含　义
Server	服务器的类型和版本信息
Date	服务器的响应时间
Expires	控制缓存的过期时间
Location	控制浏览器显示哪个页面(重定向到新的 URL)
Accept-Ranges	服务器是否支持分段请求，以及请求范围
Cache-control	服务器控制浏览器如何进行缓存
Content-Disposition	服务器控制浏览器以下载方式打开文件
Content-Encoding	实体内容的编码格式
Content-Length	实体内容的长度
Content-Language	实体内容的语言和国家名
Content-Type	实体内容的类型和编码类型
Last-Modified	请求文档的最后一次修改时间
Transfer-Encoding	文件传输编码
Set-Cookie	发送 Cookie 相关的信息
Connection	是否需要持久连接

可以看出，HTTP 报文的请求首部和响应首部是浏览器与服务器之间交互的重要信息，由浏览器和 Web 服务器自动处理，但有时为了实现网站项目的某些特殊功能需求，或者对浏览器缓存方面进行优化，会手动更改一些响应首部的信息。

3) 实体内容

服务器响应的实体内容有多种编码格式。当用户请求的是网页时，实体内容的格式就是 HTML，如果请求的是图片，则响应图片的实体内容。服务器为了告知浏览器实体内容的类型，会通过响应报文首部中的 Content-Type 来标识。例如，“Content-Type：text/html; charset=UTF-8”，表示内容类型为 HTML，字符集是 UTF-8，其中“text/html”是一种 MIME 类型表示方式。

MIME 是目前大部分互联网应用程序中一种通用的标准，表示格式为“大类/具体类型”，常见的 MIME 类型如表 1.2.9 所示。浏览器对不同的 MIME 类型实体内容会有不同的处理方式，如对于普通文本直接显示，对于 HTML 页面进行渲染显示，对于 .gif、.png、.jpeg 等类型显示为图像。如果浏览器遇到无法识别的类型，则在默认情况下执行下载文件的操作。

表 1.2.9　常见的 MIME 类型

MIME 类型	说　明	MIME 类型	说　明
text/plain	普通文本(.txt)	text/css	CSS 文件(.css)
text/xml	XML 文档(.xml)	application/javascript	JavaScript 文件(.js)
text/html	HTML 文档(.html)	application/x-httpd-php	PHP 文件(.php)
image/gif	GIF 图像(.gif)	application/rtf	RTF 文件(.rtf)
image/png	PNG 图像(.png)	application/pdf	PDF 文件(.pdf)
image/jpeg	JPEG 图像(.jpg)	application/octet-stream	任意的二进制数据

任务实现

1. Packet Tracer 实践之 TCP/IP 数据包解析

1) 安装并认识 Packet Tracer

Packet Tracer 的工作界面如图 1.2.19 所示。

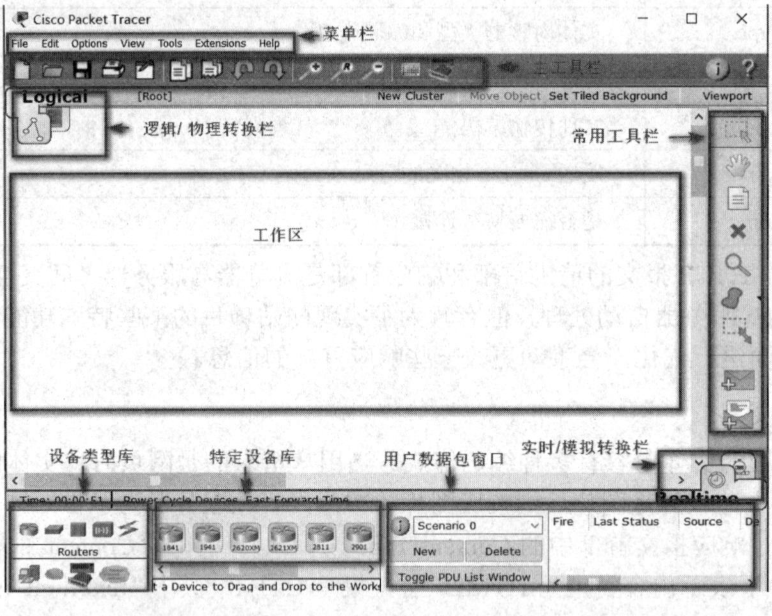

图 1.2.19　初识 Packet Tracer

2) 连接设备

如图 1.2.20 所示，在交换机中选择 2960 型号的交换机添加到工作区，在端设备选项中选择 PC 并拖入到工作区，修改端设备名称分别为 PC2 和 PC3，选择连接选项“直通线”，将两台 PC 的 FastEthernet 口连接到交换机，分别配置连接端设备的网卡端口和交换机端口，连接好后设备连线会变为绿色。

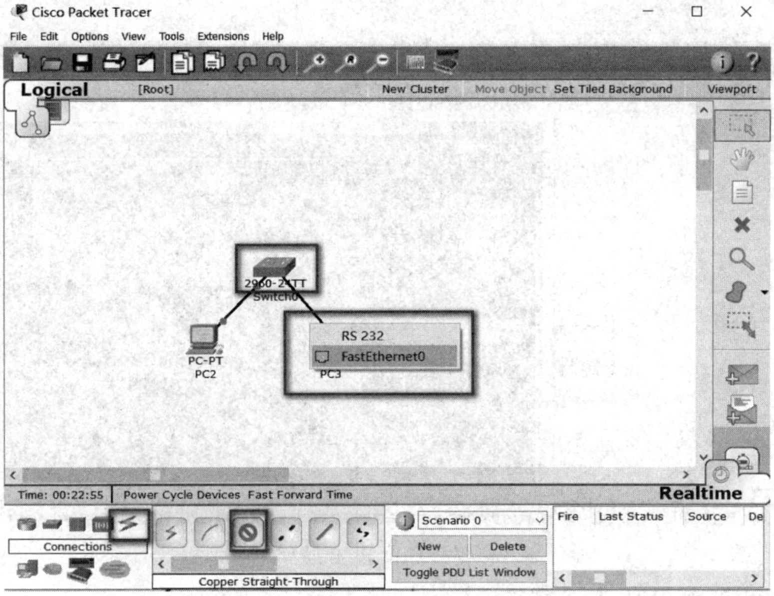

图 1.2.20　连接交换机与终端 PC

3) 配置 PC

如图 1.2.21 所示，点击 PC2，进入 PC2 窗口，选择 Desktop 选项卡，选择 IP Configuration，配置 IP 地址为 192.168.1.2，选择默认子网掩码；同理点击 PC3 配置 IP 地址为 192.168.1.3。

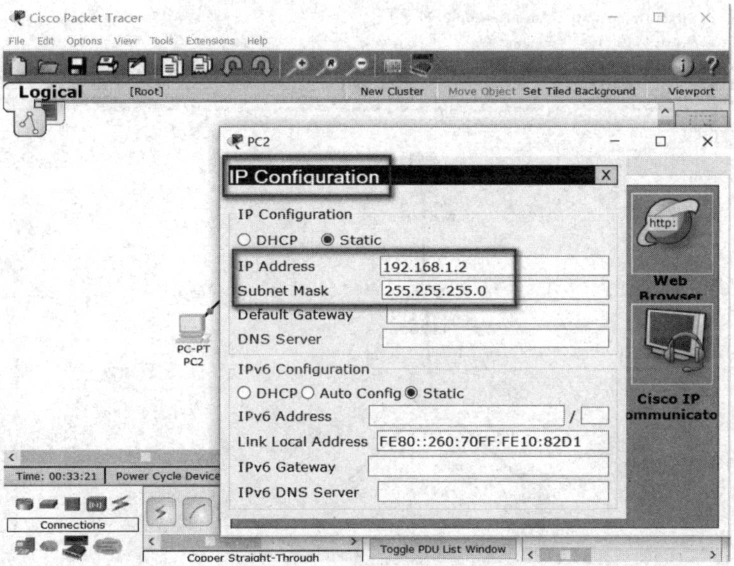

图 1.2.21　设备网络配置

4) 测试局域网的连通性

使用 PC2 ping PC3，如图 1.2.22 所示，点击 PC2 进入 PC2 窗口，选择 Command Prompt 选项卡，输入命令：ping 192.168.1.3，测试局域网的连通性。

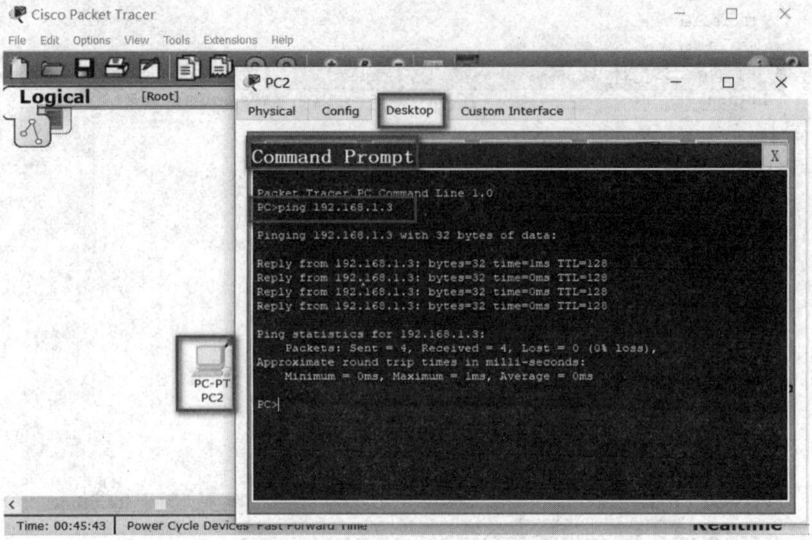

图 1.2.22　设备 ping 命令测试

5) 添加路由器和 Web 服务器

添加 1 台路由器 2911，1 台 Web 服务器。如图 1.2.23 所示，交换机位于数据链路层，与 PC、路由器不属于同类设备，因此使用直连线，而路由器与 Web 服务器属于同类设备，使用交叉线。Web 服务器的 IP 地址为 192.168.2.2。此时红色标识表示链路不通，需要进行路由器的配置。

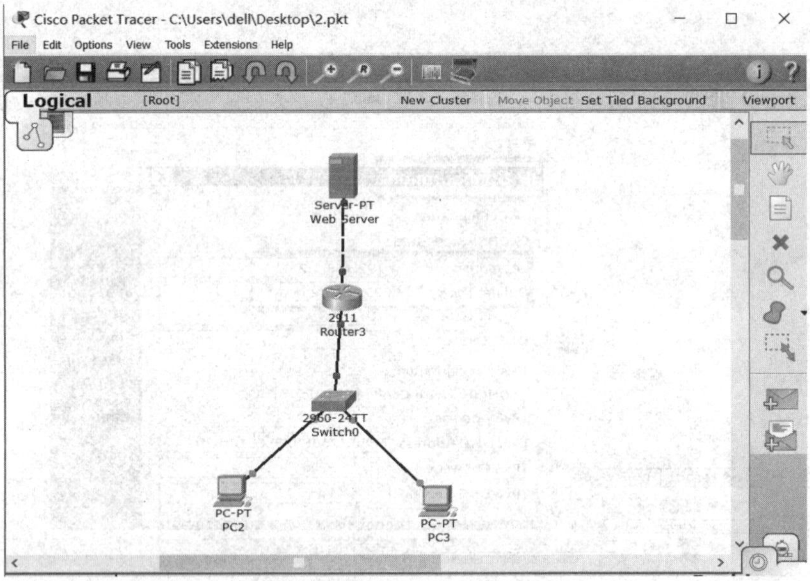

图 1.2.23　添加并连接设备

6) 配置路由器

如图 1.2.24 所示，配置路由器的局域网网卡 IP 地址，也就是网关地址，并打开启动网卡接口。由于 PC 和 Web 服务器不在同一个网段，因此路由器连接两个网段的设备，需要分别配置 GigabitEthernet0/0 和 GigabitEthernet0/1 两个以太网接口的 IP 地址为 192.168.1.1

和 192.168.2.1，并启动接口。

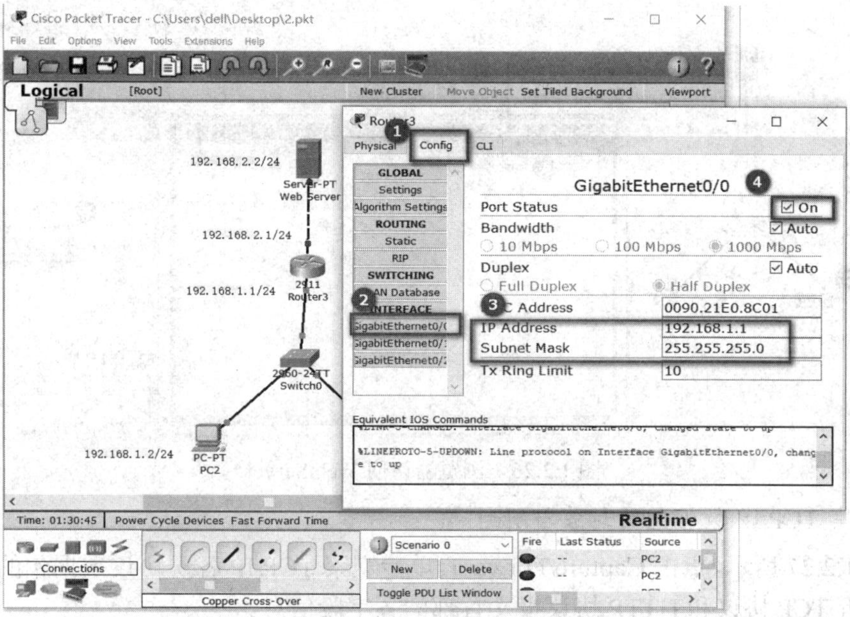

图 1.2.24　配置路由器设备

7) 配置端设备的网关地址

如图 1.2.25 所示，配置 PC 和 Web 服务器的网关地址分别为 192.168.1.1 和 192.168.2.1。

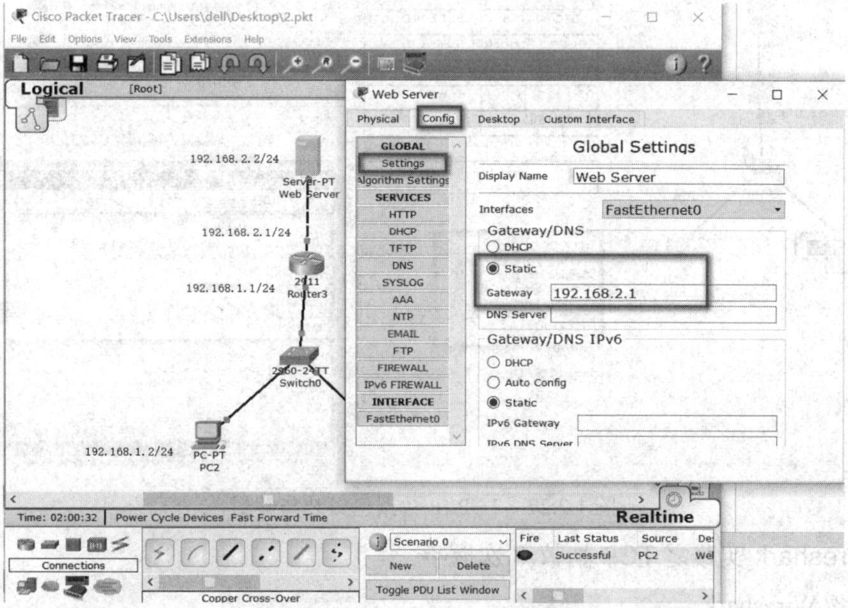

图 1.2.25　配置端设备的网关

8) 添加设备并配置参数，浏览器访问 Web Server

如图 1.2.26 所示，进入模拟仿真模式，在 PC2 的桌面选择 Web Browser，录入 Web Server 的 IP 地址 192.168.2.2。

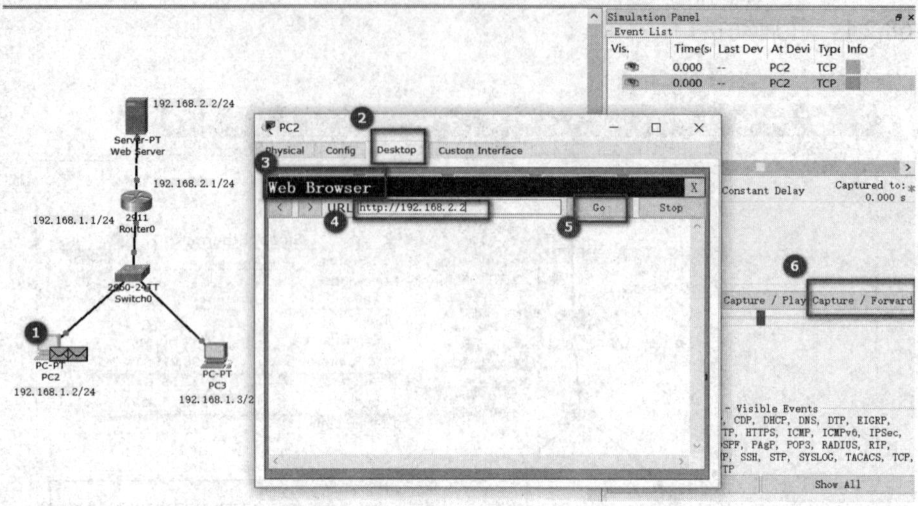

图 1.2.26　浏览器访问 Web Server

9) 观察 TCP/IP 数据包的封装与解封

如图 1.2.27 所示，点击 Capture/Forward，单步观察 TCP/IP 各层协议数据包的报文格式，记录并分析 TCP 协议和 HTTP 协议报文首部的各字段信息。

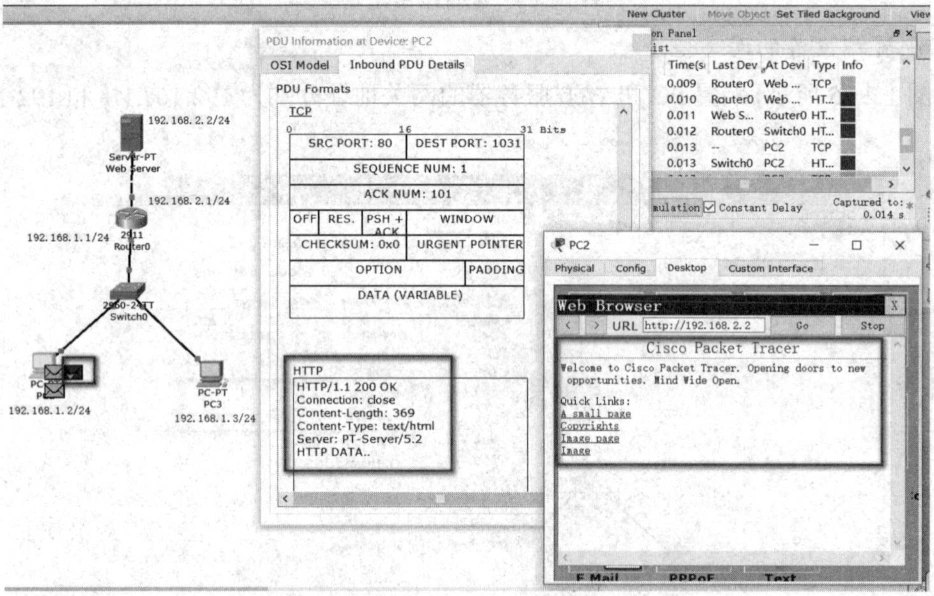

图 1.2.27　TCP/IP 数据包封装与解封

2. Wireshark 实践之 TCP 协议 3 次握手

1) 安装 Wireshark

Wireshark 是非常流行的网络封包分析软件，功能十分强大，可以截取各种网络封包，显示网络封包的详细信息，出于安全考虑，Wireshark 只能查看封包，而不能修改封包的内容，能获取 FTP、HTTP，也能获取 HTTPS 等协议报文，但是不能解密 HTTPS，所以 Wireshark 看不懂 HTTPS 中的内容。一般地，网络管理员、软件测试工程师、Web 全栈工程师都需要熟练掌握 Wireshark 的用法，在学习了网络协议理论之后，就可以应用 Wireshark 进行实践分析了。Wireshark 的官方下载网站为 http://www.wireshark.org/，安装过程中只需点击“下一步”即可完成。

2) 选择监测端口

如图 1.2.28 所示，选择本地网卡或无线的网络接口，双击，进入主界面。

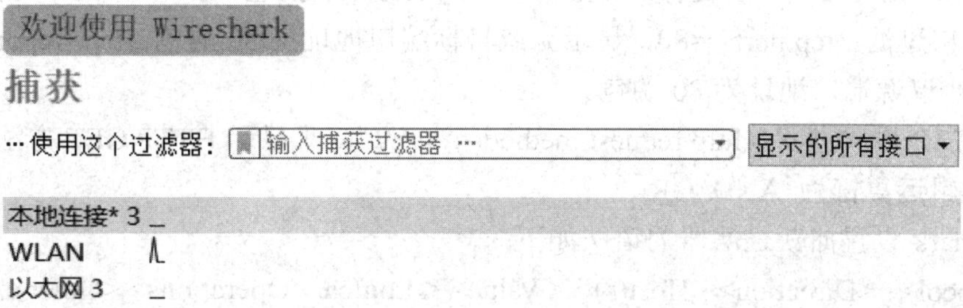

图 1.2.28　Wireshark 初始化界面

3) 认识 Wireshark 功能

Wireshark 界面的组成很简单，如图 1.2.29 所示，在此不做详解，重要的是要学会使用过滤，这样可以避免得到大量的冗余信息。过滤器会帮助我们在大量的数据中迅速找到需要的信息。过滤器有两种：一种是显示过滤器，就是主界面上用来在捕获的记录中找到所

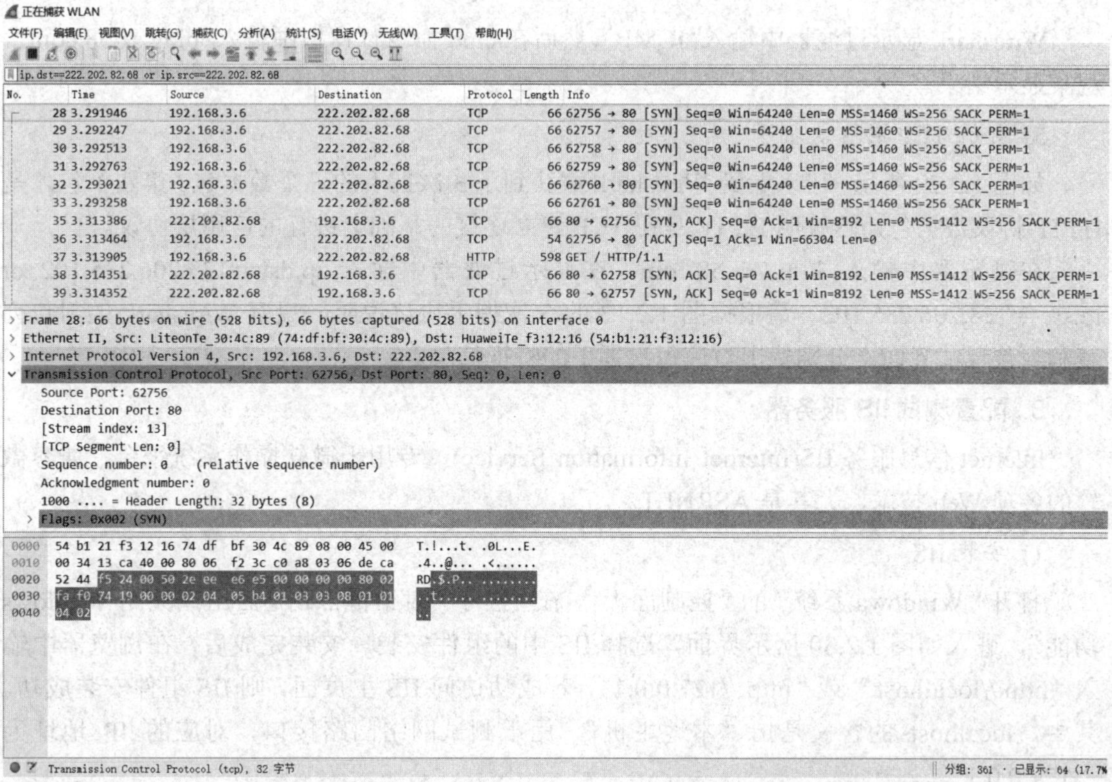

图 1.2.29　Wireshark 主界面

需要的记录；另一种是捕获过滤器，用来过滤捕获的封包，以免捕获太多的记录。在菜单中选择【捕获】→【捕获过滤器】即可。

Wireshark 设置显示过滤器表达式规则的主要方法有：

(1) 协议过滤：比如 TCP，只显示 TCP 协议。

(2) IP 过滤：比如 ip.src ==192.168.1.102 显示源 IP 地址为 192.168.1.102 的包；ip.dst==192.168.1.102，显示目标 IP 地址为 192.168.1.102 的包。

(3) 端口过滤：tcp.port ==80，显示源或目标端口地址为 80 的包；tcp.srcport == 80，只显示 TCP 协议源端口地址为 80 的包。

(4) HTTP 模式过滤：http.request.method=="GET"，只显示 HTTP GET 方法的包。

(5) 逻辑运算符为 AND/ OR。

Wireshark 设置捕获过滤器的语法如下：

<Protocol>　<Direction> <Host(s)> < Value> < Logical　Operations> <Other expression>

其中：Protocol 为过滤筛选数据包的协议类型，包括 ether、fddi、ip、arp、rarp、decnet、lat、sca、moprc、mopdl、tcp、udp 等，如果没有指明协议类型，则默认为捕捉所有支持的协议；Direction 为 src、dst、src and dst、src or dst 等，如果没有指明方向，则默认使用 src or dst 作为关键字；Host(s)为 net、port、host 等，默认使用 host 关键字，如“src host 10.1.1.1”；Logical Operations(逻辑运算)为 not、and、or 等。

4) 分析 ping 命令

Wireshark 显示过滤器中输入“ICMP”，然后在 cmd 命令行窗口中输入“ping sz.58.com”，观察显示结果。

5) 分析 TCP 的 3 次握手

如图 1.2.29 所示，可以看到 Wireshark 截获到了 3 次握手的三个数据包。第四个包才是 HTTP 协议数据包，这说明 HTTP 是在 TCP 建立连接的基础上进行的应用层协议。

在浏览器中输入 http://sz.58.com，在显示过滤器中输入 ip.dst==123.206.235.102 or ip.src==123.206.235.102。请根据图 1.2.12 的 3 次握手协议说明，观察 Wireshark 的封包列表和封包详情界面，分别找出对应每次握手的特征信息。

3. 配置测试 IIS 服务器

Internet 信息服务 IIS(Internet Information Service)，专用于微软操作系统平台，兼容微软的各项 Web 技术，尤其是 ASP.NET。

1) 安装 IIS

打开“Windows 系统”的“控制面板”，在“程序”对话框点击“启用或关闭 Windows 功能”，进入如图 1.2.30 所示界面，选择 IIS 中的组件安装。安装完成后，在浏览器中输入“http://localhost/”或“http://127.0.0.1”，若成功访问 IIS 主页面，则 IIS 组件安装成功。其中，localhost 的含义是指“本地主机”，用于测试网络回路接口，对应的 IP 地址为“127.0.0.1”。

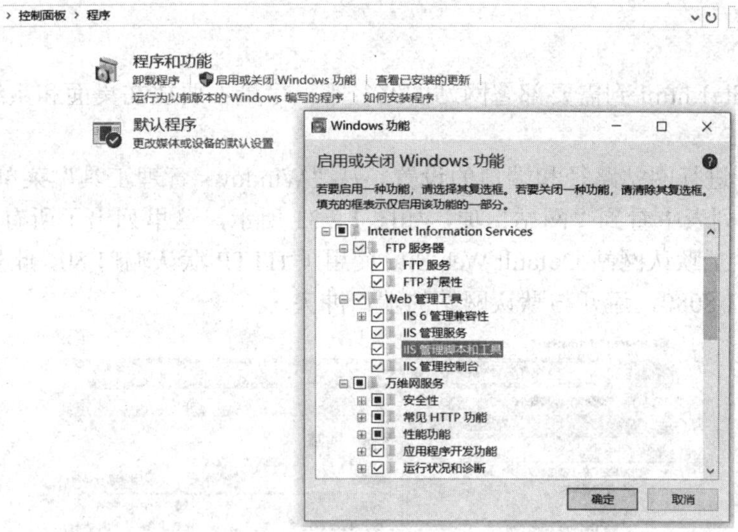

图 1.2.30　安装 IIS

2) 创建 IIS 网站

虽然服务器功能启用完毕，我们可以在局域网内通过 IP 地址或者在本机用 localhost 进行访问，但我们只是浏览了微软的示例 Web 页面，想要展示自定义网站 Website1，显示"Hello Website1"，就需要将网站的静态文件 Website1.html 部署到一个自己的网站 Website1。

新建网站文件 Website1.html，代码如下：

```
<!DOCTYPE html>
<html lang="en">
<head>
    <meta charset="UTF-8">
    <title>hello site</title>
    <style>
        body{
            background-color: pink;
        }
        h1{
            font-color:blue;
            font-style: bold;
            text-align: center;
        }
    </style>
</head>
<body>
    <h1>Hello Website1</h1>
```

```
</body>
</html>
```

创建 Website1.html 到需要部署网站的路径下，尽量不要放在桌面和系统目录，如创建 D:\Website1\。

然后在 IIS 进行网站路径和端口的设置。从“Windows 管理工具”菜单打开“IIS 管理器”，在左边的列表中看到“网站”项，如图 1.2.31 所示，这里列出了所有在本机 IIS 服务器上挂载的站点，默认网站 Default Web Site 使用了 HTTP 默认端口 80，此处新建一个网站使用另一个端口 8080，避开与默认网站的端口冲突。

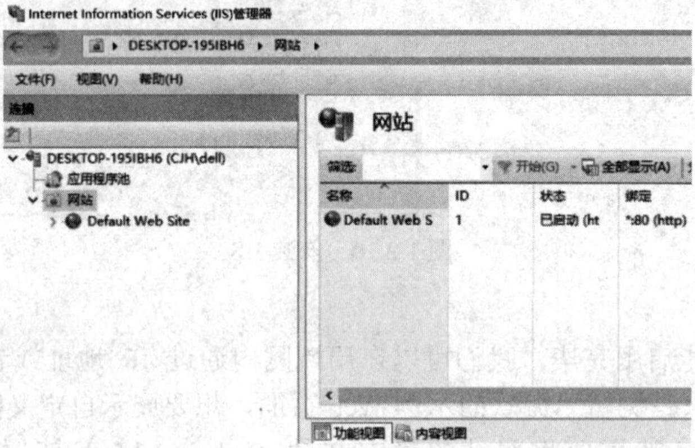

图 1.2.31　IIS 管理器

在“IIS 管理器”的“网站”项点击右键，选择“添加网站”，出现如图 1.2.32 所示界面，配置“网站名称”为 Website1，“物理路径”选择放置网站相关文件的资源路径 D:\Website1\，“端口”改为 8080 或者其他未占用端口，点击“确定”。

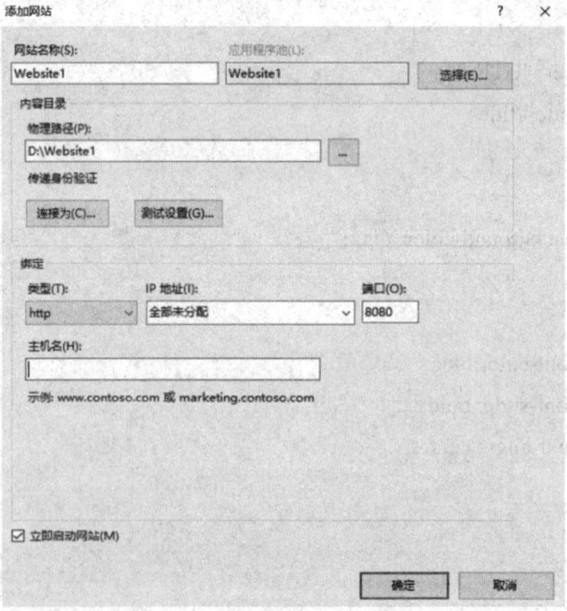

图 1.2.32　配置网站路径和端口

在浏览器访问 http://localhost:8080/，发现显示报错，如图 1.2.33 所示，错误内容为“HTTP 错误 403.14 – Forbidden Web 服务器被配置为不列出此目录的内容”。分析错误原因，由于 IIS 服务器的默认文档为以下几种命名的文件：Default.htm、Default.asp、index.htm、index.html、iisstart.htm、default.aspx(与 Windows 文件系统命名类似，IIS 网站名大小写不敏感)，如果主页文件名不在上述默认文档中，默认是无法访问到该文件的(除非通过在 URI 中输入文档名直接访问)。此时，需设置 IIS 管理器的默认文档，如图 1.2.34 所示，点击“Website1”站点，在中间的功能视图中“IIS”栏目双击选择“默认文档”，右键选择“添加”，录入页面文件名。

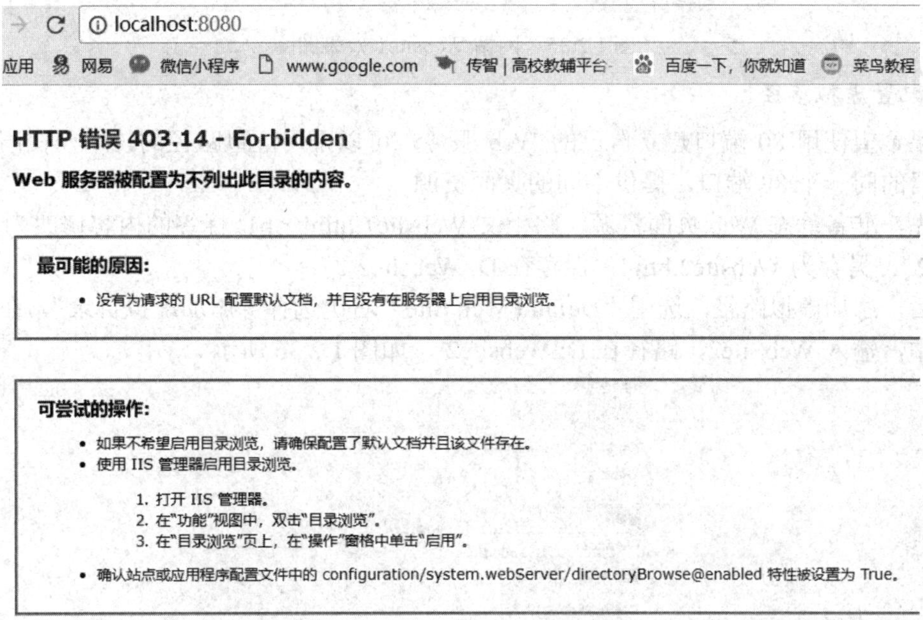

图 1.2.33　显示网站出错

图 1.2.34　添加默认文档

完成默认文档设置后，在浏览器地址栏输入 localhost(或 IP 地址 127.0.0.1)及端口号 8080 即可访问页面并显示“Hello Website1”了，如图 1.2.35 所示。如果未录入端口号，则会显示 80 端口提供的 IIS 默认页面。

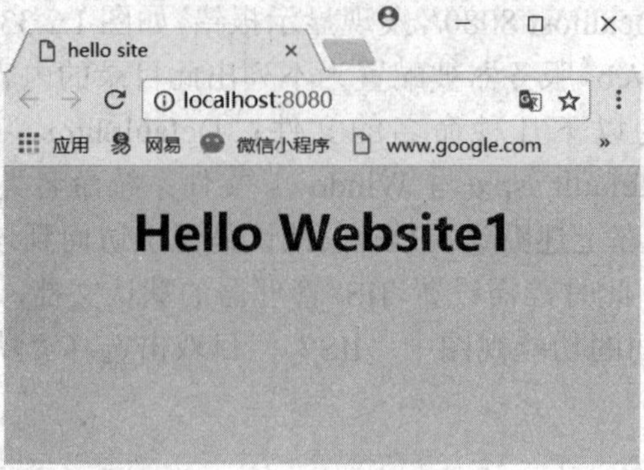

图 1.2.35　网站 Website1 效果图

3) 配置虚拟路径

如果希望使用 80 端口建立自己的 Web 服务，可以采用虚拟路径的技术，在同一个物理服务器的同一个 80 端口，提供不同的页面资源。

首先，准备静态 Web 页面资源，将上文 Website1.html <h1>标签的内容修改为“Hello Website2”，另存为 Website2.html，保存在 D:\Website2\。

然后，添加虚拟路径，选中“Default Web Site”右键选择“添加虚拟目录”，在弹出的对话框中，输入 WebSite2，路径在 D:\Website2\，如图 1.2.36 所示。

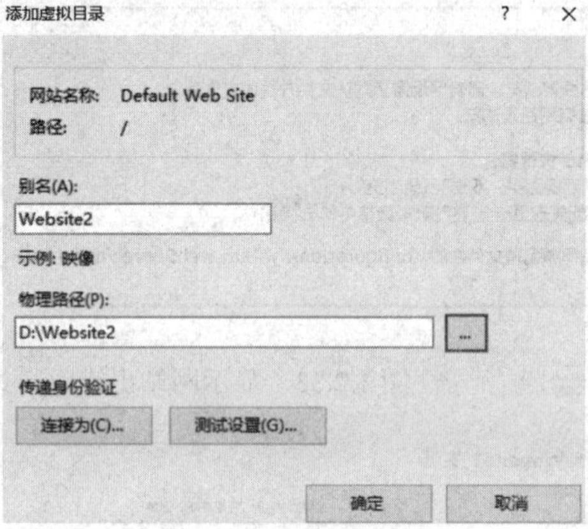

图 1.2.36　添加虚拟路径

在浏览器中输入 http://localhost/Website2/，此时通过 80 端口成功访问了 Default Web Site 网站中的虚拟路径资源。

4) 配置应用程序

也可以通过添加应用程序的方式实现资源在 80 端口 Default Web Site 网站的部署。

首先，添加应用程序，选中“Default Web Site”右键选择“添加应用程序”，如图 1.2.37 所示，填写“别名”和“路径”即可完成。其中，“别名”表示被访问的虚拟目录名，如 http://localhost/Web2/中，别名就是“Web2”，而“路径”则指向资源所在目录(可以是本地路径或可访问的远程服务器)，此处仍使用 D:\Website2\进行测试。

然后，添加应用程序池，选中“应用程序池”右键选择“添加应用程序池”，如图 1.2.38 所示进行设置。在浏览器中输入网址 http://localhost/web2/即可访问网站。

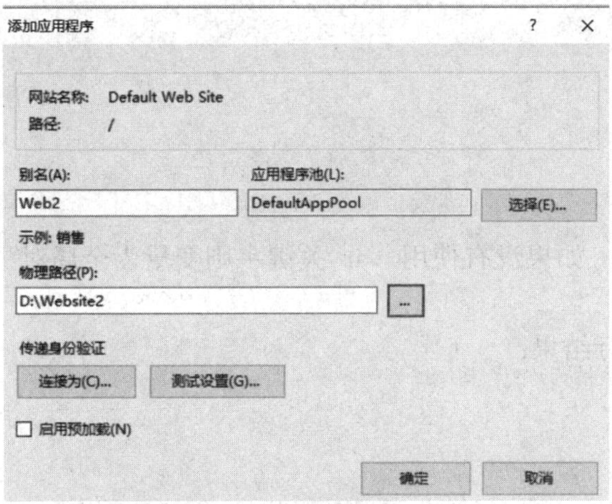

图 1.2.37　添加应用程序

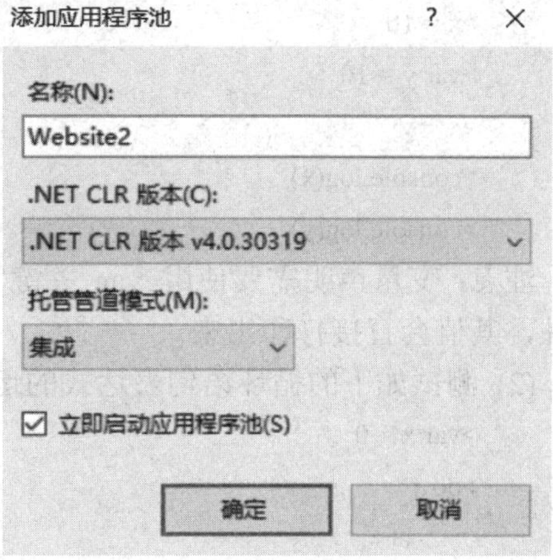

图 1.2.38　添加应用程序池

4. Node.js 初体验之构建 HTTP 服务器

1) 安装 Node.js

Node.js 是一个在服务器端可以解析和执行 JavaScript 代码的基于 Chrome V8 引擎的运行环境，可以使 JavaScript 程序脱离浏览器，在服务器后端单独运行。Node.js 使用了一个事件驱动、非阻塞式 I/O 的模型，轻量又高效，因此在许多互联网软件公司的后台服务中广泛应用。

进入 Node.js 的官方网址 https://nodejs.org 下载并安装，安装过程只需点击“下一步”的操作，建议不更改默认安装路径。安装成功后，按“Win+R”组合键，打开“运行对话框”，输入“cmd”进入控制台终端，输入命令“node -v”并按回车键，如果安装成功则出现如图 1.2.39 所示的界面，提示当前 Node.js 软件的版本信息。

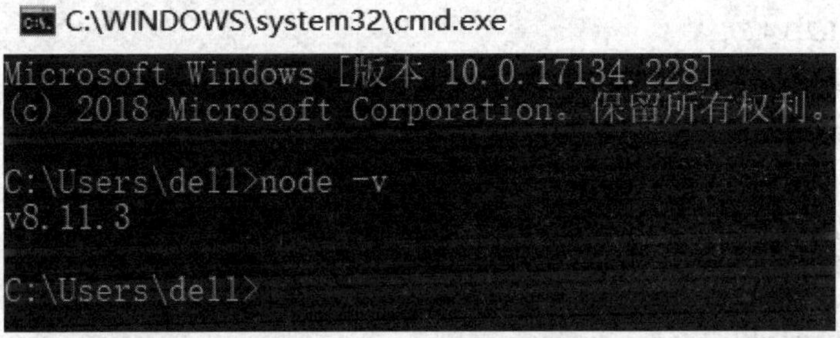

图 1.2.39　Node.js 成功安装

2) 测试 Node.js 的 REPL 可交互运行环境

为了使开发者方便测试 JavaScript 代码，Node.js 中提供了一个名为 REPL(Read-Eval-Print-Loop)的可交互运行环境，可以解析 JavaScript 代码，执行变量和函数等相关操作。输入 JavaScript 表达式，按下回车键，REPL 运行环境中将显示该表达式的运行结果，然后继续等待下一次用户输入。

(1) 首先在命令行输入“node”，进入 REPL 环境，逐行录入如下变量表达式代码进行测试：

```
>x = 10
>var y = 10
>x + y
>console.log(x)
>console.log(y)
```

注意：变量声明需要使用 var 关键字，如果没有使用 var 关键字则变量为全局对象的属性，其值会直接打印出来。

(2) 测试如下的循环语句表达式的运行结果：

```
>var x = 0
>do {
  ... x++;
  ... console.log("x: " + x);
  ... } while ( x < 5 );
```

注意："..."符号是系统自动生成的，回车换行后即可，Node.js 会自动检测是否为连续的表达式。

(3) 测试如下函数表达式的运行结果：

```
>var name="hello"
>name
>function getName(){
  ... console.log(this.name);
  ... }
>getName();
```

(4) 测试如下数组和对象的运行结果：

```
>var arr=[1,2,3,4,5]
> Object.keys(arr)
>Object.values(arr)
> for(var i in arr){
  ... console.log("value="+ arr [i]);
  ... }
>var obj={a:2,b:3}
> for(var key in obj){
  ... console.log("key="+key+",value="+ obj [key]);
... }
```

(5) 测试如下 REPL 的常用命令：

Ctrl + C——终止当前命令。

Ctrl + C twice——终止 Node REPL。

Ctrl + D——终止 Node REPL。

Up/Down Keys——查看命令历史记录和修改以前的命令。

Tab Keys——当前指令的列表。

.help——所有命令的列表。

.break——退出多行表达式。

.clear——从多行表达式退出。

.save filename——当前 Node REPL 会话保存到文件中。

.load filename——加载文件的内容在当前 Node REPL 会话。

3) 快速体验“Hello World” HTTP 服务器

(1) node 命令执行 demo1.js 文件。

在学习 Node.js 前，以.js 结尾的 JavaScript 文件通常是被引入到 html 网页中，在浏览器中执行。而在 Node.js 中也是可以执行一个.js 脚本文件的。

在自定义目录 D:\nodejs\下创建 demo1.js 文件，并添加如下代码：

```
console.log('Hello World');
```

进入命令行窗口，如图 1.2.40 所示，首先进入 demo1.js 文件所在的工作路径 D:\nodejs\，输入“node demo1.js”，即可显示执行 demo1.js 的运行结果。

可见，Node.js 中可以通过 node 命令解析并执行 Javascript 程序，最终将执行后的结果通过 console.log 方法输出到终端显示。

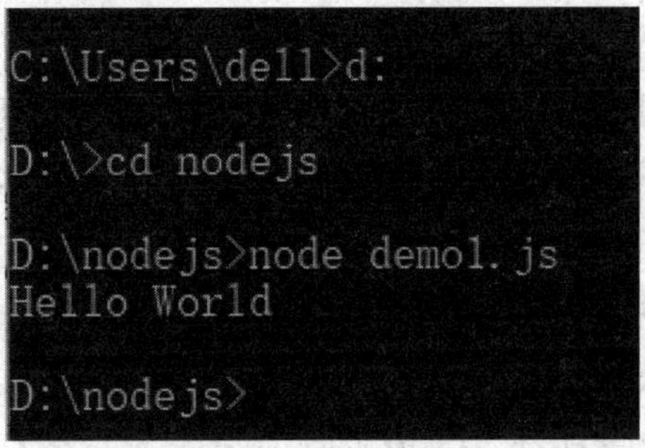

图 1.2.40　demo1.js 运行结果

(2) node 命令执行服务器 demo2.js 文件。

使用 Node.js 不仅能在终端输出文本，还可以开发 Web 服务器，在浏览器端显示网页，也就是构建一个 HTTP 服务器。

在 Node.js 中“一切皆模块”。安装 Node.js 时一些模块自动被安装，这些模块大多由 Node.js 官方维护，被称为系统(核心)模块，如 FS、PATH、OS、HTTP 等。构建一个 HTTP 服务器的功能被封装在 Node.js 的内置核心模块 HTTP 模块中。

所有模块必须被加载后才能使用，Node.js 提供了全局的函数 require()来加载模块，加载 HTTP 模块的具体语法应用如下：

```
var http=require('http');
```

构建 HTTP 服务器的过程，本质就是使用 HTTP 模块所提供的属性和方法的过程。输入测试代码，并保存文件 demo2.js 到自定义目录 D:\nodejs\，代码如下：

```
var http= require('http');
http.createServer(function(req,res){
    console.log('ok ' + req.url);
```

```
    res.end('Hello World! ');
}).listen(3000, '127.0.0.1');
```

同理，在命令行窗口进入 D:\nodejs\目录，然后输入“node demo2.js”，启动 Node.js 最简 HTTP 服务器。

然后进入 chrome 浏览器，输入 URI“http://127.0.0.1:3000/”，可以看到浏览器成功显示“Hello World!”，实现了 Web 服务器功能，如图 1.2.41 所示。

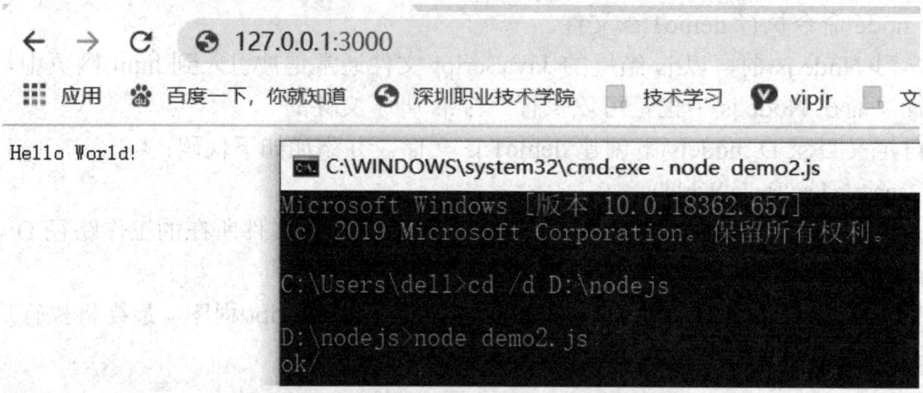

图 1.2.41　demo2.js 运行结果

提示：通过浏览器的调试窗口，观察 network，可以发现每次发送一个 GET 请求，都会默认多发送一个图标请求。可以添加“if(req.url==='/favicon.ico') return;”尝试阻止服务器对于图标请求的响应。

4) 创建“Hello Node.js” HTTP 服务器

构建 HTTP 服务器，使用 require()函数加载 HTTP 模块后，就需要明确 HTTP 模块所提供的对象、属性和方法、事件等 API 信息。

(1) 认识 http.Server 对象。

在 Node.js 中，HTTP 服务器是指 http.Server 对象，封装了实现 HTTP 流控制和消息解析的功能，并为用户提供了一套 API 接口。

首先需要创建对象。createServer()函数就是用来创建 http.Server 对象的，代码如下：

```
var server=http. createServer();
```

其次需要使用 http.Server 对象提供的方法，如关闭服务器的方法 server.close (function(){ })；监听服务器的方法 server.listen(port[,hostname] [,backlog] [,function(){ }])。

另外，http.Server 是一个基于事件的对象，所有请求都被封装成对象的事件，因此用户只需为事件编写相应的处理函数即可实现 HTTP 服务器的所有功能。http.Server 对象主要提供三种事件：request 事件、connection 事件、close 事件。其中 connection 事件当 TCP 连接建立时触发，并提供一个 socket 参数；close 事件当服务器关闭时被触发，另外还有一些事件(如 clientError 事件等)一般无需特别处理，只有在实现复杂的 HTTP 服务器时才会用到。

在此只需重点关注 request 事件，当客户端请求到来时，触发 request 事件，并提供两个参数 req 和 res 分别为 http.IncomingMessage 和 http.ServerResponse 的实例对象，表示请求和响应消息。

监听 request 事件的语句如下：

```
server.on('request',function(req,res){          //处理事件的函数代码；
});
```

(2) 认识 http.IncomingMessage 对象。

HTTP 服务器和客户端都会创建 http.IncomingMessage 对象。

在服务器端，实现接收客户端 HTTP 请求的就是 http.IncomingMessage 对象，它一般由 http.Server 对象的 request 事件来发送，作为第一个参数来传递，通常简称为 request 或 req。

在发送 HTTP 请求时，会发送请求报文，即创建一个实现请求可读信息流的 http.IncomingMessage 对象。

在服务器端，它实质就等同于 http.ServerRequest 对象，包含了客户端 HTTP 请求的信息并封装到相应的属性和方法中，如常用的请求地址 req.url，请求方法 req.method，请求头 req.headers，请求 HTTP 版本信息 req.httpVersion，请求连接信息 req.socket 等属性，以及设置连接超时信息的方法 req.setTimeout(msecs,function(){ })，还有当用户请求结束时即底层 TCP 连接套接字被关闭时所触发的 close 事件：req.on('close',function(){})。

(3) 认识 http.ServerResponse 对象。

客户端的每次 HTTP 请求，都需要服务器端进行响应，而作为服务器端，实现响应功能并返回给客户端信息的就是 http.ServerResponse 对象，它也是由 http.Server 对象的 request 事件发送的，作为第二个参数来传递，通常简称为 response 或 res。

http.ServerResponse 对象是一个可写流，用来给客户端的 Socket 发送响应报文，它主要有三个重要的成员方法：首先是 res.writeHeader(statusCode [,headers])，发送响应报文首部，包括状态码和响应报文首部字段，具体可查阅表 1.2.7 和表 1.2.8，这个方法在一个请求内最多只能调用一次，如果不调用，则会自动生成一个响应头；其次是 res.write(data[,encoding])，发送响应实体内容，data 是要发送的内容，可以是一个 Buffer 或字符串，如果是字符串，则需要通过 encoding 来声明编码方式，默认为 utf-8，在结束响应前，res.write 方法可以被调用多次；res.end([data][,encoding])，结束响应，告知客户端所有响应已经发送完毕，必须调用一次来结束响应，否则客户端将会持续等待下去。另外还有一些方法和属性，如 res.sendDate 等，有需要时请查阅相关资料。

(4) node 命令执行服务器 demo3.js 文件。

下面通过案例来测试 http 模块的主要对象及其方法和属性的使用，在 D:\nodejs\目录下建立 demo3.js 文件，录入如下代码：

```
//引入 http 模块
var http=require('http');
//创建服务器对象
var server=http.createServer();
//监听 request 事件
server.on('request',function(req,res){
  //响应头
  res.writeHeader(200,{'Content-Type':'text/html'});
```

```
        //响应实体
        res.write('<h1>Hello Node.js</h1>');
        res.write('<p>请求方式为'+req.method+'</p>');
        res.write('<br>请求路径为'+req.url);
        res.write('<br>请求头为'+JSON.stringify(req.headers));
        res.end();
    });
    //开启端口监听
    server.listen(3000,'127.0.0.1',function(){
        console.log('server is listening at port 3000');
    });
```

在命令行窗口进入 D:\nodejs\目录，然后输入 node demo3.js，启动服务器。在浏览器地址栏输入 http://127.0.0.1:3000，测试运行效果如图 1.2.42。

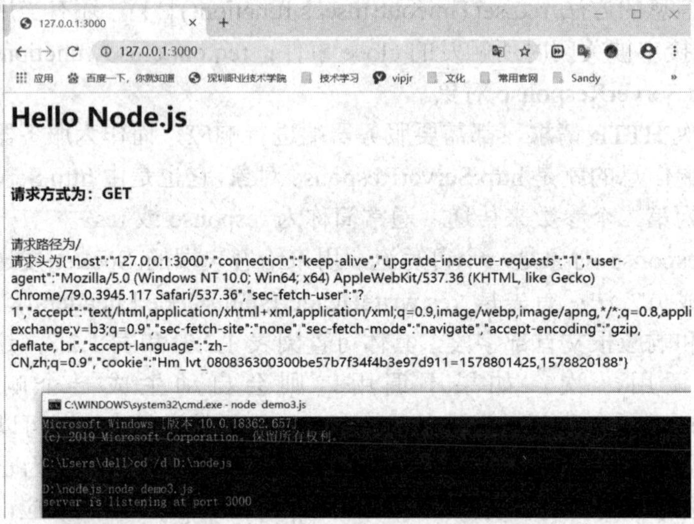

图 1.2.42　demo3.js 运行结果

(5) 构建响应不同 URI 的 HTTP 服务器。

在实际应用中，会有通过单击不同的链接进入不同页面的需求，如首页、登录页、注册页等页面跳转，这样的需求常常需要在服务器端进行请求的分类处理来完成。

在 D:\nodejs\目录下建立 demo4.js 文件，录入如下代码：

```
//引入 http 模块
var http=require('http');
//创建服务器对象
var server=http.createServer();
//监听 request 事件
server.on('request',function(req,res){
    var url=req.url;
    if(url==='/'){
```

```
            res.end('Hello Nodejs');
        }else if(url==='/login'){
            res.end('Hello login');
        }else if(url==='/register'){
            res.end('Hello register');
        }else{
            res.end('404 Not found');
        }
    });
    //开启端口监听
    server.listen(3000,'127.0.0.1',function(){
        console.log('server is listening at port 3000');
    });
```

在命令行窗口进入 D:\nodejs\目录，然后输入 node demo4.js，启动服务器。在浏览器地址栏输入 http://127.0.0.1:3000，测试运行效果如图 1.2.43 所示。

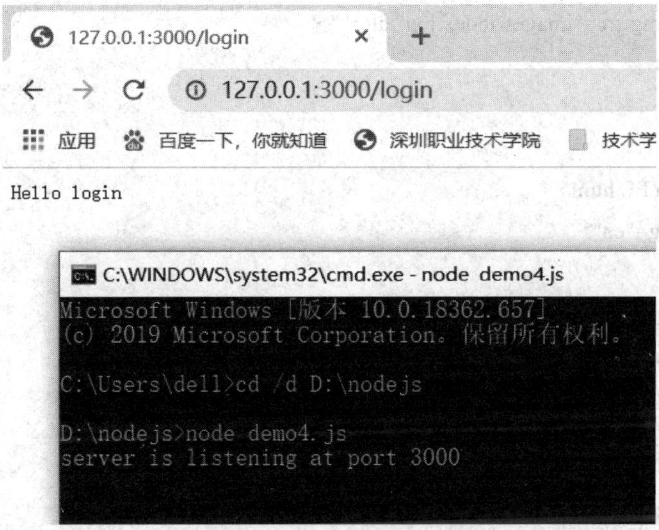

图 1.2.43　demo4.js 运行结果

任务拓展

1. Node.js 处理静态资源

所谓 HTTP 静态资源服务器，就是客户端请求某个路径后，跳转到相应的静态 HTML 页面，通过加载 Node.js 的文件模块来实现响应静态 HTML 文件的功能，通过读取文件来获取静态资源的数据，然后通过 res.write()方法将读取到的 HTML 页面文件数据响应给浏览器，这样就通过原生编码的形式实现了 HTTP 服务器的功能。浏览器获得 HTML 文件后，即可解析渲染显示。

1) 准备静态资源文件

新建 D:\nodejs\static\目录，用于存放 HTML 静态文件。在 D:\nodejs\static\目录下创建 3 个页面，分别为首页 index.html、登录页 login.html 和错误页 error.html;在 static\css\目录下实现 main.css 样式文件，设置背景色为粉色；在 static\images\目录下放置图片 index.jpg 和 login.jpg。代码如下：

```
index.html:
    <!DOCTYPE html>
    <html lang="en">
    <head>
        <meta charset="UTF-8">
        <title>首页</title>
        <link rel="stylesheet" href="css/main.css">
    </head>
    <body>
        <h1>首页</h1>
        <img src="images/index.jpg" alt="">
    </body>
    </html>
login.html:
  <!DOCTYPE html>
  <html lang="en">
  <head>
      <meta charset="UTF-8">
      <title>登录</title>
      <link rel="stylesheet" href="css/main.css">
  </head>
  <body>
      <h1>登录</h1>
      <img src="images/login.jpg" alt="">
  </body>
  </html>
error.html:
   <!DOCTYPE html>
   <html lang="en">
   <head>
       <meta charset="UTF-8">
       <title>404</title>
       <style>
           body{
```

```
                background-color: blue;
            }
        </style>
    </head>
    <body>
        <h1>404 Not found</h1>
</body>
</html>
main.css:
    body{
      background-color:pink;
}
```

2) 编码及测试

静态资源页面文件创建完毕后，在 D:\nodejs\目录下创建文件 demo5.js，并在文件中添加如下代码。然后启动服务器，在浏览器中分别输入 http://127.0.0.1:3000/、http://127.0.0.1:3000/login.html、http://127.0.0.1:3000/error.html，测试运行效果。

```
//引入 http 模块/fs 模块/path 模块
var http=require('http');
var fs=require('fs');
var path=require('path');
//创建服务器对象
var server=http.createServer();
//监听 request 事件
server.on('request',function(req,res){
        var url=req.url;
        console.log(url);
        var fullPath=path.join(__dirname,'static',url);
        if(url==='/'){
                fullPath=path.join(__dirname,'static/index.html');
        }
        fs.readFile(fullPath,function(err,data){
                if (err) {
                        res.writeHeader(404);
                        return res.end(err.message);
                }
                res.end(data);
        });
});
```

```
//开启端口监听
server.listen(3000,'127.0.0.1',function(){
        console.log('server is listening at port 3000');
});
```

想一想

如何实现在首页 index.html 加入 login 图片超级链接，点击后，能跳转页面到 login.html 的效果？

2. Node.js 处理 GET 请求

GET 请求的参数放置在 URI 中，如 URL?key1=val1&key2=val2，采用系统模块 url 来解析带参数的地址信息。

1) 创建 index.html 表单页面

代码如下：

```
<!DOCTYPE html>
<html lang="en">
<head>
<meta charset="UTF-8">
<title>Document</title>
</head>
<body>
 <form action="http://127.0.0.1:3000" method="get">
        <ul>
                <li>姓名: <input type="text" name="username"></li>
                <li>密码: <input type="password" name="pass"></li>
                <li><input type="submit" value="提交"></li>
        </ul>
 </form>
</body>
</html>
```

2) 创建 demo6.js

将提交的表单参数返回响应信息，显示在浏览器中，代码如下：

```
//引入 http 模块/url 模块
var http=require('http');
var url = require('url');
//创建服务器对象
var server=http.createServer();
//监听 request 事件
server.on('request',function(req,res){
```

```
        // get 时参数放到 url 地址上的 url?key=val&key1=val1
        //使用 url 模块可以解析地址上的参数
        //通过 parse 方法实现
        console.log(url.parse(req.url, true));
        var query = url.parse(req.url, true).query;
        res.writeHeader(200,{'Content-Type':'text/html;charset=utf-8'});
        res.write('请求方式：'+req.method);
        res.write('<br>姓名：'+query.username);
        res.write('<br>密码：'+query.pass);
        res.end();
    });
    //开启端口监听
    server.listen(3000,'127.0.0.1',function(){
        console.log('server is listening at port 3000 for get method');
    });
```

3) 测试

启动服务器 demo6.js，本地运行 index.html，点击“提交”按钮，显示如图 1.2.44 所示的 GET 请求运行效果。

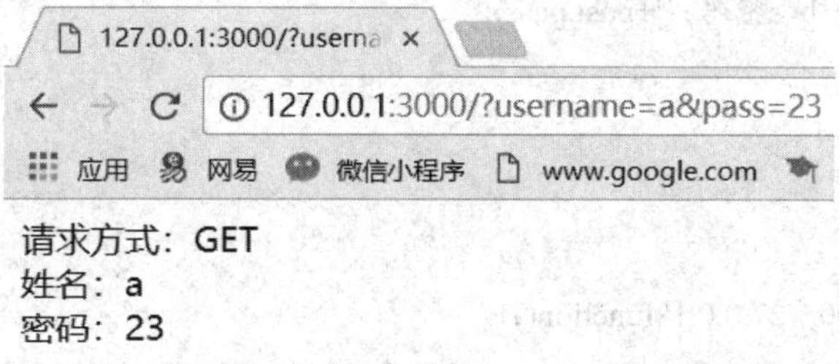

图 1.2.44　服务器处理 GET 请求运行结果

想一想

如何能够通过 http://127.0.0.1:3000 访问首页，通过首页再链接到登录页面。录入登录信息后，点击“提交”按钮，能否通过 GET 请求传递参数，并返回浏览器且显示参数信息？

3. Node.js 处理 POST 请求

POST 请求传输数据较大，需要分块传输，传输过程会触发 data 事件，每块数据通过 chunk 参数获取。所有数据传递完毕后会触发 end 事件，在 end 事件中，通过系统模块 queryString 对象的 parse 方法进行数据的键值对格式化提取。

1) 创建 index.html 表单页面

类似上文所述，只需要将 method 参数改为 post 即可。

2) 创建 demo7.js

能够将提交的表单参数返回响应信息，显示在浏览器，代码如下：

```
    //引入 http 模块/querystring 模块
```

```
var http=require('http');
var queryString=require('querystring');
//创建服务器对象
var server=http.createServer();
//监听 request 事件
server.on('request',function(req,res){
// post 请求时参数是以请求报文实体内容的形式存在，分块传输的
    var post='';
 //分块传输过程中会触发 data 事件
 req.on('data',function(chunk){
        post+=chunk;
 });
 //分块传输完成后，会触发 end 事件
 req.on('end',function(){
        post=queryString.parse(post);
        res.writeHeader(200,{'Content-Type':'text/html;charset=utf-8'});
        res.write('请求方式：'+req.method);
        res.write('<br>姓名：'+post.username);
        res.write('<br>密码：'+post.pass);
        res.end();
 });
});
//开启端口监听
server.listen(3000,'127.0.0.1',function(){
    console.log('server is listening at port 3000 for post method');
});
```

3) 测试

启动服务器 demo7.js，本地运行 index.html，点击“提交”按钮，显示如图 1.2.45 所示的 POST 请求运行结果。

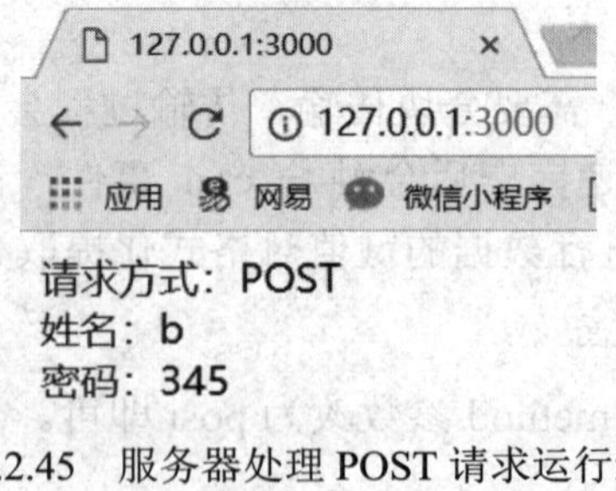

图 1.2.45　服务器处理 POST 请求运行结果

进阶篇

GH 数据库应用与设计

项目二　初识 SQL Server 管理系统

项目分析

小张通过深入学习掌握了医疗信息系统软件产品以及系统的网络应用模式、Web 信息流传输等技能后，公司安排他开始进入数据库信息系统的学习，为后续 ASP.NET 动态 Web 开发打下坚实的基础。首先，他要学会 SQL Server Management Studio 的使用方法，因为公司的医疗信息数据都存储在这个平台，医疗 IT 软件产品也都在这个平台上实现数据交互。于是小张动手搭建数据库开发环境，并还原了一个 GH 数据库进行简单的测试应用。

任务 2.1　使用 SQL Server Management Studio

任务描述

小张的首要任务是认真学习和训练数据库管理技能，从 DBMS 入手，由于公司选用的是 MS SQL Server，所以小张接下来就开始熟悉数据库管理系统，并了解 SQL Server 的相关服务管理功能。

医疗信息化中患者的挂号就诊记录、电子病历就诊信息等都以各种数据格式存储在数据库中，虽然数据库应用系统有很多，比如 Oracle、MS SQL Server、MySQL，但其使用的方法和技术都有一定的相通性。由于公司的产品是基于微软的 IIS 服务器运行的 Web 应用，也就配套使用了微软的 MS SQL Server 作为数据库管理系统平台。

小张首先认真学习了数据库、数据库管理系统、数据库应用系统的基本概念，成功安装配置了 MS SQL Server，通过公司的一个 GH 示例数据库来具体学习 SQL Server Management Studio 的基本用法。包括“配置管理器”、SSMS、sqlcmd 三大工具的使用，数据库的分离、附加、删除、创建等操作，掌握系统数据库与用户数据库的逻辑结构、物理文件结构以及文件属性等特点，为后续的数据库操作应用打下扎实的基础。

(1) 启动并连接 SQL Server；

(2) 还原 GH 数据库；

(3) 查询窗口实现对 GH 数据库的简单查询；

(4) sqlcmd 命令对 GH 数据库查询操作。

学一学

2.1.1　认识 MS SQLServer 与关系数据库

1. 数据库

数据库是按照数据结构来组织、存储和管理数据的“仓库”，是若干记录的集合，即为了完成特定任务而按照一定的组织方式存储在一起的相关数据的集合。数据库技术是计算机学科的一个重要分支，是信息技术的一个重要支撑。

传统数据库系统按照数据模型的特点分成网状数据库、层次数据库和关系数据库。网状数据库和层次数据库已经很好地解决了数据集中和共享的问题，但是在数据独立性和抽象级别上仍有很大欠缺，因此在严格的关系模型数学理论基础之上，衍生出关系数据库，其抽象级别比较高，而且简单清晰，便于理解和使用。

1976 年霍尼韦尔公司(Honeywell)开发了第一个商用关系数据库系统 MulticsRelational DataStore。关系型数据库系统以关系代数为坚实的理论基础，经过几十年的发展和实际应用，技术越来越成熟和完善。其代表产品有 Oracle、IBM 公司的 DB2、微软公司的 MS SQLServer 等。

数据库技术从诞生到现在四十多年来，形成了坚实的理论基础、成熟的商业产品和广泛的应用领域，吸引了越来越多的研究者加入，已成为企业、部门乃至个人日常工作、生产和生活的基础设施。

2. 数据库管理系统

存储和管理数据库的系统，称为数据库管理系统(Database Management System，DBMS)。目前市场占有率比较高的数据库管理系统主要有甲骨文公司的 Oracle、微软公司的 MS SQL Server 及开源数据库 MySQL。

MS SQL Server 是目前主流的数据库管理系统，使用集成的商业智能工具提供了企业级的数据管理。SQL Server 2017 数据引擎为关系型数据和结构化数据提供了更安全可靠的存储功能，还提供了众多的 Web 和电子商务功能。SQL Server 2017 包含多种主要功能和工具，同时具有易操作性。

SQL Server Management Studio(SSMS) 是一个集成环境，用于访问、配置和管理 SQL Server 的所有组件。SSMS 组合了大量图形工具以及五个丰富的脚本编辑器，使各种技术水平的开发人员和管理员都能访问 SQL Server。DBMS 可用于开发和管理数据库对象，以及管理和配置 Analysis Services 对象等。

3. 数据库应用系统

数据库技术的应用领域非常广泛，不论是医院、政府部门、银行、证券或大型企业等，实施信息化管理都会用到数据库。在 ERP 企业资源信息管理中，常常需要把某些相关的数据放进这样的“仓库”，并根据管理功能的需要进行相应的处理。

小张所在的公司主要研发医疗信息系统，其中也存在着大量的数据库应用案例，如门诊挂号系统，患者的基本信息(如姓名、性别、年龄、地址、联系方式等)，患者的挂号信息(如挂号编号、挂号科室、医生、挂号类型、挂号时间等)，患者的电子病历信息(如患者编号、处方编号、检查报告编号、检验报告编号等)都可以登记存储在数据库中，这样可以形成患者的诊疗记录，从而形成患者的健康档案，方便家庭医生对患者进行健康管理。

另外，在医院药房、医药公司等场景，也会使用大量的数据库表来进行药品基本信息、药品供应商等药品进销存的数据统计和汇总。

上述 ERP、HIS 等系统是使用数据库的计算机应用软件系统，被称为数据库应用系统，简称为数据库系统。

4. SQL Server 服务

SQL Server 2017 包含多种数据管理服务，如 SQL Server 服务，SQL Server Agent 服务，SQL Server Analysis 服务等。每个服务实现不同的功能，其中有些服务是必须启动的，有些是为特殊功能提供并可选择的，实际工程应用中需要了解常用的核心服务，避免因服务未启动而导致的软件系统工作异常。

SQL Server 服务是 SQL Server 数据库系统最基本的服务，可提供数据的存储、处理和受控访问，并提供快速的事务处理，其中数据库引擎是用于存储和处理关系(表格)格式的数据或 XML 文档数据的服务。

数据库引擎是用于存储、处理和保护数据的核心服务。利用数据库引擎可控制访问权限并快速处理事务，从而满足企业内需要处理大量数据的应用程序要求。使用数据库引擎创建用于联机事务处理或联机分析处理数据的关系数据库，包括创建用于存储数据的表和用于查看、管理和保护数据安全的数据库对象(如索引、视图和存储过程)，可以使用 SSMS 管理数据库对象，使用 SQL Server Profiler 捕获服务器事件。

5. SSMS 登录

SSMS 是用于数据库服务器管理的集成环境，因此首先需要进行数据库服务器的连接及用户登录身份验证。

登录界面的主要功能包括选择服务器类型、服务器地址以及用户身份验证信息，其中主要信息如下：

1) 服务器类型

选择服务器类型，即启动哪一个服务器组件。

2) 服务器名称

选择服务器名称，通常为本地服务器名称，也可以选择有访问权限的网络服务器。如果选择本地机器作为模拟服务器，则可以录入本地机器 127.0.0.1 或直接录入“.”。

3) 身份验证方式

选择登录用户类型，分为“Windows 身份验证”和“SQL Server 身份验证”。

4) 验证身份信息

如果身份验证选择了“Windows 身份验证”，则该选项不需要设置，系统默认填写当前操作系统登录用户；如果选择“SQL Server 身份验证”，则需要用户输入 SQL Server 用户名及密码。

2.1.2　SSMS 界面组件

SSMS 是一个用于访问、配置、管理和开发 SQL Server 的组件，默认情况下，包括四个组件窗格，如图 2.1.1 所示。

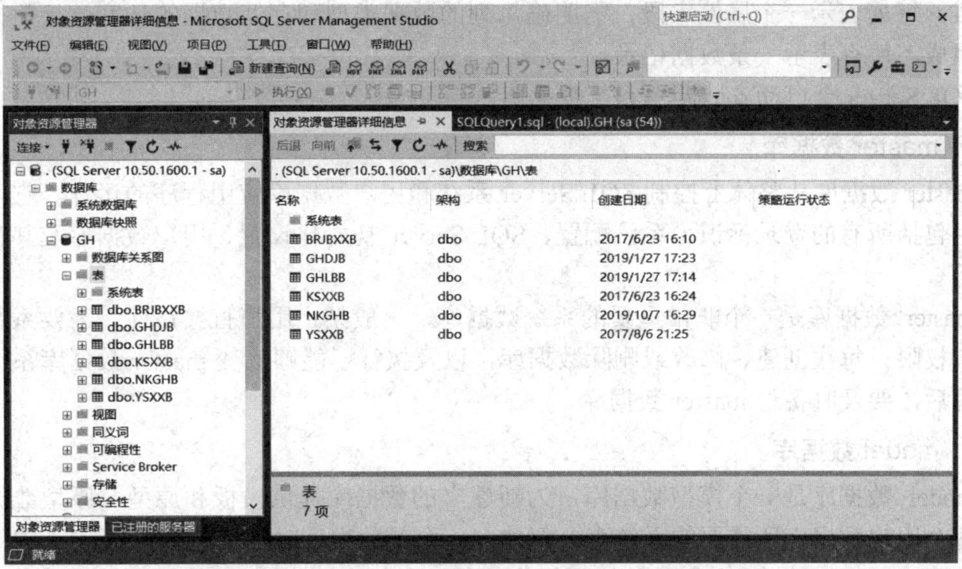

图 2.1.1　SSMS 组件窗口

1. “已注册的服务器”窗格

在 SSMS 视图菜单中，可以选择“已注册的服务器”，通过该选项卡查看“已注册的服务器”，系统使用它来组织经常访问的服务器，在其中可以创建服务器组、编辑或删除已注册信息、查看已注册的服务器详细信息。

2. “对象资源管理器”窗格

在 SSMS 视图菜单中，可以选择“对象资源管理器”，通过该选项卡查看“对象资源管理器”窗格，系统使用它连接数据库引擎实例、Analysiss Service 等服务。该窗格提供了服务器中所有数据库对象的树状视图，用户可以在此进行可视化的数据库操作，如创建各种数据对象、查询数据、设置系统安全、备份与恢复数据等。

3. “对象资源管理器详细信息”文档窗格

在 SSMS 视图菜单中，可以选择“对象资源管理器”打开文档窗格，这是 SSMS 窗口中的主要工作区域，可以用来查看数据库对象的详细信息，也可以展示点击“新建查询”后的“查询编辑器”窗格，在默认情况下，该窗格用来显示有关当前选中数据库对象的详细信息。

4. “查询编辑器”窗格

“查询编辑器”是代码和文本编辑器的一种，可以实现编辑、分析、执行 T-SQL/MDX/XML 等类型代码，执行结果在结果窗体中以文本或表格形式显示，或重定向到一个文件中。

2.1.3 系统数据库

数据库相当于一个容器，在该容器中装有表、视图、存储过程、触发器等数据库对象。其中表是数据库最基本的单位，用来存储数据。表由表结构和行数据组成：表结构由列字段组成，每列表示一个属性字段，需明确每列的数据类型和存储数据的长度；行数据由行记录组成，每行表示一条数据记录。

SQL Server 会自动安装四个系统数据库。

1. master 数据库

master 数据库从整体上控制 SQL Server 系统和用户数据库应用程序的运行。它所保存的信息包括所有的登录标识、系统配置、SQL Server 初始化设置、用户数据库及其初始化信息等。

master 数据库是一个非常重要的系统数据库，一般禁止用户直接访问，需要系统管理员设置权限。每次创建、修改或删除数据库，以及执行了能够改变 master 数据库系统的存储过程后，要及时备份 master 数据库。

2. model 数据库

model 数据库是一个模型数据库，为新建立的数据库提供模板和原型，原型数据库包含了每个用户数据库所需要的系统表。每建立一个新数据库时，就建立了 model 的一个副本，由于 SQL Server 每次启动时都要创建 tempdb 数据库，model 数据库必须一直存在于 SQL Server 系统中。

3. tempdb 数据库

tempdb 数据库是一个临时数据库，它为所有的临时表、临时存储过程及其他临时操作提供存储空间。tempdb 是 SQL Server 数据库系统中一个全局共享空间，在建立数据库的同时，建立的临时表和临时存储过程都存放在 tempdb 数据库中。

4. msdb 数据库

msdb 数据库支持 SQL Server 代理服务操作，为其报警、任务调度以及记录员的操作提供存储空间。

2.1.4 数据库文件

数据库的物理存储结构为文件，SQL Server 数据库包括数据文件和事务日志文件两部分。一个数据库至少应包含一个数据文件和一个事务日志文件。

1. 数据库文件

数据库数据文件(Database File)存放数据库中的所有数据和对象，如表、存储过程和视图等对象。一个数据库可以有一个或多个数据库文件，一个数据库文件只属于一个数据库。当有多个数据库文件时，有一个文件被定义为主数据库文件(Primary Database File)，扩展名为“. mdf”，用来存储数据库的启动信息和部分或全部数据，一个数据库只能有一个主数据库文件。其他数据库文件被称为次数据库文件(Secondary Database File)，扩展名为“. ndf”，用来存储主文件没有存储的其他数据。采用多个数据库文件来存储数据的优点体现在：

(1) 数据库文件可以不断扩充，而不受操作系统文件大小的限制。

(2) 可以将数据库文件存储在不同的硬盘中，这样可以同时对几个硬盘数据进行存取，提高了数据处理的效率。

(3) 将多个数据库文件集合起来形成的一个整体即是文件组(File Group)，每个文件组有一个组名。与数据库文件一样，文件组也分为主文件组(Primary File Group)和次文件组(Secondary File Group)。一个文件只能存在于一个文件组中，一个文件组也只能被一个数据库使用。

2. 事务日志文件

事务日志文件是用来记录数据库更新情况的文件，扩展名为“.ldf”。例如，使用 INSERT、UPDATE 和 DELETE 等对数据库进行更改的操作，都会记录在此文件中，由事务日志再写入数据库，其具体操作是系统先将更改操作写入事务日志中，再更改存储在计算机缓存中的数据。为了提高执行效率，此更改不会立即写到硬盘的数据库中，而是系统以固定的时间间隔执行。

2.1.5 认识 GH 数据库

1. GH 数据库的文件属性

数据库是存储表、视图等数据库对象的容器，因此进行数据存储管理的第一步必须先建立数据库。数据库物理结构是存储在硬盘介质的文件(如.mdf 和.ldf 文件)，创建数据库时所配置的属性参数主要是针对数据库文件的相关属性参数。

1) 数据库逻辑文件名 name

数据库文件在 SSMS 内部使用的名称，通常用户不会直接使用，如 GH；GH_log。

2) 数据库文件的全路径名 filename

数据库最终在硬盘上形成的路径和文件名称，如 D:\GH.mdf；D:\GH_log.ldf。

3) 数据库文件的初始大小 size

用户根据实际需要为数据库设置的初始容量，默认 3 MB(与 model 系统数据库相同)。

4) 数据库文件的最大值 maxsize

用户可以根据需要设定数据库文件的最大值，以此来限制数据库文件的增长，如果不设置上限，则由磁盘空间决定文件上限。

5) 数据库文件的增长方式 filegrowth

在数据库的使用过程中，初始容量无法满足数据存储需求，因此系统可以自动对数据库进行容量的增加，称为自动增长，一般分按固定大小增长和按文件百分比增长两种方式。

2. GH 数据库的数据信息

挂号数据库 GH 是模拟 HIS 系统的挂号(GH)子系统设计的小型示例数据库，包括 5 个数据表，分别是 BRJBXXB 表(病人基本信息表)，GHDJB 表(挂号登记表)，GHLBB 表(挂号类别表)，KSXXB 表(科室信息表)和 YSXXB(医生信息表)。

BRJBXXB 表(病人基本信息表)有 9 列，分别是 JBXXBH(基本信息编号)、XM(姓名)、

XB(性别)、NL(年龄)、CSRQ(出生日期)、SFZH(身份证号)、LXDHHM(联系电话号码)、XXDZ(详细地址)、CJRQ(创建日期)，如图 2.1.2 所示。

CJH.GH - dbo.BRJBXXB

JBXXBH	XM	XB	NL	CSRQ	SFZH	LXDHHM	XXDZ	CJRQ
20180710...	黎明	1	51	1967-09-0...	43434354...	13631534...	南山二路	2018-07-10 21...
20180710...	张军	1	25	1993-08-0...	43434354...	13631534...	深圳天方达2	2018-07-10 21...
20180710...	王越	1	40	1978-01-0...	43111546...	13631114...	深职院	2018-07-10 22...
20180711...	李鹏	1	29	1989-01-0...	43433334...	13631534...	南山	2018-07-12 20...
20180711...	王娜	0	37	1981-01-0...	43434354...	13643234...	南山一路	2018-07-11 21...
20180803...	吴英	0	26	1992-10-1...	43434354...	13631534...	龙华一路	2018-08-03 21...
20180803...	王佳	0	21	1997-12-1...	34567823...	18543567...	罗湖2路	2018-08-03 22...
20180803...	王颖	0	28	1990-12-1...	34567823...	18543567...	福田2路	2018-08-04 22...
20180809...	张强	1	25	1993-12-1...	34568723...	18543567...	福田3路	2018-08-09 22...

图 2.1.2　BRJBXXB 表数据

GHDJB 表有 9 列，分别是 GHDJBH(挂号登记编号)、JBXXBH(基本信息编号)、KSBH(科室编号)、YSXXBH(医生信息编号)、GHLBBH(挂号类别编号)、YSJE(预收金额)、SSJE(实收金额)、BZ(标志)、GHRQ(挂号日期)，如图 2.1.3 所示。

CJH.GH - dbo.GHDJB

GHDJBH	JBXXBH	KSBH	YSXXBH	GHLBBH	YSJE	SSJE	BZ	GHRQ
20180710...	20180710...	002	1234	2	5.0000	5.0000	0	2018-07-1...
20180710...	20180710...	003	1234	3	11.0000	11.0000	0	2018-07-1...
20180710...	20180710...	003	999999	3	11.0000	11.0000	0	2018-07-1...
20180711...	20180711...	001	999999	1	1.0000	1.0000	0	2018-07-1...
20180711...	20180711...	003	1234	2	5.0000	5.0000	0	2018-07-1...
20180803...	20180803...	001	999999	1	1.0000	1.0000	0	2018-08-0...
20180803...	20180803...	003	1234	3	11.0000	20.0000	0	2018-08-0...
20180808...	20180808...	003	lm	3	11.0000	11.0000	0	2018-08-0...

图 2.1.3　GHDJB 表数据

GHLBB 表有 3 列，分别是 GHLBBH(挂号类别编号)、GHLBMC(挂号类别名称)、GHFY(挂号费用)，如图 2.1.4 所示。

CJH.GH - dbo.GHLBB　对象资源管理器详细信息

GHLBBH	GHLBMC	GHFY
1	普通	2.0000
2	急诊	5.0000
3	特诊	11.0000
4	专家	11.0000

图 2.1.4　GHLBB 表数据

KSXXB 表有 4 列，分别是 KSBH(科室编号)、KSMC(科室名称)、DZ(地址)、KSJM(科室简码)，如图 2.1.5 所示。

CJH.GH - dbo.KSXXB　对象资源管理器详细信息

KSBH	KSMC	DZ	KSJM
001	内科	3楼	NK
002	外科	2楼尽头	WK
003	妇科	3楼第一个...	FK
004	检验科	5楼进去左...	JYK
005	中医科	2楼1室	ZYK
006	急诊科	1楼1室	JZK
007	产科	2楼3室	CK
008	儿科	3楼3室	EK

图 2.1.5　KSXXB 表数据

YSXXB 表有 9 列，分别是 YSXM(医生姓名)、YSXB(医生性别)、CSRQ(出生日期)、ZC(职称)、KSBH(科室编号)、RZRQ(入职日期)、GLYBZ(管理员标志)、YSMM(医生密码)、YSZH(医生账号)，如图 2.1.6 所示。

CJH.GH - dbo.YSXXB

YSXM	YSXB	CSRQ	ZC	KSBH	RZRQ	GLYBZ	YSMM	YSZH
王越	1	1983-08-0...	主治医师	001	2017-07-1...	1	1234	1234
王梅	0	1993-03-0...	主治医师	002	2017-07-1...	1	123	1235
李红	0	1994-07-2...	主任医师	003	2007-07-1...	1	999999	999999
李杰	0	1977-08-0...	副主任医师	004	2010-08-0...	1	1234	lj
李萌	0	1967-08-0...	主任医师	003	2017-08-1...	1	1234	lm
李月	0	1997-12-1...	主治医师	001	2018-04-2...	1	1234	ly
王刚	1	1977-09-0...	副主任医师	002	2017-07-1...	0	1234	wg3
李梅	0	1997-08-0...	主任医师	002	2017-07-1...	0	wy123	wy123

图 2.1.6　YSXXB 表数据

任务实现

1. 启动并连接 SQL Server

1) 配置 SQL Server 网络参数

在“我的电脑”上点击右键选择“管理”→“服务和应用程序”，展开 SQL Server 配置管理器树状视图，选择“MSSQLSERVER 的协议”，如图 2.1.7 所示，在 TCP/IP 上点鼠标右键“属性”，设置 IPALL 的端口，端口不要与原有 SQL Server(如果安装有其他版本 SQL Server)和其他应用程序的端口相同，以免发生冲突。如果没有冲突，也可以不用更改，默认端口为 1433。

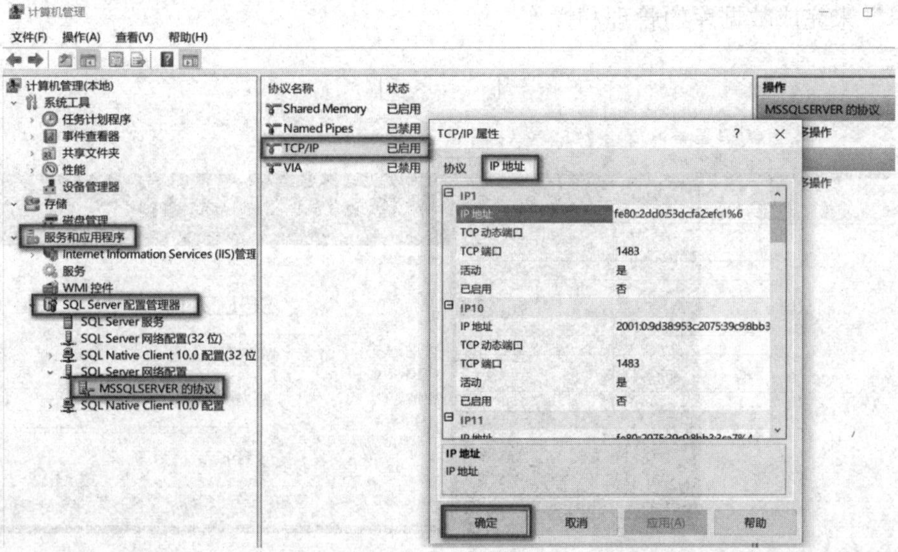

图 2.1.7　SQL Server 配置管理器界面

2) *启动 SQL Server 服务*

SQL Server 的数据管理功能需要启动相应的 MSSQLSERVER 服务，熟练掌握服务的启停控制方法，可以排除服务未启动带来的系列问题，对于软件测试实施工作至关重要。

在“我的电脑”上点击右键选择“管理”→“服务和应用程序”→“服务”，找到 MSSQLSERVER，右键点击，并选择“启动”，启动后的界面如图 2.1.8 所示。

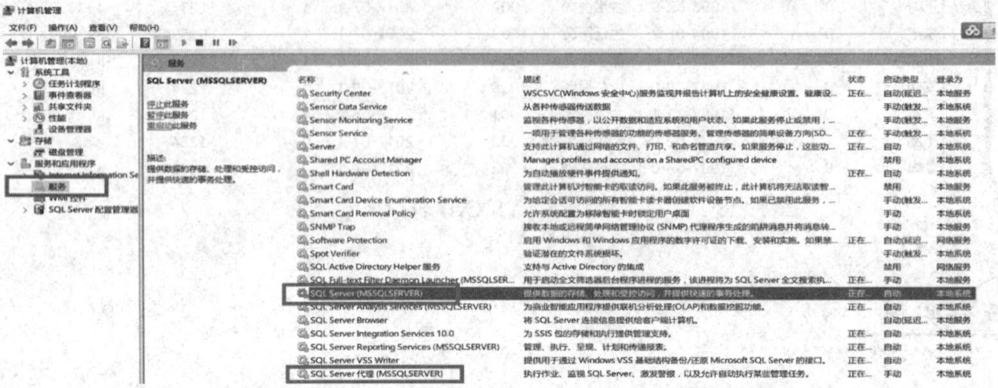

图 2.1.8　启动 SQL Server 服务界面

3) *启动 SSMS 连接服务器*

SSMS 是面向数据库管理员和开发人员的数据库设计和管理工具，利用 SSMS 可以编写和执行查询、管理数据库对象、监视系统活动等。

单击“开始”→“所有程序”→“Microsoft SQL Server2017”→“SQL Server Management Studio”菜单命令。在如图 2.1.9 所示的“连接到服务器”对话框中，服务器类型选择“数据库引擎”选项，SQL Server 提供很多数据管理和分析功能的服务，目前我们主要利用“数据库引擎”来完成数据库的管理和操作。

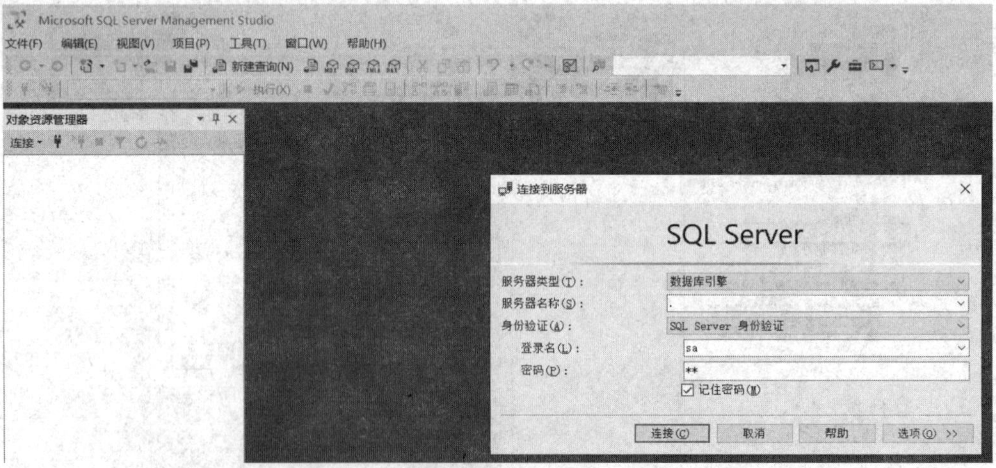

图 2.1.9　启动 SSMS 连接服务器

服务器名称可从下拉列表中选择网络中已安装的数据库服务器，可录入数据库服务器的 IP 地址，如果访问本地计算机，则可录入“.”或者 127.0.0.1。

SQL Server 的默认实例名是 MSSQLSERVER，如果只是安装一个默认实例，则不用特殊声明，如果有命名实例，则需在服务器名称中录入“计算机名\实例名”，如“192.168.1.202\MySQLServer”。

身份验证选项一般选择“SQL Server 身份验证”，录入安装时配置的用户名 sa 和密码即可，点击“连接”按钮，完成与数据库服务器的连接，即实现与数据库引擎服务 MSSQLSERVER 的连接。

4) SSMS 各窗格视图

完成与数据库服务器的连接，就进入了 SSMS 主窗体，可以看到“对象资源管理器”窗格。“对象资源管理器”窗口是服务器中所有数据库对象的树状视图，包括与其连接的所有服务器的信息，以及数据库表和其他各对象。

单击“视图”菜单可以选择打开“对象资源管理器详细信息”窗格，如图 2.1.10 所示。“对象资源管理器详细信息”窗格会在每一层展现详细的对象信息。

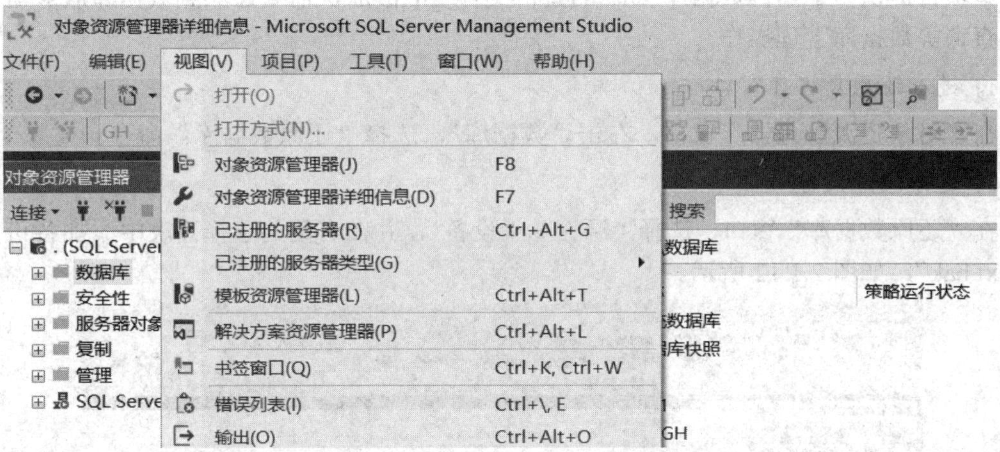

图 2.1.10　SSMS 各窗格视图

5) 窗口布局操作

在“对象资源管理器”窗格中，单击带有“自动隐藏”工具提示的图钉按钮，对象资源管理器将被最小化到屏幕的左侧。在对象资源管理器标题栏上移动鼠标，对象资源管理器将重新打开。再次单击图钉按钮，使对象资源管理器驻留在打开的位置。

单击“对象资源管理器”窗格，并将其拖动到文档窗口中央，该组件将取消停靠并保持浮动状态，直到将其放下，屏幕的多个区域将收到蓝色停靠信息。将组件标题栏部分移到箭头处会导致目标位置的基础屏幕变暗，此时松开鼠标，会将“对象资源管理器”窗格进行有效停靠。

如果经过拖动操作，将窗体各组件窗格布局进行了误操作，可以进行简单的恢复操作，即选择菜单“窗口”→“重置窗口布局”，如图 2.1.11 所示。

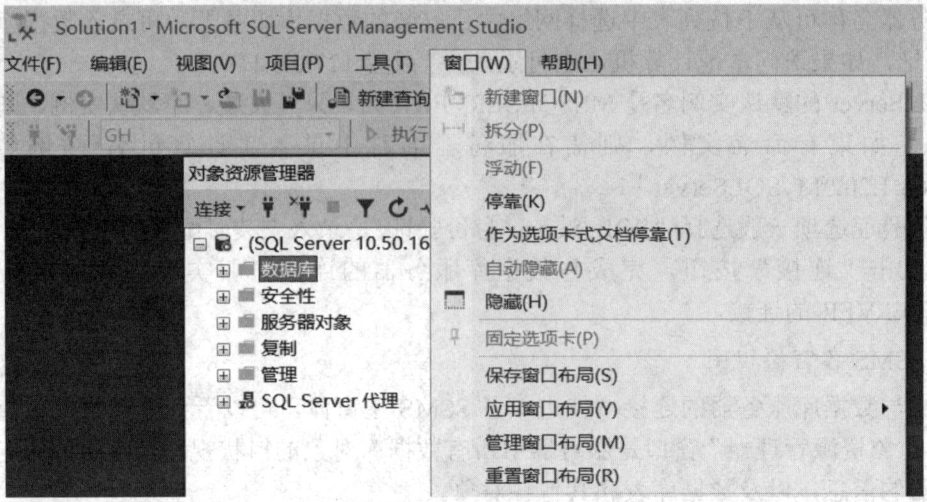

图 2.1.11　重置窗口布局

2. 还原 GH 数据库

本项目提供一个示例数据库 GH 的备份文件 ghxt.bak，需要还原到数据库服务器才能进行查询等数据库管理操作。

1) 进入还原数据库窗口

在“对象资源管理器”窗口，右击“数据库”，选择“还原数据库”命令。

2) 选择“源设备”

在“还原数据库”窗口，选择“源”→“设备”，并在右侧的选择列表中添加备份文件“ghxt.bak”，如图 2.1.12 所示。

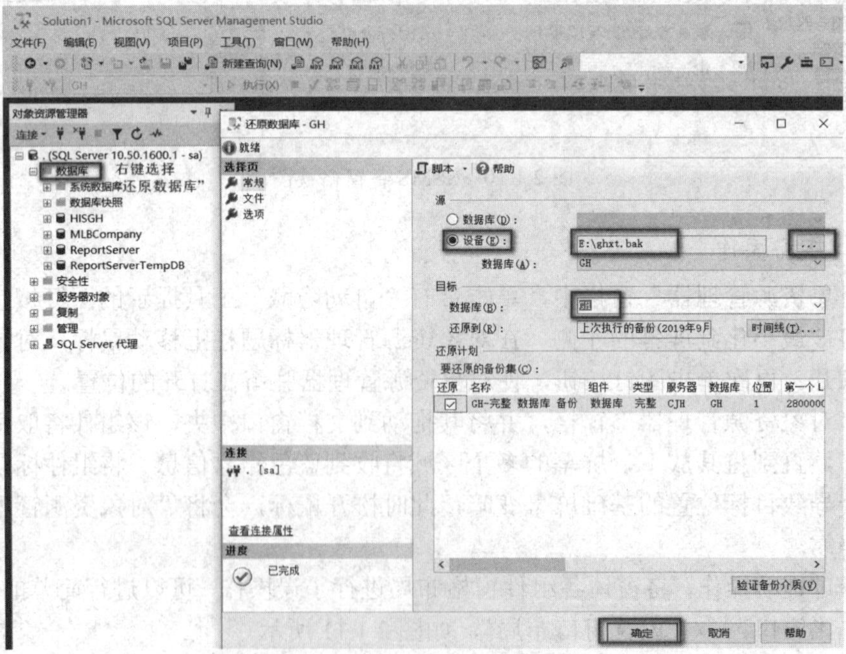

图 2.1.12　还原数据库 GH

3) 配置目标数据库

在“目标”项录入要还原的数据库名“GH”，点击确定。在“对象资源管理器”窗格“数据库”对象点击右键“刷新”即可看到还原成功的数据库 GH。

3. 查询窗口实现对 GH 数据库的简单查询

数据库引擎的查询功能是很实用的功能，各种数据库应用系统研发及其数据维护管理都需要使用该功能。本操作通过一个简单的查询数据库任务，演示了数据库引擎查询、调试和存档的基本方法。

1) 打开查询窗口

打开查询窗口的方法有很多，使用工具栏的“数据库引擎查询”按钮和“新建查询”按钮都可以打开，如图 2.1.13 所示。另外，在“对象资源管理器”窗格“数据库”对象中选择 GH 数据库，点击右键也可以选择“新建查询”菜单，以实现对 GH 数据库的查询操作。

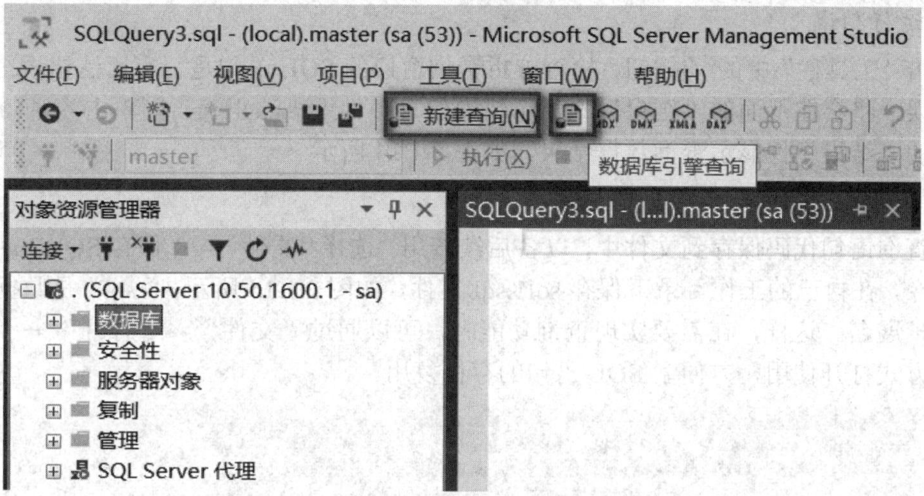

图 2.1.13　打开查询窗口

想一想

如果在工具栏打开查询窗口是否一定会打开 GH 数据库呢?

2) 打开 GH 数据库并录入查询 SQL 语句

在录入查询语句进行数据查询之前，需要确认 GH 数据库是否已打开。打开数据的方法有两种，如图 2.1.14 所示。

一种是通过 SSMS 进行可视化操作，即在工具栏处的“数据库”下拉列表框选择待打开的数据库名称，也可以通过 GH 数据库右键选择“新建查询”来打开 GH 数据库的查询窗口。

另外一种是通过 SQL 语句来实现打开 GH 数据库，在查询窗口录入以下语句：

```
use GH                      --打开 GH 数据库
select * from BRJBXXB       --查询 BRJBXXB 表
```

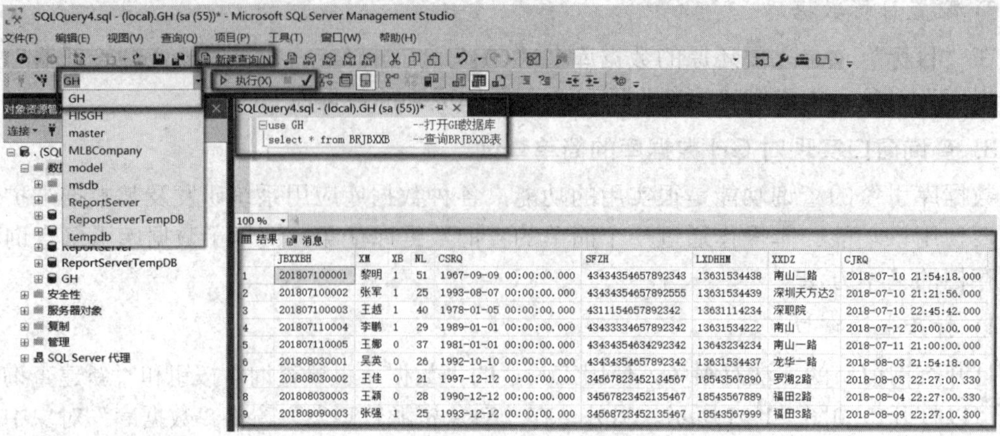

图 2.1.14　打开数据库

3) 运行测试

单击“工具栏”中的✔按钮，检查分析查询窗口的 SQL 语句是否有语法错误，如果有语法错误，将会在下面的“结果”栏显示错误信息；如果语法正确，则单击▷ 执行(X)按钮，在下方的“结果”栏显示查询数据结果，如图 2.1.14 所示。

4) 保存 sql 文件

将查询语句代码保存到文件中，以备后续查用。选择“文件”→“保存 SQLQuery1.sql”菜单命令，在自己的工作目录下保存 sql1.sql 文件，如图 2.1.15 所示，“.sql”是数据库脚本文件的扩展名。这样，在需要实现查询功能时，可以通过“文件”→“打开”→“文件”的操作方式打开使用，方便了 SQL 语句的存档复用。

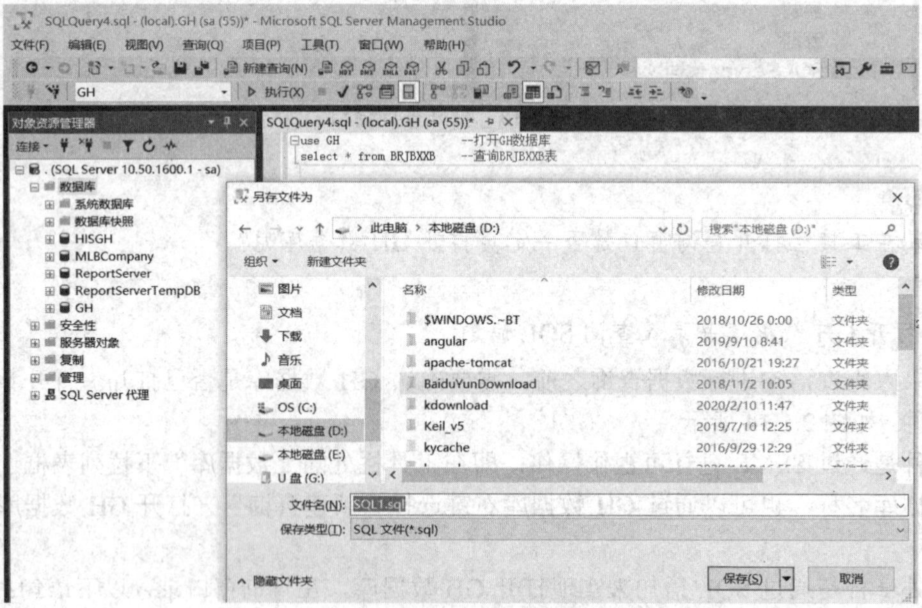

图 2.1.15　保存 sql 文件

4. sqlcmd 命令对 GH 数据库查询操作

1) 使用 sqlcmd 连接数据库引擎

按“Win+R”组合键，打开“运行对话框”，输入“cmd”进入控制台终端，在 DOS 提示符下输入：

sqlcmd -Usa。

其中，注意-不是下画线，字母 U 必须是大写字母，表示 User 的首字母，sa 为用户名。在提示信息下输入 SQL Server sa 用户的密码。

2) 运行命令

数据库引擎连接成功后提示 1>，即 sqlcmd 提示符，可以指定行号。每按一次 Enter，该数字就会加 1。录入命令：

```
use GH
select * from BRJBXXB
go
```

运行结果如图 2.1.16 所示。

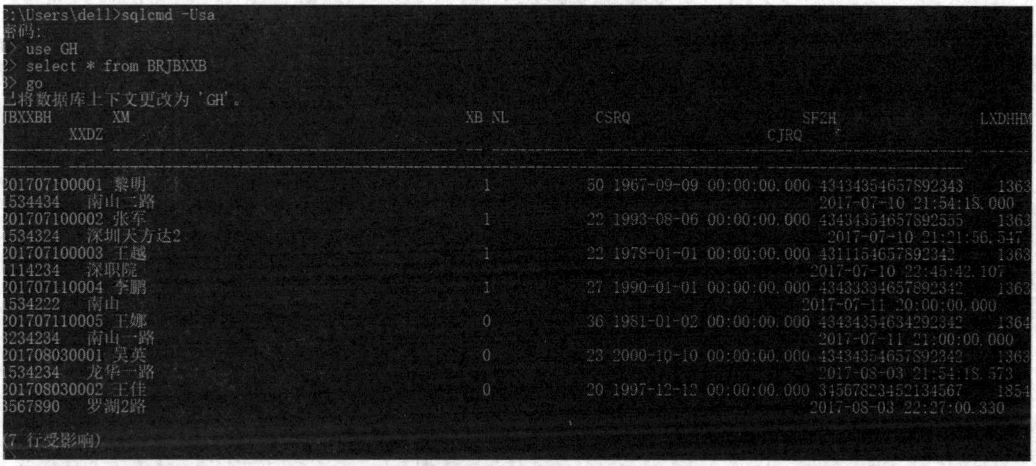

图 2.1.16　使用 sqlcmd 连接数据库引擎

任务拓展

1. 数据库的分离与附加

数据库在运行或被访问的过程中不能直接进行数据库文件的转移，如果要将数据及事务日志文件转移到其他介质中，必须首先分离数据库，使数据库文件与数据库引擎服务处于断开状态，才能进行数据库文件的转移。

而对于复制到其他位置的数据库文件，可以通过系统中的附加功能使之建立与数据库引擎服务的连接，这样用户就可以通过 SSMS 来访问使用该数据库。

1) 附加

在“数据库”点击右键，选择“附加”，如图 2.1.17 所示，然后在弹出的对话框中，选择“添加”，选择待附加的数据库主数据文件“GH.mdf”并确定，如图 2.1.18 所示，就完成了 GH 数据库的附加操作。

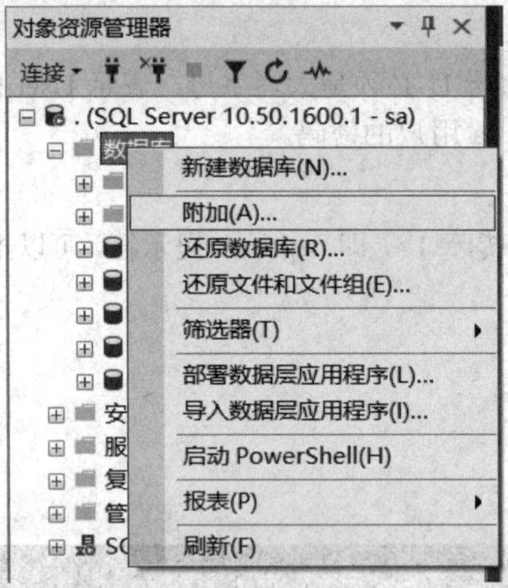

图 2.1.17 数据库附加

图 2.1.18 添加附加文件

2) 分离

在“数据库”点击右键，选择“分离”，如图 2.1.19 所示，然后在弹出的对话框中，选择“删除连接”和“更新统计信息”，确定后就完成了 GH 数据库的分离操作。分离是与数据库引擎断开连接，因此分离之后就可以移动数据库文件了。

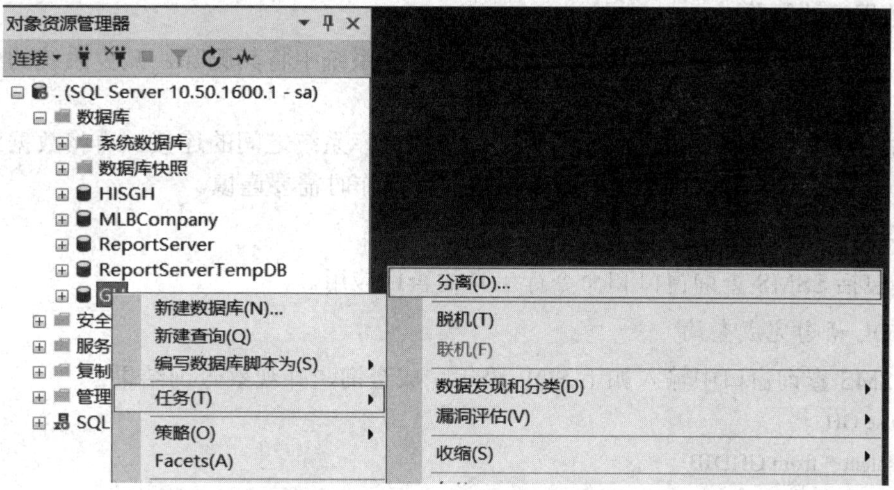

图 2.1.19　数据库分离

2. 数据库的备份

数据库备份是保证数据安全的一项重要工作。用于还原和恢复数据的数据副本称为“备份”，使用备份可以在发生故障后还原数据。

选择需要备份的数据库(如 GH 数据库)，点击右键选择“任务”→“备份”，进入“备份数据库”窗口，在“常规”选项卡中设置备份数据库的源和备份地址，如图 2.1.20 所示。“选项”选项卡默认配置为“覆盖介质”中选择“备份到现有介质集”→“追加到现有备份集”选项，把备份文件追加到指定的介质上，同时保留以前的所有备份。最后点击“确定”按钮，系统提示备份成功信息。

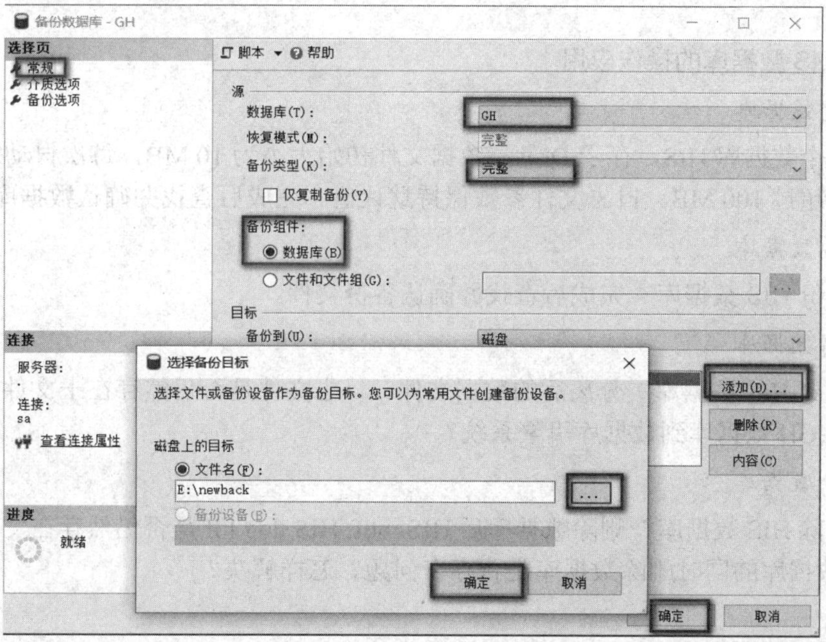

图 2.1.20　数据库备份

3. 数据库的删除

如果用户不再需要某个数据库，可以从数据库系统中将其删除，减少系统的负荷和存储空间的占用。

注意：删除操作必须先断开数据库文件与数据库系统之间的连接，再将数据库文件一并从介质上删除。由于删除操作通常难以恢复，操作时需要谨慎。

4. 熟练使用查询工具

主要包括 SSMS 查询窗口和命令行工具的查询应用。

1) SQL 语句完成查询

在 SSMS 查询窗口中输入如下 SQL 语句完成查询，并观察查询结果：

```
use GH
select * from GHDJB
where KSBH='003'
go
```

2) sqlcmd 命令行测试

在控制终端窗口 DOS 命令符下，通过 sqlcmd 命令行工具完成查询：select * from YSXXB。

3) sqlcmd 参数用法测试

在控制终端窗口 DOS 命令符下输入如下命令，观察运行结果，探究 sqlcmd 的参数用法。

```
C:\sqlcmd -Usa -Psa -dGH -Q "select * from BRJBXXB where XM like '王%'"
Go
```

5. SSMS 数据库的操作应用

1) 新建数据库

新建一个数据库 HIS，存于 D 盘，数据文件初始大小为 10 MB，每次自动增长 6 MB，最大容量不超过 100 MB。日志文件参数保持默认值。完成后查找并确认数据库文件。

2) 备份数据库

如何备份 HIS 数据库？完成后查找并确认备份文件。

3) 分离数据库

如何分离 HIS 数据库？分离后的数据文件、日志文件是否仍然存在于文件目录中？能否再次附加 GH 数据库到数据库引擎系统？

4) 删除数据库

如何删除 HIS 数据库？删除数据库后 HIS.mdf, HIS_log.ldf 是否仍然存在文件目录中？(如果打开数据库的同时删除数据库是否存在问题？怎样解决？)

项目三　GH 数据库的查询与统计

项目分析

小张已经使用 SSMS 将公司的数据库系统搭建得初具规模，但是他深知数据库并不是用来简单存放数据的，而要通过数据库的应用来提升医疗信息行业信息的整合效率，其中最重要的应用就是数据的查询和统计。要想高速、准确地查询数据，唯一的途径就是使用 SQL 查询语句。接下来，小张就开始学习数据库查询所使用的 SQL 语言以及最基本的查询语法，包括简单查询、分组查询统计、多表查询、构建视图、编写存储过程等综合应用能力，这样在产品实施过程中，对于一些数据访问等异常故障现象，就可以通过查询语句进行排查，快速定位故障。

任务 3.1　GH 数据库的简单查询

任务描述

医疗信息系统各分系统中都存在大量的数据，如挂号记录、处方记录、检验申请单、检验报告单等，整个患者就诊的过程就是数据存储和查询访问的过程。

小张已经掌握了 SQL Server 的服务及工具使用，能够使用 SSMS 实现简单的数据库增、删、分离、附加、还原等工作。但很多企业应用场景的功能是无法通过 SSMS 界面操作来实现的，而要通过编写 SQL 语言来快速检索数据。SQL 是一门 ANSI 的标准计算机语言，用来访问和操作数据库系统，可以取回和更新数据库中的数据。SQL 语言可以与数据库管理系统协同工作，与其他编程语言相比并不复杂，作为初学者，需要重视基础语言的学习，为后期的 ASP.NET 动态 Web 开发打下坚实的基础。

下面让我们跟小张一起，结合门诊挂号 GH 子系统的实例来学习 SQL 语句的基本语法。

(1) 查询病人基本信息表中的若干字段；

(2) 查询病人基本信息表中符合条件的若干行记录；

(3) 对病人基本信息表进行查询排序；

(4) 将病人基本信息表的查询结果生成新表。

学一学

3.1.1 认识 SQL 语言

SQL(Structured Query Language)结构化查询语言，是关系数据库的标准语言，用于存取数据以及查询、更新和管理关系型数据库系统。标准的 SQL 语言适用于 Oracle、MySQL 等其他的关系型数据库系统。

Transact-SQL(T-SQL)则是对标准 SQL 的扩展，是由 Sybase 和 Microsoft 公司将 SQL 语句的语法进行扩展，包含常量、变量、运算符、表达式、流程控制语句、系统和自定义函数等程序设计语言的基本语言要素，可以实现更复杂的数据库查询和统计功能。因此 T-SQL 是 SQL Server 系统产品所独有的。

SQL 语言利用简单的语句构成基本语法来存取数据库，简单易学。但其本身不是独立的程序设计语言，不能用于用户界面的设计，实际开发中通常将 SQL 语句嵌入到程序设计语言(如 C#、Delphi 等)中，以实现对数据库的访问操作。

SQL 语言由以下三部分组成：

数据定义语言 DDL(Data Definition Language)，负责定义数据库对象(数据库、表、视图、索引等)，如 CREATE(创建)、ALTER(修改)、DROP(删除)等语句。

数据处理语言 DML(Data Manipulation Language)，负责检索和操作数据，如查询 SELECT、插入 INSERT、删除 DELETE、更新 UPDATE 等。

数据控制语言 DCL(Data Control Language)，负责设置或更改数据库用户及角色权限的语句，如 GRANT(授权)、REVOKE(收回)等。

另外，T-SQL 还为用户提供控制流语句，用于控制 SQL 语句、语句块或存储过程的执行流程，如 IF…ELSE、WHILE、BREAK 等语句。

3.1.2 SELECT 查询语句的基本语法格式

1. SELECT 简介

SELECT 语句负责从数据库中检索行，并允许从一个或多个表中选择一个或多个行或列，从指定的基本表或视图中，选择满足条件的记录数据，并对它们进行分组、统计、排序和投影，形成查询结果集。

虽然 SELECT 语句的完整语法较复杂，但是其主要的子句可归纳如下，请参考表 3.1.1 来理解。

表 3.1.1　SELECT 语法格式

语法约定	用途说明
大写字母	Transact-SQL 关键字
斜体	用户提供的 Transact-SQL 语法的参数
粗体	数据库名、表名、列名、索引名、存储过程、实用工具、数据类型名以及必须按所显示的原样输入的文本

续表

语法约定	用 途 说 明
下画线	指示当语句中省略了包含带下画线的值的句子时应用的默认值
| (竖线)	分隔括号或大括号中的语法项。只能选择其中一项
[ ]	可选语法项。不要输入方括号
{ }	必选语法项。不要输入大括号
[,...n]	指示前面的项可以重复 n 次。每一项由逗号分隔
[...n]	指示前面的项可以重复 n 次。每一项由空格分隔
[;]	可选的 Transact-SQL 语句终止符。不要输入方括号
<标签>::=	语法块的名称。用于对可在语句中的多个位置使用的过长语法段或语法单元进行分组和标记。可使用的语法块的每个位置有尖括号内的标签指示：<标签>

2. SELECT 语法格式

```
SELECT [ALL | DISTINCT] [TOP n] [<目标字段表达式>[,…n]]
[ INTO <新表>]
FROM <表名或视图名>[,<表名或视图名>[…n]]
[ WHERE <条件表达式> ]
[ GROUP BY <字段名 1> [ HAVING <条件表达式> ] ]
[ ORDER BY <字段名 1> [ ASC | DESC ] [,…n] ]
```

1) 必选子句：SELECT 和 FROM

在 SELECT 语句中，SELECT 和 FROM 子句是必选子句，其他子句则为可选子句。INTO <新表>用于指定使用结果集来创建新表，<新表>是指新创建表的名称。

2) SELECT 子句

SELECT 子句用于指明查询结果集的目标字段，<目标字段表达式>是指查询结果集中包含的字段名，可以是直接从基本表或视图中投影得到的字段，也可以是与字段相关的表达式或数据统计函数的表达式，还可以是常量。如果目标字段中使用了多个表中相同的字段名，要在字段名前加表名进行限定，即“<表名>.<字段名>”表示。

查询结果集的多个字段之间用“，”隔开。要选择表中所有字段时，可用星号“*”代替<目标字段表达式>。如果所选定的字段要更名，可在该字段后用 AS<新名>实现。

DISTINCT 表示要去除重复的记录；ALL 表示所有满足条件的记录；TOP 表示只显示结果集的前 *n* 行。

3) FROM 子句

FROM 子句用于指定要查询的数据来自哪些数据源，通常是基本表或视图，多个表间用“，”间隔。

4) WHERE 子句

WHERE 子句用于通过条件表达式描述对基本表或视图中记录的选择条件，表达式通常为“<字段>运算符<数值>”。

5) GROUP BY 子句

GROUP BY 子句是将结果集按<字段名 1>的值进行分组，即将该字段值相等的记录分为一组，每个组产生结果集中的一个记录。

在 SELECT 子句中可以使用 SQL 聚合函数，例如 SUM 或 COUNT，实现分组统计。

GROUP BY 子句和 HAVING 子句用于分组和分组过滤处理，用 HAVING 子句来筛选，一旦 GROUP BY 完成了记录分组，HAVING 就显示由 GROUP BY 子句分组且满足 HAVING 子句条件的所有记录。

6) ORDER BY 子句

ORDER BY 子句是将查询结果集按<字段名 2>的值进行升序(ASC)或降序(DESC)排序，其中 ASC 为默认排序规则。查询结果集可以按照多个排序字段信息排序，排序优先级从左向右列出。

3.1.3　运算符

1. 算术运算符

与大多数语言一样，“+”，“-”，“*”，“/” 操作符分别进行加、减、乘、除运算。

2. 比较运算符

比较运算符如表 3.1.2 所示，用于两个表达式的比较运算，返回值为逻辑数据类型，即 True 或 False。

表 3.1.2　比较运算符

运算符	含　义
=	等于
>	大于
<	小于
>=	大于或等于
<=	小于或等于
<>(!=)	不等于
!	非
!>	不大于
!<	不小于

3. 逻辑运算符

逻辑运算符如表 3.1.3 所示，它是与其他程序设计语言类似的逻辑运算符，计算逻辑表达式。

表 3.1.3　逻辑运算符

运算符	含　义
AND	若两个逻辑表达式都为 True，则为 True
OR	若两个逻辑表达式中的一个为 True，则为 True
NOT	对任何其他逻辑运算符的值取反
ALL	若一系列的比较都为 True，则为 True
ANY	若一系列的比较中任何一个为 True，则为 True
BETWEEN	若操作数在某个范围之内，则为 True
EXISTS	若子查询包含一些行，则为 True
IN	若操作数等于表达式列表中的一个，则为 True

4. 通配符

通配符如表 3.1.4 所示，它可以在语句中实现替代字符的功能，与逻辑运算符一同用于描述一组符合特定条件的表达式，使得语句更加灵活，常与 LIKE 关键字配合使用。

表 3.1.4　通 配 符

通配符	含　义
-	任何单个字符
%	任意长度字符串
[ ]	括号中所指定范围内的一个字符
[^]	不在括号中所指定范围内的任意一个字符

5. 位运算符

用于整数或二进制类型数据的运算，包括“&”“|”“^”“~”。

6. 字符串串联运算符

用于字符串的连接运算+。如“ABC”+“def”。各类运算符的优先级如表 3.1.5 所示。

表 3.1.5　运算符优先级

优先级	运　算　符
1	+ (正)、- (负)、~ (按位取反)
2	* (乘)、/ (除)、% (取模)
3	+ (加)、+ (字符串连接)、- (减)
4	=、>、<、>=、<=、<>、!=、!>、!<
5	& (位与)、| (位或)、 ^ (位异或)
6	NOT

续表

优先级	运　算　符
7	AND
8	ALL、ANY、BETWEEN、IN、LIKE、OR、SOME
9	= (赋值)

任务实现

GH 数据库是模拟门诊 HIS 的挂号 GH 子系统设计的小型示例数据库，本项目的数据查询功能均在此案例数据库中进行，关于数据库的字段说明请参考项目二【学一学】的相关内容。

1. 查询病人基本信息表中的若干字段

选择表中的全部或部分字段就是表的投影运算，这种运算可以通过 SELECT 子句给出的字段列表来实现。字段列表中的列可以是表中的字段，也可以是表达式列(由多个列运算或是利用函数计算后得到的列)。

(1) 从病人基本信息表中查询所有患者的全部信息(查询表中所有字段)。例：

```
USE GH
GO
SELECT *
FROM BRJBXXB
GO
```

提示：在 SELECT 子句后面用“*”表示表的全部列名，而不必逐一列出。

(2) 如图 3.1.1 所示，查询病人基本信息表中所有患者的姓名、年龄、联系电话号码信息(查询表中部分字段，AS 显示列标题)。例：

```
USE GH
GO
 SELECT XM,   NL,   LXDHHM
 FROM BRJBXXB
 GO
```

提示：查询指定的列时，只需在 SELECT 子句后面输入相应的列名，多列时，使用半角“,”隔开各列字段名。

举一反三

如何显示图 3.1.1 的查询结果，显示汉字标题？

提示：在查询的 SELECT 子句中，重新指定列标题的方法有，SELECT 列名 AS 列标题 FROM 数据源

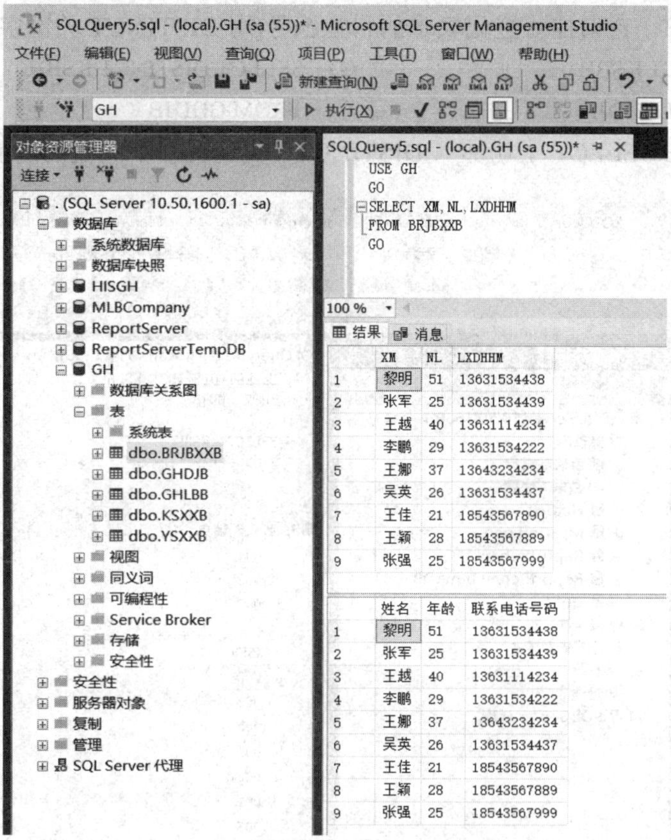

图 3.1.1　查询部分字段信息测试结果

(3) 如图 3.1.2，查询挂号登记表中挂号编号、实收金额-预收金额的找零(查询字段列表可以为表达式)。例：

```
SELECT JBXXBH AS 挂号编号, SSJE-YSJE AS 找零
FROM GHDJB
```

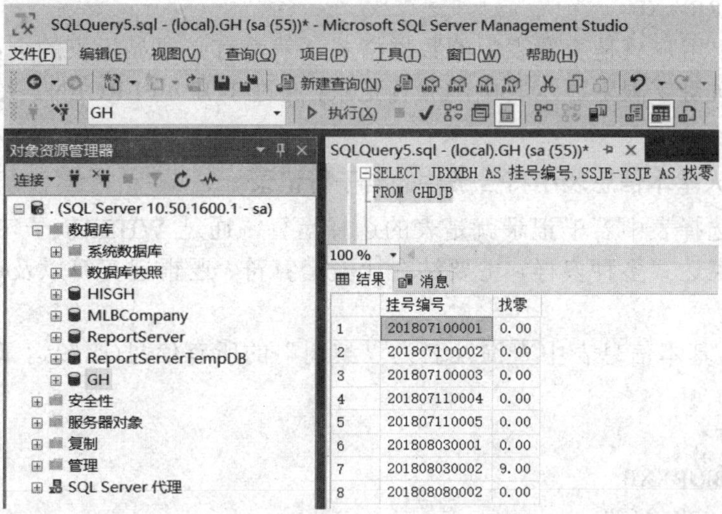

图 3.1.2　查询字段为函数或表达式测试结果

(4) 如图 3.1.3，查询挂号登记表中的科室编号(用 DISTINCT 关键字剔除重复行)。例：

(1) SELECT KSBH
FROM GHDJB

(2) SELECT DISTINCT KSBH
FROM GHDJB

提示：只需在 SELECT 子句加入 DISTINCT，实现返回不同值的功能，即剔除重复行。

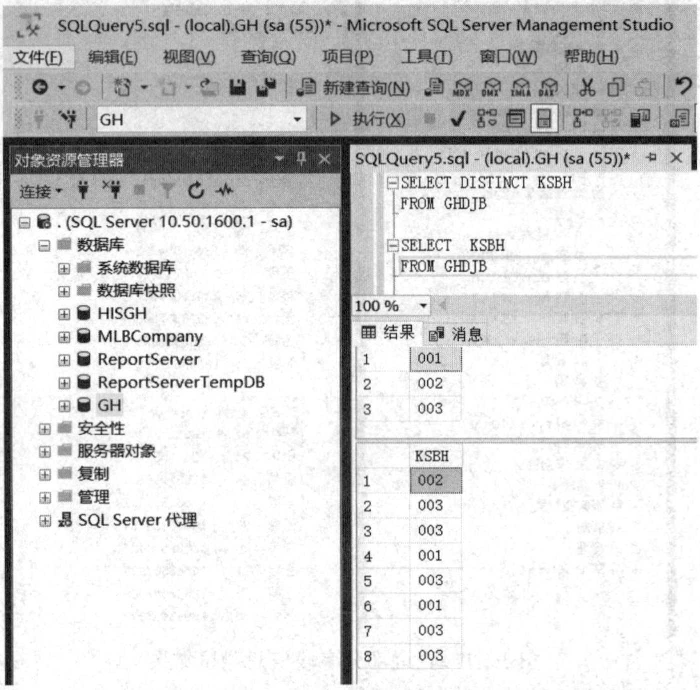

图 3.1.3　剔除重复项查询测试结果

(5) 查询病人基本信息表中的前三条记录(用 TOP *n* 关键字显示前 *n* 行记录)。例：

SELECT TOP 3 *
FROM BRJBXXB

提示：如果用户只是查看表中的数据格式，就没有必要显示表的全部记录，此时可以通过 TOP *n* 关键字限定显示表中的 *n* 行记录；通过 TOP *n* PERCENT 关键字显示前 *n*% 行记录。

2. 查询病人基本信息表中符合条件的若干行记录

有目的地选择表中若干记录就是表的选择运算，通过 WHERE 子句实现。WHERE 子句中的条件表达式多种多样，主要结合比较运算符、逻辑运算符以及通配符等运算符实现。

(1) 从病人基本信息表中查询姓名为“黎明”的所有信息(比较运算符，如图 3.1.4 所示)。例：

SELECT *
FROM BRJBXXB
WHERE XM='黎明'

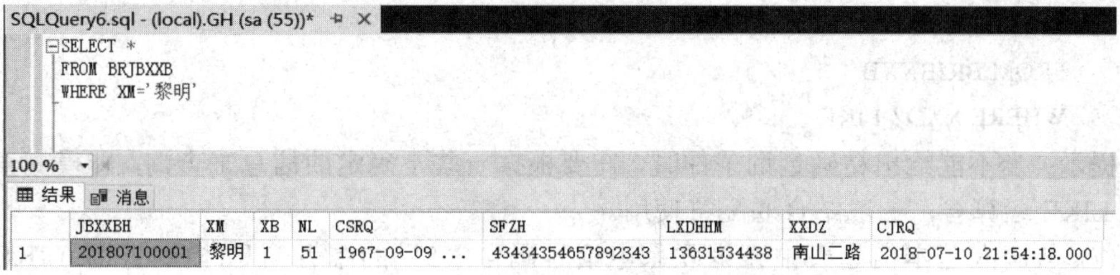

图 3.1.4　比较运算符条件查询测试结果

举一反三

从病人基本信息表中查询姓名不是“黎明”的姓名和联系电话号码。

(2) 从病人基本信息表中查询年龄在 40 岁以下的男病人 (性别为“1”)的姓名、年龄和详细地址(逻辑运算符)。例：

```
SELECT XM,NL,XXDZ
FROM BRJBXXB
WHERE NL <40 AND XB='1'
```

(3) 从病人基本信息表中查询年龄在 20 岁到 50 岁之间的患者信息(确定范围的 BETWEEN…AND) 例：

```
SELECT *
FROM BRJBXXB
WHERE NL BETWEEN 20 AND 50
```

想一想

上述查询结果是否可以用逻辑运算符和比较运算符实现？如果查询不在 20 到 50 间的患者信息呢？

(4) 从病人基本信息表中查询创建日期在'2017-07-01'到'2017-08-01'之间的患者信息(日期类型字段的区间选择)。例：

```
SELECT *
FROM BRJBXXB
WHERE CJRQ BETWEEN '2017-07-01' AND '2017-08-01'
```

(5) 从病人基本信息表中查询姓名是“张军”“李鹏”“王佳”的信息(确定集合的范围 IN)。例：

```
SELECT *
FROM BRJBXXB
WHERE XM IN ('张军', '李鹏', '王佳')
```

(6) 从病人基本信息表中查询详细地址以“南山”开始的患者信息(模糊查询 LIKE)。例：

```
SELECT *
FROM BRJBXXB
WHERE XXDZ LIKE '南山%'
```

提示：当不能给出精确查询条件时，需要根据一些不确定的信息来查询，即模糊查询，使用 LIKE 运算符，一般结合通配符使用。

(7) 从病人基本信息表中查询联系电话号码含“5”的患者信息(模糊查询 LIKE+通配符)。例：

```
SELECT *
FROM BRJBXXB
WHERE LXDHHM LIKE '%5%'
```

练一练

(1) 从病人基本信息表中查询联系电话号码第 3 位是“6”的患者信息。例：

```
SELECT *
FROM BRJBXXB
WHERE LXDHHM LIKE '__6%'
```

(2) 从病人基本信息表中查询联系电话号码最后一位是“4”“2”或者“0”的患者信息。例：

```
SELECT *
FROM BRJBXXB
WHERE LXDHHM LIKE '%[4, 2, 0] '
```

(3) 从病人基本信息表中查询联系电话号码最后一位不是“4”“2”或者“0”的患者信息。例：

```
SELECT *
FROM BRJBXXB
WHERE LXDHHM LIKE '%[^4, 2, 0] '
```

(4) 从病人基本信息表中查询联系电话号码最后 3 位依次是“2”“3”“4”的患者信息。例：

```
SELECT *
FROM BRJBXXB
WHERE LXDHHM LIKE '%234'
```

(8) 从病人基本信息表中查询联系电话号码为空的患者信息。(空值判断 IS NULL)

提示：一条记录允许某些列字段暂时没有确定，此时可以不填入数据(表设计时此字段应允许为空)，那么该列为空(NULL)，NULL 不是 0，也不是空格，必须用 IS NULL 来进行判断。例：

```
SELECT *
FROM BRJBXXB
WHERE LXDHHM IS NULL
```

3. 对病人基本信息表进行查询排序

数据查询过程中，有时需要把查询结果按照一定的顺序排列，可以通过 ORDER BY 子句实现。排序方式分为升序(ASC)和降序(DESC)，默认情况按升序排列。允许多个字段排序存在。

从病人基本信息表中查询性别为“1”(男)的患者按年龄进行降序排列，如图 3.1.5 所示(排序 ORDER BY)。例：

```
SELECT *
FROM BRJBXXB
WHERE XB='1'
ORDER BY NL DESC
```

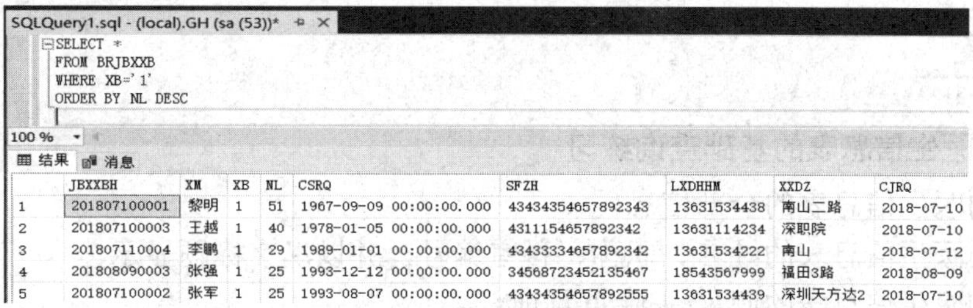

图 3.1.5　排序查询测试结果

举一反三

如果要查询并随机显示前 2 名男性患者的信息呢？

提示：order by NewID()

4. 将病人基本信息表的查询结果生成新表

如果要保留查询结果集，可以通过“INTO 表名”的形式存入新表中，方便进行多次查看；如果只是暂时存放查询结果集，可以使用临时表(本次服务器连接过程中有效)，如 INTO #临时表名。

(1) 从病人基本信息表中查询性别为“1”(男)的患者信息存入新表 NXBR，如图 3.1.6 所示。例：

```
SELECT * INTO NXBR
FROM BRJBXXB
WHERE XB='1'
```

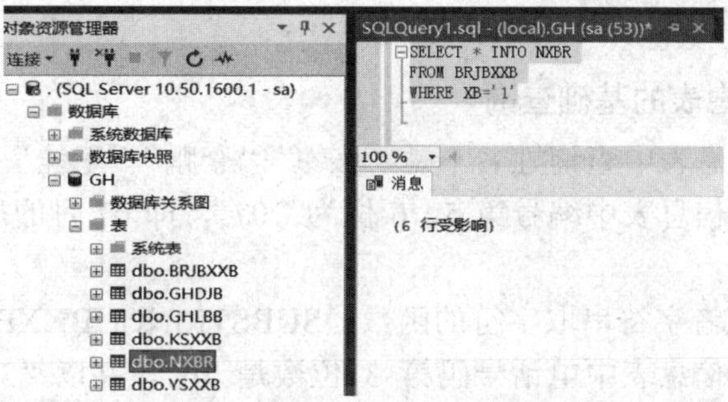

图 3.1.6　查询生成新表测试结果

举一反三

如何用 INTO 语句生成一个与 BRJBXXB 结构相同的空表(条件不满足)呢？

(2) 从病人基本信息表中查询性别为“0”(女)的患者信息存入临时表#NVBR。例：

```
SELECT * INTO #NVBR
FROM BRJBXXB
WHERE XB='0'
 --通过以下查询语句验证临时表数据
        SELECT * FROM #NVBR
```

任务拓展

1. 完成医生信息表的基础查询练习

(1) 查询医生信息表的全部信息。

(2) 查询医生信息表的姓名、职称、科室编号，并以汉字标题显示。

(3) 查询医生信息表的职称(去除重复项)。

(4) 查询医生信息表的前 40%的医生信息。

(5) 查询医生信息表中是管理员(管理员标志为'1')的医生信息。

(6) 查询医生信息表中科室编号不是'003'的医生信息。

(7) 查询医生信息表中科室编号是'002'的女医生(医生性别为'0')信息。(如果再筛选出主任医师呢？)

(8) 查询医生信息表中年龄在 30 岁到 40 岁之间的医生信息(生日在某个时间范围)。

(9) 查询医生信息表中科室编号为“001”“002”“003”的医生信息。

(10) 查询医生信息表中医生账号含“123”的医生信息。

(11) 查询医生信息表中医生账号以“3”结尾的医生信息。

(12) 查询医生信息表中医生账号第 3 位是“3”的医生信息。

(13) 查询医生信息表中医生账号最后 1 位是“3”“4”或“9”的医生信息。

(14) 查询医生信息表，按职称进行降序排列，同一职称按科室编号进行升序排列。

(15) 查询医生信息表中副主任以上医生信息，存入新表 GJZC。

(16) 查询医生信息表中主治医师的信息，存入临时表#ZJZC，并查询验证此临时表的数据。

2. 完成对病人信息表的基础查询

(1) 从病人基本信息表中查询姓名不是“张军”“李鹏”“王佳”的信息。

(2) 查询病人基本信息表中编号第 5、6 位为“07”，即 07 月的病人中，40 到 60 岁的电话不空的病人信息。

提示：用 LIKE 或者字符串取字符的函数：SUBSTRING(JBXXBH,5,2)='07'

(3) 查询病人基本信息表中电话号码第 3 位数是“6”，并以“34”结尾的病人信息，按照年龄升序排列。

任务 3.2　GH 数据库的分组与统计

任务描述

使用 SQL 语句完成了一些基本的数据查询任务之后，小张发现 SQL 查询语句的功能强大，使用便捷。但是他想到除了查询基本信息外，业务部门通常还会有统计查询的需求，比如每日的挂号费用汇总统计、各个科室的挂号信息统计等。

下面就跟小张一起来学习实践 SQL 的查询统计语法，汇总查询是查询语句中略为复杂的一种查询方式，它所得到的数据并不是基本表中直接存在的，需要首先分析所需要的数据应该如何计算或者统计，再使用语句来实现。

(1) 挂号类别统计及挂号费用日统计(使用聚合函数查询和统计)；

(2) 各科室挂号统计(综合应用聚合函数与分组查询)。

学一学

3.2.1　聚合函数

聚合函数是用来统计或计算数据库中数据的函数，常用的 6 个聚合函数如表 3.2.1 所示。在 SELECT 子句中聚合函数用于对结果集进行统计计算。DISTINCT 是用于去除重复记录，默认为 ALL 即不取消重复值。

表 3.2.1　聚合函数

函　数	运 算 符
COUNT(*)	统计所有记录个数
COUNT([DISTINCT | ALL]<字段名>)	统计字段中值的个数
SUM([DISTINCT | ALL]<字段名>)	对指定字段求总和(字段必须是数值型)
AVG([DISTINCT | ALL]<字段名>)	对指定字段求平均值(字段必须是数值型)
MAX(<字段名>)	求一个字段值中的最大值
MIN(<字段名>)	求一个字段值中的最小值

聚合函数的语法应用是 SELECT 语句的应用特例，聚合函数的一般用法如下：

```
SELECT 聚合函数(字段名)[,…n]
FROM 表名
 [WHERE 条件]
```

3.2.2　分组查询语句

某些查询需要将数据按照一定的信息分组后进行统计，例如，在挂号信息中查询各科室挂号患者的人数统计等，这种检索情况很普遍，通常称为分组查询，使用 GROUP BY 子句来实现，语法格式如下：

GROUP BY 字段名 [HAVING 分组后的筛选条件表达式]

其中，“BY 字段名”按照指定的字段进行分组，字段值相同的记录放在一组，每组经汇总后放在一条记录中；HAVING 的筛选是对分组后的结果集进行筛选，而不是原始表；SELECT 子句后的字段列表必须是聚合函数或 GROUP BY 子句中的字段名。

3.2.3　计算查询语句

有时不仅要对查询结果进行汇总统计，还希望显示所有参加汇总记录的详细信息，就要用到 COMPUTE。COMPUTE BY 可以实现对分组进行聚合统计并汇总分组的明细信息。注意：如果与 ORDER BY 一同使用，COMPUTE BY 字段名须与 ORDER BY 字段名一致。

COMPUTE 聚合函数 [BY 字段名]

任务实现

1. 挂号类别统计及挂号费用日统计

(1) 统计挂号类别表中有多少种不同的挂号费用类别，如图 3.2.1 所示。例：

```
SELECT COUNT(*) AS '费用类别总数'
FROM GHLBB
```

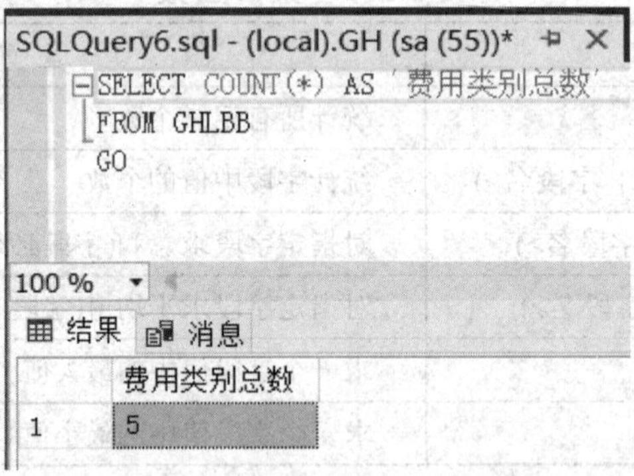

图 3.2.1　聚合函数统计测试结果

(2) 统计挂号登记表中有多少个挂号类别信息及多少种不同的挂号类别信息，比较两个查询的结果。

例 1

```
SELECT COUNT(GHLBBH) AS '挂号类别'
FROM GHDJB
```

例 2　SELECT COUNT(DISTINCT GHLBBH) AS '挂号类别'
FROM GHDJB

举一反三

统计医生信息表中有多少个职称信息及多少种不同的职称信息，比较分析两个查询的结果。

(3) 查询挂号类别表中挂号费用中最贵和最便宜的费用。例：

```
SELECT MAX(GHFY ) AS '最贵', MIN(GHFY ) AS '最便宜'
FROM GHLBB
```

举一反三

统计挂号登记表中 20180711 当日的挂号费用收入总和。

2. 各科室挂号统计

(1) 查询挂号登记表中所有挂号信息涉及哪些科室，如图 3.2.2 所示。例：

```
SELECT KSBH
FROM GHDJB
GROUP BY KSBH
```

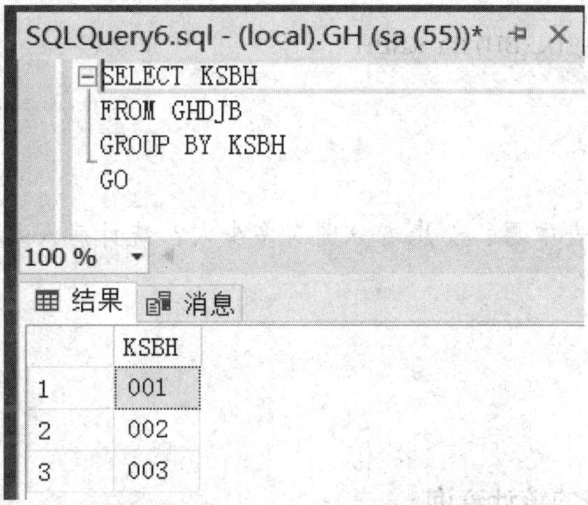

图 3.2.2　分组统计查询测试结果

举一反三

如何用 distinct 实现此功能？

(2) 统计挂号登记表中每个科室的挂号数。例：

```
USE GH
GO
```

```
SELECT KSBH ,COUNT(*) AS '挂号总数'
FROM GHDJB
GROUP BY KSBH
GO
```

(3) 仅统计挂号登记表中挂号数在 2 个以上的科室挂号数。例：

```
USE GH
GO
SELECT KSBH ,COUNT(*) AS '挂号总数'
FROM GHDJB
GROUP BY KSBH
HAVING COUNT(*)>=2
GO
```

练一练

如果要显示各科室的详细挂号信息呢？

```
USE GH
GO
SELECT *
FROM GHDJB
ORDER BY KSBH
COMPUTE COUNT(KSBH) BY KSBH
GO
```

举一反三

统计病人基本信息表中男、女患者分别有多少人？统计病人基本信息表中男、女患者的平均年龄分别是多少？

任务拓展

1. 完成挂号登记表的统计查询

(1) 查询挂号登记表中所有挂号信息有哪些挂号类别。

(2) 统计挂号登记表中每个挂号类别的挂号数。

(3) 仅统计挂号登记表中挂号数在 3 个以上的各类别挂号数。

(4) 如果要显示各类别的详细挂号信息呢？

2. 完成医生信息表的统计查询

统计医生信息表中医生的平均年龄。(提示：计算年龄函数 datediff(yy,csrq,'2017- 10-15')，平均数的聚合函数 avg)

任务 3.3　GH 数据库的多表查询

任务描述

在企业应用的数据库中有很多张表分别存储相应的信息，通常待解决问题的信息并不在同一张基本表上，而是涉及多张基本表。这些实际医疗 IT 产品中的查询统计多是复杂业务场景，查询的条件或查询的结果来源于数据库中的多个表，需要通过对多张表进行综合查询才可以获得所需信息。

那么，要怎样才能联合多张基本表来实现更强的查询功能呢？小张开始进一步熟悉 T-SQL 的用法，学习多表查询的方法，主要包括嵌套查询和连接查询两大部分，并完成了以下任务。

(1) 根据年龄查询患者信息(使用运算符的嵌套查询)；

(2) 挂号信息和医生信息综合查询(两表或多表内连接)；

(3) 挂号信息汇总查询(外连接)。

学一学

3.3.1　嵌套查询

1. 基本语法

嵌套查询是一种将一条 SELECT 语句嵌入到另一条 SELECT 语句的子句中进行查询的方式。其中，外层的 SELECT 语句被称为外部查询(或父查询)，主要负责设置查询目标和结果的显示字段；而内层的 SELECT 语句被称为内部查询(或子查询)，主要负责设置查询的条件，子查询的 SELECT 语句通常使用小括号( )括起来。

2. 执行过程

先处理内部子查询的 SELECT 语句；再将子查询应用到外部查询中，执行 SELECT 语句。

嵌套查询的子查询 SELECT 语句可以分别出现在三个子句中：

多数情况下，子查询出现在外部查询的 WHERE 子句中，用来设置外部查询的条件；如果子查询出现在外部查询的 SELECT 子句中，即子查询的结果作为字段列表输出，但不常见；如果子查询出现在外部查询的 FROM 子句中，即把子查询的结果集作为另外一张表看待，但不常见。

3.3.2 连接查询

在实际的数据检索任务中，多数情况都是使用多表连接查询，在学习连接查询的过程中，可以将连接查询也看作是“单表”查询，只不过这个“单表”是通过 SQL 特殊的连接语句所形成的一张“大表”，除此之外，查询的方法与函数的使用跟单表查询是相同的。

1. 内连接查询

内连接(INNER JOIN)是最常用的连接方式，通过比较两表共同拥有的关联字段，从两个表中查找符合连接条件的行，只有符合连接条件的记录才会显示在连接后的“大表”中，不满足条件的则不显示。一般是通过等值运算符进行比较，也可以使用其他关系运算符。具体的实现方法有以下两种：

1) SQL92 标准

```
SELECT 字段列表
FROM 表 1 ,表 2
WHERE 表 1.列名=表 2.列名 [AND <查询条件>]
```

其中，关键字 WHERE 后面为两表共同字段的等值连接条件及其他的查询条件。

2) SQL99 标准

```
SELECT 字段列表
FROM 表 1 INNER JOIN 表 2 ON 表 1.列名=表 2.列名
WHERE <查询条件>
```

其中，关键字 ON 后面为两表关联字段的等值连接条件。

2. 外连接查询

在内连接查询中，只把两个表中满足等值连接条件的行显示出来。而在外连接中，不仅显示满足条件的行，还会显示不满足条件的行。例如，病人基本信息表中有 5 个患者信息，但只有 4 个患者挂了号，1 个没有挂号就医，此时如果使用内连接查询，则只会将有挂号信息的患者的基本信息查询出来，没有挂号的患者则因其 JBXXBH 不存在于 GHDJB 表中，因此不会被查询出来。但是如果使用了外连接查询，那么即使该患者没有挂号信息，也会被查询出来，只是其对应的挂号信息是 NULL。

1) 左外连接

左外连接是以连接表的左表为主表，以左表的每行数据去匹配右表的数据列，符合连接条件的数据将直接返回到结果集中，对那些在左表中存在数据，而在右表中找不到匹配的行，此时会将左表的数据放在结果集中，对应右表中的值将以 NULL 来替代。语法格式如下：

```
SELECT 字段列表
FROM 表 1 LEFT JOIN 表 2 ON 表 1.列名=表 2.列名
```

其中，写在连接命令 LEFT 左端的表 1 为主表。一般来说，用于等值连接的列名在各自表中具有唯一属性。

2) 右外连接

右外连接是以连接表的右表为主表，以右表的每行数据去匹配左表的数据列，符合连接条件的数据将直接返回到结果集中，对那些在右表中存在数据，而在左表中找不到匹配的行，此时会将右表的数据放在结果集中，对应左表中的值将以 NULL 来替代。语法格式如下：

```
SELECT 字段列表
FROM 表 1 RIGHT JOIN 表 2 ON 表 1.列名=表 2.列名
```

3) 全外连接

全外连接就是将左、右外连接合并。结果集中除了有内连接的结果，还包含左、右外连接中不满足连接条件的记录，在左、右表的相应列上以 NULL 值来代替那些无法匹配部分的值。语法格式如下：

```
SELECT 字段列表
FROM 表 1 FULL JOIN 表 2 ON 表 1.列名=表 2.列名
```

任务实现

1. 根据年龄查询患者信息

1) 查询跟张军同龄的患者姓名、性别 (使用比较运算符的子查询，子查询单列单值)

提示：

(1) 条件：姓名是张军的患者年龄。

子查询代码：

```
SELECT NL
FROM BRJBXXB
WHERE XM='张军'
```

(2) 目标：显示患者姓名、性别。

外查询代码：

```
SELECT XM,XB
FROM BRJBXXB
```

(3) 查询过程：BRJBXXB(XM)---NL-→BRJBXXB(XM、XB)，如图 3.3.1 所示。

完整代码：

```
SELECT XM,XB
FROM BRJBXXB
WHERE XM <> '张军' and NL=
(
    SELECT NL
    FROM BRJBXXB
    WHERE XM='张军'
)
```

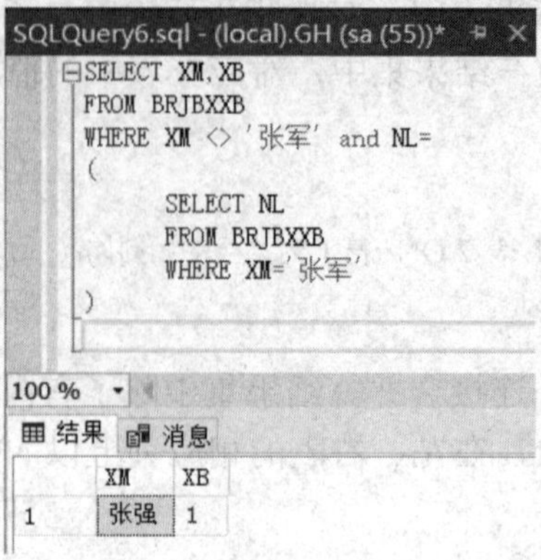

图 3.3.1　嵌套查询运行

举一反三

查询挂“王越”医生号的患者 ID。如果要查询的信息包括患者的其他详细信息呢？(3 层查询嵌套)

提示：① 条件：王越医生的医生账号；② 目标：显示挂号表中的患者 ID；③ 查询过程(源)：YSXXB(YSXM)--- YSZH→GHDJB(JBXXBH)

2) 查询比某个女患者年龄大的男患者姓名

使用 ANY 运算符的子查询，子查询单列多值，语句如下：

```
SELECT XM
FROM BRJBXXB
WHERE XB='1' and NL>ANY
(
    SELECT NL
    FROM BRJBXXB
    WHERE XB='0'
)
```

3) 查询比所有女患者年龄都大的男患者姓名

使用 ALL 运算符的子查询，子查询单列多值，语句如下：

```
SELECT XM
FROM BRJBXXB
WHERE XB='1' and NL>ALL
(
    SELECT NL
    FROM BRJBXXB
    WHERE XB='0'
)
```

4) 查询年龄大于等于 30 岁的患者的挂号信息

使用 IN 或=ANY 运算符的子查询，子查询单列多值，语句如下：

提示：① 条件：年龄大于等于 30 的患者；② 目标：显示挂号信息*；③ 查询过程(源)：JBXXBH (NL)--- JBXXBH-→GHDJB(*)

```
SELECT *
FROM GHDJB
WHERE JBXXBH in
(
    SELECT JBXXBH
    FROM BRJBXXB
    WHERE NL>=30
)
```

练一练

(1) 查询所有外科医生的姓名、职称。

提示：① 条件：科室信息为外科；② 目标：显示医生姓名、职称；③ 查询过程(源)：KSXXB(KSMC) ---KSBH-→YSXXB(YSXM, ZC)

(2) 查询所有挂过号的患者姓名、性别、联系方式。

提示：① 条件：挂过号；② 目标：显示姓名、性别、联系方式；③ 查询过程：GHDJB---JBXXBH-→BRJBXXB(XM, XB, LXDHHM)

2. 挂号信息和医生信息综合查询

1) 查询挂号表中患者的姓名、年龄、手机号码 (两表内连接)

如图 3.3.2 所示，请分别用嵌套子查询、SQL92、SQL99 三种语法实现，在此举例 SQL99 标准的语法实现方法：

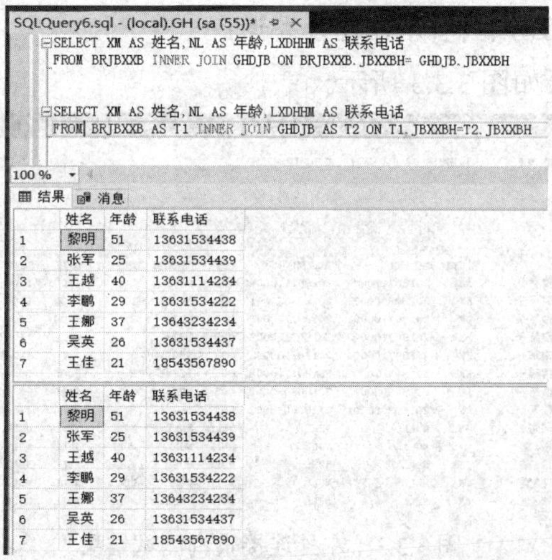

图 3.3.2　内连接查询测试结果

```
SELECT XM AS 姓名, NL AS 年龄, LXDHHM AS 联系电话
FROM BRJBXXB INNER JOIN GHDJB ON BRJBXXB.JBXXBH= GHDJB.JBXXBH
```

上述代码中通过 on 设置两表的连接条件，最终实现查询需求。在代码中表名比较烦琐，可以通过 AS 给表起别名的形式，简化连接条件中连接字段的选择代码，如下：

```
SELECT XM AS 姓名, NL AS 年龄, LXDHHM AS 联系电话
FROM BRJBXXB AS T1 INNER JOIN GHDJB AS T2 ON T1.JBXXBH=T2.JBXXBH
```

举一反三

查询挂号表中医生的姓名、职称、年龄。(探索应用 DATEDIFF 日期处理函数求年龄)

2) 查询医生表中职称为“主任医师”的医生的科室名称

两表内连接，使用 where 条件子句，如下：

```
SELECT T2.KSMC
FROM YSXXB AS T1 INNER JOIN KSXXB AS T2 ON T1.KSBH=T2.KSBH
WHERE T1.ZC='主任医师'
```

举一反三

查询内科的所有医生姓名、职称。

3) 查询挂“王越”医生的患者姓名、性别、联系电话

多表内连接，语句如下：

```
SELECT XM, XB, LXDHHM
FROM YSXXB AS T1 INNER JOIN   GHDJB AS T2 ON T1.YSZH=T2.YSXXBH
                 INNER JOIN   BRJBXXB AS T3 ON T2.JBXXBH=T3.JBXXBH
WHERE T1.YSXM='王越'
```

3. 挂号信息汇总查询

1) 查询所有科室的挂号信息(左外连接查询)

运行如下语句，效果如图 3.3.3 所示。

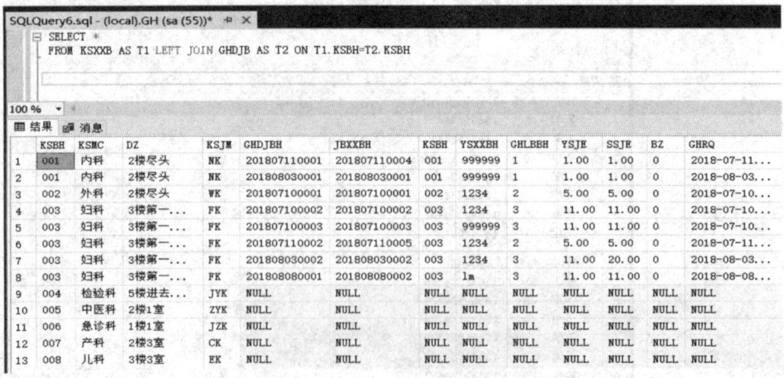

	KSBH	KSMC	DZ	KSJM	GHDJBH	JBXXBH	KSBH	YSXXBH	GHLBBH	YSJE	SSJE	BZ	GHRQ
1	001	内科	2楼尽头	NK	201807110001	201807110004	001	999999	1	1.00	1.00	0	2018-07-11...
2	001	内科	2楼尽头	NK	201808030001	201808030001	001	999999	1	1.00	1.00	0	2018-08-03...
3	002	外科	2楼尽头	WK	201807100001	201807100001	002	1234	2	5.00	5.00	0	2018-07-10...
4	003	妇科	3楼第一...	FK	201807100002	201807100002	003	1234	3	11.00	11.00	0	2018-07-10...
5	003	妇科	3楼第一...	FK	201807100003	201807100003	003	999999	3	11.00	11.00	0	2018-07-10...
6	003	妇科	3楼第一...	FK	201807110002	201807110005	003	1234	2	5.00	5.00	0	2018-07-11...
7	003	妇科	3楼第一...	FK	201808030002	201808030002	003	1234	3	11.00	20.00	0	2018-08-03...
8	003	妇科	3楼第一...	FK	201808080001	201808080002	003	lm	3	11.00	11.00	0	2018-08-08...
9	004	检验科	5楼进去...	JYK	NULL	NULL	NULL	NULL	NULL	NULL	NULL	NULL	NULL
10	005	中医科	2楼1室	ZYK	NULL	NULL	NULL	NULL	NULL	NULL	NULL	NULL	NULL
11	006	急诊科	1楼1室	JZK	NULL	NULL	NULL	NULL	NULL	NULL	NULL	NULL	NULL
12	007	产科	2楼3室	CK	NULL	NULL	NULL	NULL	NULL	NULL	NULL	NULL	NULL
13	008	儿科	3楼3室	EK	NULL	NULL	NULL	NULL	NULL	NULL	NULL	NULL	NULL

图 3.3.3　左外连接查询测试结果

```
SELECT *
FROM KSXXB AS T1 LEFT JOIN GHDJB AS T2 ON T1.KSBH=T2.KSBH
```

举一反三

查询所有病人的挂号信息。

2) 查询所有科室的挂号信息

右外连接查询，语句如下：

```
SELECT *
FROM GHDJB AS T1 RIGHT JOIN KSXXB AS T2    ON T1.KSBH=T2.KSBH
```

举一反三

查询所有医生的挂号信息。

3) 查询所有病人及医生的挂号信息

全外连接查询，语句如下：

```
SELECT *
FROM BRJBXXB AS T1 FULL JOIN GHDJB AS T2 ON T1.JBXXBH=T2.JBXXBH
                   FULL JOIN YSXXB AS T3 ON T2.YSXXBH=T3.YSZH
```

举一反三

查询所有科室及医生的挂号信息。

任务拓展

1. 完成如下多表查询的任务

(1) 查询年龄最大的患者的姓名、性别。
(2) 查询挂内科号的信息有多少条记录。
(3) 查询挂号表中挂了哪些医生的号，请显示医生的姓名。
(4) 查询所有没有挂号的患者姓名、性别、联系方式。
(5) 查询挂号表中的挂号类别名称和费用。
(6) 查询挂内科的 30 岁以上患者的姓名、电话。
(7) 查询所有挂号类别对应的挂号信息。

2. 完成如下三层嵌套的多表查询

(1) 查询挂特诊号的患者 ID，能查询出姓名吗？
(2) 查询挂内科患者的姓名、电话。

任务 3.4　GH 数据库的视图应用

任务描述

在实际的工作场景，有些数据表的查询与统计会进行多次操作，比如需要查询医生信息表的姓名、职称、年龄信息，各科室也需要进行挂号统计等。小张决定使用视图来解决这类问题，视图可以构建一种虚拟的表结构，从基础表中读取数据填充到这个虚拟表结构中，方便用户查看。

于是小张开始尝试在 GH 数据库中创建视图，实现以下的任务，这样在需要的时候，客户端可以简单地从视图中获得相应的数据，而无需多次重复定义复杂的 SQL 语句查询，从而提高数据查询和管理的效率。

(1) 使用视图管理科室日挂号统计信息(创建并查询视图)；

(2) 科室日挂号信息能显示科室名称(修改视图)；

(3) 取消查看科室日挂号信息的任务(删除视图)。

学一学

3.4.1　视图概述

视图是虚拟表结构，它保存了 SELECT 语句的定义，是用户查看数据库中数据的一种方式，它是存储在数据库中预先定义好结构的查询结果集。

用户数据表是数据库中数据存放的物理位置，称为基础表。而视图则是系统中的虚拟表，并不占用磁盘的物理空间，是一个只有结构，没有真正数据的虚表。因此，视图是依赖于基础表而存在的。

每次使用视图时，从用户基础表中读取数据填充到它的虚拟结构中展现给用户。用户可以通过 SELECT 查询语句引用视图名称来使用此虚拟表。

视图可以使用户集中关注他们感兴趣的数据，由于只能看到视图中显示的数据，而看不到视图所引用的基础表中的其他数据，这在一定程度上保证了数据安全性。

3.4.2　创建视图

创建视图的基本语法如下：

```
CREATE VIEW　视图名称
[WITH ENCRYPTION]
AS
```

```
SELECT 语句
```

其中 WITH ENCRYPTION 表示对视图的定义进行加密。

注意：视图定义的 SELECT 语句中 SELECT 子句必须指定确定的字段名，不可以用*；如果使用聚合函数作为目标字段，必须为此字段起别名，也就是视图的每个字段都必须有指定字段名；不能包含 ORDER BY 、COMPUTER/COMPUTER BY、INTO 等关键词。

3.4.3 视图操作

1. 查询视图

查询视图的操作类似于对表的查询，可以通过以下 SELECT 语句实现：

```
SELECT * FROM 视图名
```

2. 修改视图

修改视图可以使用 ALTER VIEW 语句，如下：

```
ALTER VIEW  视图名称
[WITH ENCRYPTION]
AS
    SELECT 语句
```

3. 删除视图

删除视图可以使用 DROP VIEW 语句，如下：

```
DROP VIEW  视图名称
```

任务实现

1. 使用视图管理科室日挂号统计信息

1) 创建视图

运行以下代码并纠错：

```
CREATE VIEW V_KSGH
AS
  SELECT KSBH ,COUNT(*)
  FROM GHDJB
  GROUP BY KSBH
```

2) 查询视图

运行如下代码进行查询，效果如图 3.4.1 所示。

```
SELECT * FROM V_KSGH
```

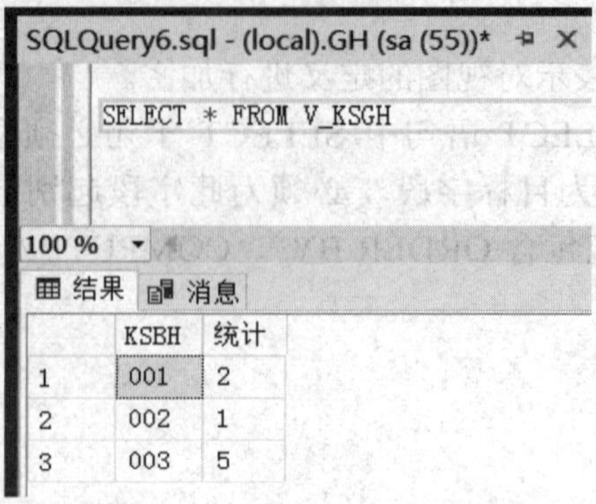

图 3.4.1　视图统计查询测试结果

举一反三

(1) 创建视图 V_LBGH，统计挂号登记表中每个挂号类别的挂号数，并查看视图。
(2) 创建视图 V_NKGH，查询挂内科患者的姓名、电话，并查看视图。

2. 科室日挂号信息能显示科室名称

1) 修改视图

运行如下语句：

```
ALTER VIEW V_KSGH
AS
    SELECT T2.KSMC ,COUNT(*) AS '挂号数量'
    FROM GHDJB AS T1 INNER JOIN KSXXB AS T2 ON T1.KSBH=T2.KSBH
GROUP BY T2.KSMC
```

2) 查询视图

运行以下语句，视图效果如图 3.4.2 所示。

```
SELECT * FROM V_KSGH
```

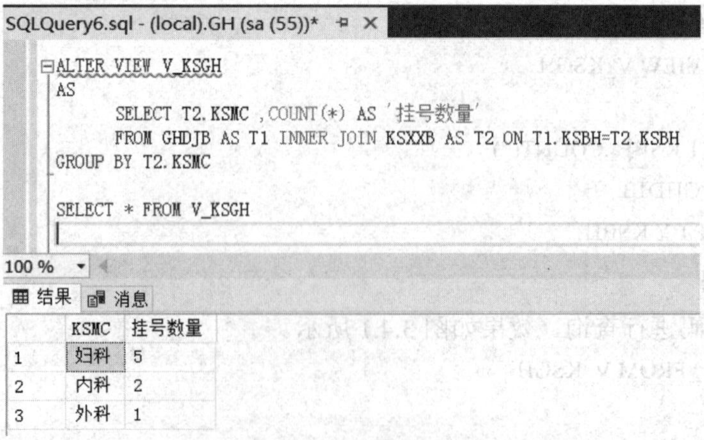

图 3.4.2　修改视图测试结果

举一反三

修改视图 V_LBGH，统计挂号登记表中每个挂号类别的名称及其挂号数，并查看视图。

3. 取消查看科室日挂号信息的任务

删除视图

运行如下语句：

```
DROP VIEW V_KSGH
```

举一反三

删除视图 V_LBGH。

任务拓展

1. 完成创建视图的操作

(1) 创建视图，统计查询医生信息表中医生的姓名、职称、年龄。

(2) 创建视图，查询统计所有外科医生的姓名、职称。

2. 视图操作

通过视图，可以向基本表中插入数据、修改数据和删除数据，具体操作类似基本表的数据维护操作。请读者在外科医生视图中，增加一个医生信息“李强”“副主任医师”。

任务 3.5　GH 数据库的存储过程应用

任务描述

医务科找小张完成了一些数据的查询与统计，如各科室的挂号统计等，小张感觉每次都编写查询语句来获取目标数据费时、费力，虽然使用视图可以创建虚拟表达到快速查看的效果，但是还不够灵活，比如要统计各个科室的挂号信息，仍需要分别创建内科挂号统计、外科查询统计等多个视图对象。如果能够像高级编程语言中的函数那样来复用 SQL 语句，根据需求通过参数快速实现查询各科室挂号信息等特定业务会方便很多。

小张上网搜索方案，发现通过存储过程可以解决这个问题，于是决定学习 T-SQL 语言关于存储过程方面的知识，尝试在 GH 数据库中创建存储过程，来解决这些频繁查询的复用问题。

(1) 查询 GH 数据库及其对象的信息(执行系统存储过程)；

(2) 查询指定科室(默认为内科)的挂号信息(创建并执行用户存储过程)；

(3) 查询指定科室(修改默认为妇科)的挂号信息(修改存储过程)；

(4) 取消查看指定科室挂号信息的任务(删除存储过程)。

学一学

3.5.1　存储过程概述

存储过程是一组为了完成特定功能的 T-SQL 语句集，作为一种数据库对象存储在数据库中，可由应用程序通过调用它的名称来集中执行批处理的 T-SQL 语句以实现特定的业务功能，类似于高级语言中的过程或函数，具有以下的特点：

效率高：存储过程在第一次执行时，会生成执行计划，即被编译后驻留在内存，当再次执行时，会直接使用这个已经驻留内存的执行计划，因此除了第一次调用时略花费时间外，其他调用的执行速度要比普通语句更快，这样将一些需要大量操作的语句创建为存储过程，就可以大大改善系统性能。当然也有一些特殊情况，比如在重新创建索引等情况下，再次执行存储过程时需要使用强制重新编译(WITH RECOMPILE)才能生效。

安全性好：存储过程封装了复杂的数据库访问操作逻辑，用户只需被授予执行存储过程的权限而不必直接操作相应的数据表，因此具有很好的安全性。

共享重用性：创建存储过程后，数据库用户可以多次共享使用该存储过程，而无需编写重复的操作语句。

3.5.2　系统存储过程

系统存储过程是由 SQL Server 系统提供的存储过程，可以作为命令来执行，从而实现获取数据库的系统信息、完成数据库服务器的管理工作等功能，因此数据库管理员需要熟练掌握使用系统存储过程。

系统存储过程通常以 sp_开头，举例如下：

sp_helpdb：用于查看数据库名称及大小。

sp_helptext：用于显示规则、默认值、未加密的存储过程、用户定义函数或视图的文本。

sp_helplogins：查看所有数据库用户登录信息。

3.5.3　创建用户存储过程

用户存储过程是用户为了实现某一特定业务需求，在用户数据库中编写的 T-SQL 语句集合。用户存储过程可以接收输入参数、向客户端返回结果和信息、返回输出参数。因此，创建存储过程重点是输入、输出参数的灵活定义，以及执行调用存储过程时的参数传递。举例如下：

```
CREATE PROC[EDURE]〈存储过程名〉
[@〈参数名〉〈参数类型〉[=〈默认值〉][OUTPUT]][,…n]
[WITH {RECOMPILE|ENCRYPTION|RECOMPILE，ENCRYPTION}]
[FOR REPLICATION]
```

AS〈SQL 语句组〉

语句中各参数含义说明如下：

@<参数名>：存储过程的参数，包括输入参数和输出参数。用户在调用存储过程时，必须提供输入参数的值，除非定义了输入参数的默认值。

OUTPUT：指示参数是输出参数。使用输出参数可以将执行结果返回给调用方。

RECOMPILE：表明 SQL Server 将不对该存储过程计划进行高速缓存，该存储过程将在每次执行时都重新编译。此选项不建议使用，因为会导致每次执行存储过程时都必须对其重新编译，这样会使存储过程执行效率降低。如果数据发生显著变化，可以在执行存储过程时设置此选项。

ENCRYPTION：对存储过程的文本加密。使用 sp_helptext 系统存储过程就无法显示该存储过程的代码文本内容。

在 SQL 脚本中，CREATE PROCEDURE 语句要包含在两个 GO 之间，GO 是 SQL 脚本中 T-SQL 语句结束的命令。

3.5.4 调用存储过程

存储过程创建好后，必须使用 EXECUTE 语句来执行存储过程，以验证其正确性。其语法格式如下：

[EXEC[UTE]] [@状态值=]〈存储过程名〉

[[@〈参数名〉=]{参数值|@变量 [OUTPUT]}][,…n]

@状态值：用于保存存储过程的返回状态。

@<参数名>：创建存储过程时定义的参数。如果没有此选项，各实际参数的顺序必须与定义的参数一致。

@变量：用来存储实际参数或返回参数的变量。当存储过程中有输出参数时，只能用变量来接收输出参数的值，并在变量后加上 OUTPUT 关键字。

3.5.5 修改存储过程

修改存储过程用语句 ALTER PROCEDURE 实现，其语法格式如下：

ALTER PROC[EDURE] 〈存储过程名〉

[@〈参数名〉〈参数类型〉[=〈默认值〉][OUTPUT]][,…n]

[WITH { RECOMPILE | ENCRYPTION | RECOMPILE , ENCRYPTION}]

[FOR REPLICATION]

AS〈SQL 语句组〉

修改存储过程的语句和创建存储过程的语句用法上基本一致，具体参数说明可以参考上文。

3.5.6 删除存储过程

使用 DROP PROCEDURE 语句可以一次从当前数据库中将一个或多个存储过程删除，其语法格式如下：

DROP PROCEDURE 存储过程名[,…n]

任务实现

1. 查询 GH 数据库及其对象的信息(执行系统存储过程)

1) 查询 GH 数据库的相关信息

查询 GH 数据库相关信息的语句如下：

```
EXEC sp_helpdb GH
```

2) 查询挂号登记表的相关信息

查询挂号登记表的语句如下，效果如图 3.5.1 所示。

```
USE GH
GO
EXEC sp_help GHDJB
GO
```

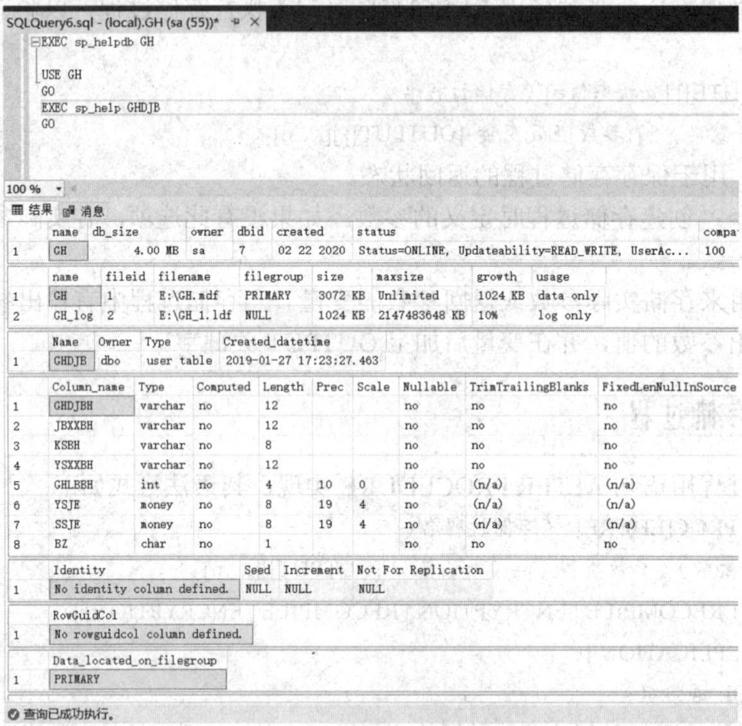

图 3.5.1　系统存储过程测试结果

举一反三

创建查询病人基本信息表的视图对象，使用系统存储过程来查看该视图的源码文本。如果给视图对象加密，是否能查看其源码文本？

2. 查询指定科室的挂号信息(创建并执行用户存储过程)

1) 创建简单存储过程 P_DEMO1

查询内科的挂号信息，使用 EXEC 语句执行该存储过程，观察运行结果如图 3.5.2 所示。

```
USE GH
GO
--创建存储过程 P_DEMO1
CREATE PROCEDURE P_DEMO1
AS
 SELECT T1.JBXXBH AS 编号, T1.YSXXBH AS 医生编号, T1.GHLBBH AS 类别, T1.YSJE AS 挂号费, T2.KSMC AS 科室
 FROM GHDJB AS T1 INNER JOIN KSXXB AS T2 ON T1.KSBH=T2.KSBH
 WHERE T2.KSMC='内科'
GO
--执行存储过程 P_DEMO1
EXEC P_DEMO1
```

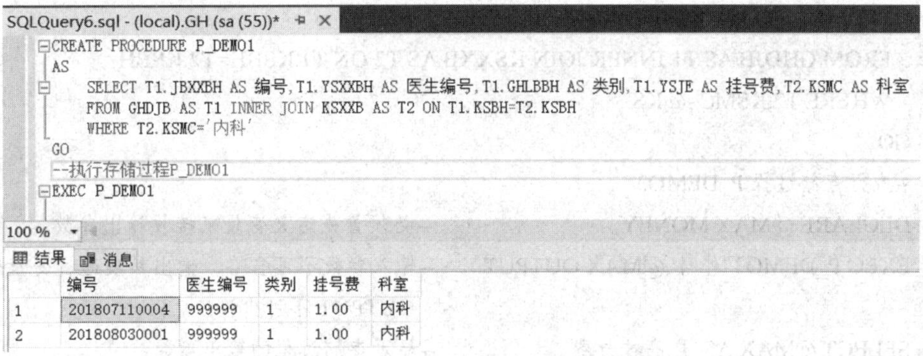

图 3.5.2 用户存储过程测试结果

举一反三

创建简单存储过程 P_DOC1，查询主治医师的所有信息，并执行该存储过程观察运行结果。

2) 创建带输入参数的存储过程 P_DEMO2

查询指定科室(默认为内科)的挂号信息，并执行该存储过程。

```
CREATE PROCEDURE P_DEMO2
@KS VARCHAR(40)='内科'      --注意：输入参数及其默认值，需要在 AS 前声明
AS
 SELECT T1.JBXXBH AS 编号, T1.YSXXBH AS 医生编号, T1.GHLBBH AS 类别, T1.YSJE AS 挂号费, T2.KSMC AS 科室
 FROM GHDJB AS T1 INNER JOIN KSXXB AS T2 ON T1.KSBH=T2.KSBH
```

```
 WHERE T2.KSMC=@KS
GO
--执行存储过程 P_DEMO2
EXEC P_DEMO2                     --无参数，默认查询内科
EXEC P_DEMO2 '外科'               --一个输入参数
```

举一反三

创建带输入参数的存储过程 P_DOC2，查询指定职称(默认为主治医师)的医生信息，并执行该存储过程观察运行结果。

3) 创建带输出参数的存储过程 P_DEMO3

查询指定科室(默认为内科)的最高应收挂号费用(输出参数)，并执行该存储过程。

```
CREATE PROCEDURE P_DEMO3
@KS VARCHAR(40)='内科',@MAXMONEY MONEY OUTPUT
AS
  SELECT @MAXMONEY=MAX(T1.YSJE)
  FROM GHDJB AS T1 INNER JOIN KSXXB AS T2 ON T1.KSBH=T2.KSBH
  WHERE T2.KSMC=@KS
GO
--执行存储过程 P_DEMO3
DECLARE @MAX MONEY                   --必须首先定义变量来接收输出参数
EXEC P_DEMO3 '外科',@MAX OUTPUT       --输入参数不可省略，输出参数通过变量来接收，
                                       OUTPUT 不可少
SELECT @MAX AS 最高挂号费            --显示存储过程的输出参数
```

举一反三

创建带输入参数的存储过程 P_DOC3，查询指定职称(默认为主治医师)的医生最早入职日期(输出参数)，并执行该存储过程，观察运行结果。

4) 创建带返回值的存储过程 P_DEMO4

查询指定科室(默认为内科)的最高应收挂号费用(返回值)，并执行该存储过程。

```
CREATE PROCEDURE P_DEMO4
@KS VARCHAR(40)='内科'
AS
     DECLARE @MAXMONEY MONEY
    SELECT @MAXMONEY=MAX(T1.YSJE)
    FROM GHDJB AS T1 INNER JOIN KSXXB AS T2 ON T1.KSBH=T2.KSBH
    WHERE T2.KSMC=@KS
```

```
RETURN @MAXMONEY
GO
--执行存储过程 P_DEMO4
DECLARE @MAX MONEY          --必须首先定义变量来接收返回值，返回值必须为数值类型
EXEC @MAX=P_DEMO4 '妇科'    --输入参数(可省略)，变量接收存储过程的返回值
SELECT @MAX AS 最高挂号费   --显示存储过程的返回值
```

举一反三

创建带返回值的存储过程 P_DOC4，查询指定职称(默认为主治医师)的医生数量(返回值)，并执行该存储过程，观察运行结果。

3. 查询指定科室(修改默认为妇科)的挂号信息

修改存储过程 P_DEMO2，将默认值“内科”改为“妇科”，执行并观察运行效果。

```
ALTER PROCEDURE P_DEMO2
@KS VARCHAR(40)='妇科'
AS
SELECT T1.JBXXBH AS 编号, T1.YSXXBH AS 医生编号, T1.GHLBBH AS 类别, T1.YSJE
AS 挂号费, T2.KSMC AS 科室
FROM GHDJB AS T1 INNER JOIN KSXXB AS T2 ON T1.KSBH=T2.KSBH
WHERE T2.KSMC=@KS
GO
EXEC P_DEMO2
```

举一反三

修改存储过程 P_DOC2，将默认值“主治医师”改为“副主任医师”，执行并观察运行效果。

4. 取消查看指定科室挂号信息的任务(删除存储过程)

删除存储过程 P_DEMO4。

```
DROP PROCEDURE P_DEMO4
GO
EXEC P_DEMO4
GO
```

举一反三

删除存储过程 P_DOC4。

任务拓展

1. 完成存储过程的操作

(1) 创建存储过程 P_D1 并执行，查询指定医生的职称和年龄。

(2) 创建存储过程 P_D2 并执行，查询指定医生的职称、年龄和科室信息。

(3) 创建存储过程 P_D3 并执行，查询统计指定科室(默认外科)的医生姓名、年龄、职称。

(4) 创建存储过程 P_D4 并执行，查询统计指定科室(默认外科)的医生最大年龄(输出参数)。

(5) 修改存储过程 P_D4，查询统计指定科室(默认外科)的医生最大年龄(返回值)。

项目四　GH 数据库的数据维护与权限管理

项目分析

医疗信息系统各分系统的基本功能主要包括业务处理模块、查询统计模块和系统维护管理模块。比如门诊 HIS 中，门诊挂号操作属于业务处理模块；而门诊挂号记录信息的日统计、按科室汇总统计、按姓名查询等功能则属于查询统计模块；对于挂号类型等基础数据字典信息的维护，则属于系统维护管理模块。

小张使用 SSMS 通过 SQL 查询语句实现了数据的查询和统计，初步熟悉了使用 SQL 语句的查询功能。由于管理和使用数据库是医疗 IT 研发技术人员必须掌握的技能，小张接下来要学习如何使用 SQL 语句管理数据库中的数据，实现增、删、改等对数据的基本维护管理操作。另外，管理数据库的访问权限，是保证数据库安全性的根本，也是本项目的训练目标。

任务 4.1　GH 数据库的数据维护

任务描述

查询统计模块主要使用 SELECT 语句，数据维护模块则主要应用 INSERT、UPDATE、DELETE 等语句实现对数据库数据的维护操作。这些都是 SQL 语言中 DML(数据操作语言)所规定的语法，也是数据库编程操作中的重点。

下面跟随小张一起结合门诊挂号模块的实例学习 SQL 语句 DML 中的增、删、改语法，对数据维护类操作进行实操训练，实现向数据库添加数据，修改已有数据，以及删除过期数据等功能。

(1) 新增 GH 数据库的医生、挂号类别、科室等数据字典信息；

(2) 修改患者基本信息表和医生信息表的数据；

(3) 删除过期信息。

学一学

4.1.1 INSERT 语句

INSERT 命令与查询命令比较起来简单很多，因为其语法结构和应用方法都是基本固定的，使用时只需对号入座填入相应信息即可，所以学习 INSERT 命令的主要任务就是熟练掌握其语法结构。

使用 INSERT 语句往表中插入数据时有 2 种方法：插入单行数据(使用关键字 VALUES)和插入多行数据(使用关键字 SELECT)。

1. 使用 INSERT 语句插入单行数据

INSERT 语句(使用关键字 VALUES)一次只能插入一行数据，如果要插入多行数据，必须多次使用 INSERT 语句。这是最常用的数据添加方法，基本语法如下：

```
INSERT [INTO] <表名> [<字段名列表>]
VALUES (值列表)
```

多个字段间和多个值间用逗号隔开，插入数据时需要注意以下几点：

(1) 值列表与字段名列表中的各项必须顺序和类型都一一对应，每个数据值的数据类型也必须与对应字段数据类型相匹配。

(2) 如果某字段已设置为标识列，则 INSERT 语句不能为其规定值，因为其值由系统自动生成。

(3) 对于非数值型数据需要用''单引号括起来。

(4) 有约束的字段，输入内容必须满足约束条件；对于不允许空的字段，必须要输入内容，允许为空的字段，可以用 NULL 代替。

(5) 有默认值的字段，如果没有添加数据，则系统会自动插入默认值。

(6) 如果<字段名列表>省略，则对表中所有字段插入数据。

2. 使用 INSERT 语句插入多行数据

INSERT 语句与 SELECT 语句配合使用，可以将 SELECT 语句查询出来的多条记录添加到当前表中，格式如下：

```
INSERT [INTO] <当前表名> [<字段名列表>]
SELECT  <字段名列表>
FROM 源表名 [,... N]
[WHERE 条件表达式]
```

其中，SELECT 查询语句的结果集中每个字段必须有列名，如果出现没有列名的情况，则必须声明列名。

4.1.2 UPDATE 语句

通常在企业应用场景，会有大量更改数据的需求，比如药品调价、社保支付比例修改等。使用 UPDATE 命令，可批量修改数据，从而大大提高数据维护的效率。

UPDATE 语句与 INSERT 语句相比，稍微复杂一点，通常会加入修改数据的限制条件，其语法与 SELECT 语句的 WHERE 子句类似，关键是掌握 SET 子句的用法。

UPDATE 基本语法格式如下：

```
UPDATE 表名
SET {字段名=表达式 |NULL |DEFAULT} [,… N]
[WHERE 条件表达式]
```

4.1.3　DELETE 语句

对于过期的数据、录入出错的数据等，都有删除数据的需求，因此，在数据库的开发和运维中，数据的删除是必不可少的操作。数据的删除是指对整条记录的删除，而不是删除某条记录的某个字段。数据的删除和修改相似，都是通过条件的限制来查找记录并完成删除操作。

数据删除通过 DELETE 语句实现，基本语法如下：

```
DELETE FROM 表名
[WHERE 条件表达式]
```

任务实现

1. 新增 GH 数据库的医生、挂号类别、科室等数据字典信息

1) 插入单行数据

新增一个医生，姓名“李明明”，性别“男”，入职时间“2017-10-29”，不是管理员，账号“LMM”，密码“LMM”，其他信息未知，暂不录入，如图 4.1.1 所示。

```
INSERT INTO YSXXB(YSXM,YSXB,RZRQ,GLYBZ,YSZH,YSMM)
VALUES ('李明明','1','2017-10-29','0','LMM','LMM')
```

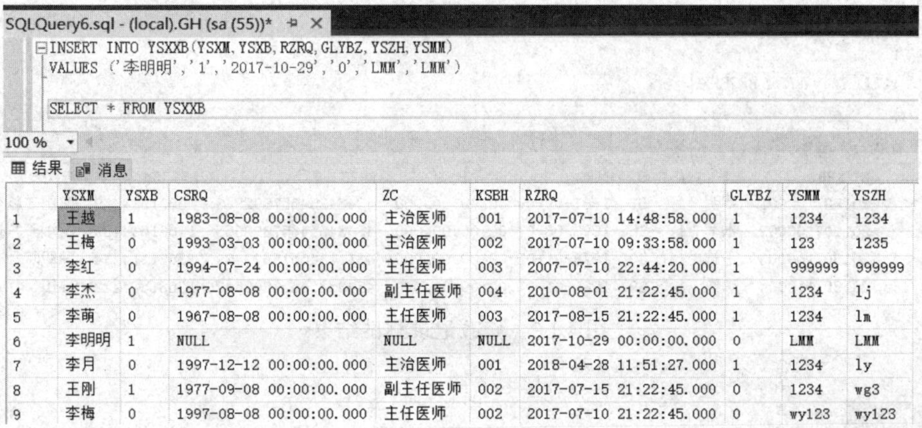

	YSXM	YSXB	CSRQ	ZC	KSBH	RZRQ	GLYBZ	YSMM	YSZH
1	王越	1	1983-08-08 00:00:00.000	主治医师	001	2017-07-10 14:48:58.000	1	1234	1234
2	王梅	0	1993-03-03 00:00:00.000	主治医师	002	2017-07-10 09:33:58.000	1	123	1235
3	李红	0	1994-07-24 00:00:00.000	主任医师	003	2007-07-10 22:44:20.000	1	999999	999999
4	李杰	0	1977-08-08 00:00:00.000	副主任医师	004	2010-08-01 21:22:45.000	1	1234	lj
5	李萌	0	1967-08-08 00:00:00.000	主任医师	003	2017-08-15 21:22:45.000	1	1234	lm
6	李明明	1	NULL	NULL	NULL	2017-10-29 00:00:00.000	0	LMM	LMM
7	李月	0	1997-12-12 00:00:00.000	主治医师	001	2018-04-28 11:51:27.000	1	1234	ly
8	王刚	1	1977-09-08 00:00:00.000	副主任医师	002	2017-07-15 21:22:45.000	0	1234	wg3
9	李梅	0	1997-08-08 00:00:00.000	主任医师	002	2017-07-10 21:22:45.000	0	wy123	wy123

图 4.1.1　插入数据测试结果

举一反三

新增 1 条挂号类别信息：编号不重复，名中医，20 元费用。

2) 插入多行数据

新建一个空表，名为“NKGHB”，表结构与“GHDJB”相同。将挂“003”科室的挂号信息插入到该表中。

```
SELECT * INTO NKGHB
FROM GHDJB
WHERE 1=2
GO
INSERT INTO NKGHB
SELECT *
FROM GHDJB
WHERE KSBH='003'
GO
```

举一反三

将所有“GHLBBH”是“3”的挂号信息检索出来并且保存到新的空表“TZGH”中。

2. 修改患者基本信息表和医生信息表的数据

1) 简单更新记录

患者李鹏的地址迁到了福田，请将他的患者基本信息进行更新，如图 4.1.2 所示。

```
UPDATE BRJBXXB
SET XXDZ='福田'
WHERE XM='李鹏'
```

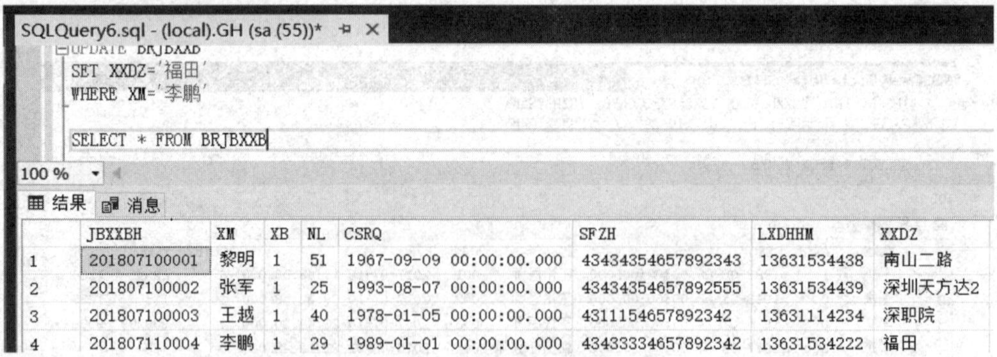

	JBXXBH	XM	XB	NL	CSRQ	SFZH	LXDHHM	XXDZ
1	201807100001	黎明	1	51	1967-09-09 00:00:00.000	43434354657892343	13631534438	南山二路
2	201807100002	张军	1	25	1993-08-07 00:00:00.000	43434354657892555	13631534439	深圳天方达2
3	201807100003	王越	1	40	1978-01-05 00:00:00.000	4311154657892342	13631114234	深职院
4	201807110004	李鹏	1	29	1989-01-01 00:00:00.000	43433334657892342	13631534222	福田

图 4.1.2　修改记录测试结果

举一反三

王梅医生晋升了职称，请将她的职称信息修改为“副主任医师”。

2) 子查询更新记录

患者 201707100001 要改挂专家号，请将 GHLBB 专家号的 GHLBBH 和 GHFY 信息更新到 GHDJB 的 GHLBBH 和 YSJE 字段。

```
UPDATE GHDJB
SET GHLBBH=
(
    SELECT GHLBBH
    FROM GHLBB
    WHERE GHLBMC='专家'
),YSJE=
(
    SELECT GHFY
    FROM GHLBB
    WHERE GHLBMC='专家'
)
WHERE JBXXBH='201707100001'
```

3. 删除过期信息

1) 简单删除记录

挂号类别表中的“名中医”类别因机构调整取消，请将其删除，语句如下：

```
DELETE FROM GHLBB
WHERE GHLBMC='名中医'
```

举一反三

医生李明明已转院工作，请删除其医生信息。

2) 子查询删除记录

找出病人基本信息表中存在但没有挂号记录的患者，将其病人基本信息表中的记录删除，语句如下：

```
DELETE FROM BRJBXXB
WHERE JBXXBH NOT IN
(
    SELECT JBXXBH
     FROM GHDJB
)
```

举一反三

找出科室信息表中存在但没有任何医生的科室，将其科室记录删除。

任务拓展

1. 关联 UPDATE 语句

有时需要用其他表的值来修改当前表的内容，也就是多表关联的更新，这时可使用关联 UPDATE 语句，将关联条件放置在 WHERE 子句，语法如下：

```
UPDATE 表名
SET {字段名=表达式 |NULL |DEFAULT} [,… N]
[FROM 源表名 [,… N] ]
[WHERE 条件表达式]
```

练一练

将挂“王越”医生的挂号类型更改为“4”，应收金额改为“11”(专家)。

2. 数据维护练习

(1) 删除“20070710”的所有挂号记录。

(2) 增加一个“外 2”科室记录到科室信息表。

(3) 急诊费用涨价至 7 元诊金，需要首先将 GHLBB 表对应急诊的 GHFY 改为 7 元，然后将挂号登记表中 GHLBBH 为 2 (挂号类型为急诊)的记录 YSJE 都改为 GHLBB 的 GHFY。

(4) 请将专家号和特诊号的诊金上调 5%，实现数据维护。

(5) 删除 “200707”之前的所有挂号记录。

任务 4.2　GH 数据库的安全管理

任务描述

医疗信息系统数据库是一个共享资源，其中存放了医院、患者的管理信息、临床医疗信息，很多信息是隐私机密数据，因此必须严格控制用户对数据库的使用，这些可以通过数据库安全性的控制来完成。

学习了解服务器登录名、数据库用户、服务器角色、数据库角色等数据库权限分配方式，也是掌握智能医疗系统的数据库运维和开发所必备的重要技能。

接下来，小张需要几个“助理”一起来维护数据库，探究如何进行添加新用户、为其分配不同的管理权限等数据库维护管理类的操作。

(1) 创建服务器登录；

(2) 数据库用户管理；

(3) 权限管理。

学一学

4.2.1　数据库访问的三层验证模式

数据库的安全性管理是指保护数据，防止数据库中的数据因为不合法的使用或者误操作而造成的数据泄密或破坏，这在智能医疗信息系统中的需求尤为突出。

进入数据库访问数据正如从一个安防很好的小区进入自己的房间。首先要通过小区大门的门卫检查才能进入小区；其次使用智能卡或钥匙、密码打开楼栋门；最后使用家门钥匙打开自家大门。

SQL Server 的数据库访问三层验证模式如下：

(1) 登录到 SQL Server 服务器，需要登录账号；

(2) 连接访问某个数据库，需要成为该数据库的用户；

(3) 操作数据库中的表，需要数据库管理员授权，如增加、修改、删除、查询等权限，也可以通过设置某种角色来配置权限组。

4.2.2　服务器登录账号

在 SQL Server 系统中，要想访问数据库，首先要获得登录到 SQL Server 服务器的权限，也就是要有登录账号，登录账号分为 Windows 账号和 SQL Server 账号。

1. Windows 登录账号

当用户使用 Windows 用户登录时，SQL Server 验证依赖操作系统的当前用户身份验证，只检查当前操作系统用户是否在 SQL Server 系统中映射了登录账号，映射成功的登录账号与当前操作系统的用户名相同，而且无论 SQL Server 系统采用哪种验证方式(包括 Windows 验证或混合验证模式)，都可以正常登录 SQL Server 服务器。

2. SQL Server 登录账号

SQL Server 登录账号与操作系统无关，是一种完全建立在 SQL Server 系统中的登录账号。

当安装 SQL Server 时，系统会默认建立一个系统登录账号：sa，该账号具有 SQL Server 系统中的所有权限。只有 SQL Server 系统采用混合验证模式时，用户才能使用 SQL Server 登录账号登录到 SQL Server 服务器。

4.2.3　数据库用户

登录账号只能登录到 SQL Server 服务器，如果要访问具体的数据库，则必须先关联成为数据库用户。不管是使用 Windows 登录账号还是 SQL Server 登录账号，为登录关联设置某数据库用户的方法是一样的。

在 SQL Server 数据库系统中，每个数据库都拥有自己的用户，这些数据库用户都是由登录账号关联映射得到的。一个登录账号可以映射为多个数据库的用户，具有较大的灵活性。

数据库用户拥有自己的命名，以及关联登录账号和访问数据库的权限。每个数据库都有两个默认用户 dbo 和 guest。

1. dbo

dbo(database owner)用户是数据库的所有者，也是数据库的创建者。dbo 数据库用户是 Windows 登录账号和系统管理员登录账号 sa 所关联映射的数据库用户，该用户对于目标数据库拥有所有操作的最高权限，在数据库创建的同时创建，不能被删除。

2. guest

guest 用户是新建的服务器登录账号，同时也是未进行数据库用户关联时所默认的数据库用户。它允许未被映射为数据库用户的服务器登录账号访问数据库，可以在 master 和 tempdb 以外的任何数据库添加或删除该数据库用户。

4.2.4 权限与角色

1. 权限

权限用来控制用户对于数据库对象的操作，比如插入、更新、删除、选择等访问操作数据库对象(如表、视图、存储过程等对象)的权限。

权限的具体类型有三种：授予(允许该用户具有相应的操作权限)；具有授予权限(允许该用户将该权限授予其他用户)；拒绝(拒绝该用户的该权限操作)，如表 4.2.1 所示。

表 4.2.1 对象权限

序号	权限	适用对象
1	插入	表、列和视图
2	查看定义	过程、Service Broker 队列、标量函数和聚合函数、表、视图
3	查看更改跟踪	表、列和视图
4	更改	过程、标量函数和聚合函数、Service Broker 队列、表、视图
5	更新	表、列和视图
6	接管所有权	过程、标量函数和聚合函数、表、视图
7	控制	过程、标量函数和聚合函数、Service Broker 队列、表、视图
8	删除	表、列和视图
9	选择	表、列和视图
10	引用	标量函数和聚合函数、表、视图

2. 角色

用户权限可以通过自定义分配权限获得，也可以通过设置组合权限的角色获得。

当数据库中很多用户的类型和权限基本相同时，使用角色来管理各类用户权限会更加方便快捷。

SQL Server 中的角色用来集中管理服务器登录账号或数据库用户的权限，将一系列具有相同特征的用户加入角色中，然后通过管理角色的权限，统一修改所有用户的权限，大大减少了管理员的工作量和工作难度。

SQL Server 主要有两种角色：服务器角色和数据库角色。

1) 服务器角色

服务器角色主要用于登录账号在服务器级别的安全权限。在 SQL Server 中共有八种服务器角色，如表 4.2.2 所示。一般不创建服务器角色，而是将登录账号加入到某个服务器角色，这样该服务器登录账号就具备了对当前实例下所有数据库的相应服务器角色的操作权限。

表 4.2.2　服务器角色

名称	简单说明	描　述
Bulkadmin	BULK INSTER 管理员	可以运行 BULK INSTER 语句
Dbcreator	数据库创建者	创建、更改、删除和还原任何数据库
Diskadmin	磁盘管理员	管理磁盘文件
Processadmin	进程管理员	可以终止在数据库引擎实例中运行的进程
Securityadmin	安全管理员	可以管理登录名及其属性。具有 GRANT、DENY 和 REVOKE 服务器和数据库级别的权限。此外，还可以重置 SQL Server 登录名的密码
Serveradmin	服务器管理员	可以更改服务器范围的配置选项和关闭服务器
Setupadmin	安装程序管理员	可以添加和删除链接服务器，还可以执行某些系统存储过程(如 sp-serveroption)
Sysadmin	系统管理员	在 SQL Server 中进行任何活动。该角色的权限跨越所有其他固定服务器角色。默认情况下，Windows BUILTIN\Administrators 组(本地管理员组)的所有成员都是 Sysadmin 固定服务器角色的成员

2) 数据库角色

为登录账号加入服务器角色，这对服务器中的每个数据库均有效，而实际工作中，可能需要针对某个数据库设置权限组，此时需要配置数据库角色。

数据库角色可以为某一用户授予不同级别的管理或访问目标数据库及其对象的权限，每个数据库都有一系列的固定数据库角色，如表 4.2.3 所示。与服务器角色不同，虽然每个数据库固定角色的名称相同，但是其权限设置只针对特定的数据库。

表 4.2.3 数据库角色

名 称	描 述
db-owner	可以执行数据库中的所有动作
db-accessadmin	可以添加、删除用户
db-datareader	可以查看所有数据库中用户表内的数据
db-datawriter	可以添加、修改或删除所有数据库中用户表内的数据
db-ddladmin	可以在数据库中执行所有 DDL 操作
db-securityadmin	可以管理数据库中与安全权限有关的所有动作
db-backoperator	可以备份数据库(并可以发布 DBCC 和 CHECKPOINT 语句，这两个语句在备份前一般都会被执行)
db-denydatareader	不能看到数据库中的任何数据
db-denydatawriter	不能改变数据库中的任何数据
public	默认选项

任务实现

1. 创建服务器登录账号

1) 查看 SQL Server 的登录身份验证模式

右键单击“本地服务器”，选择“属性”，进入服务器属性页，选择“安全性”，如图 4.2.1 所示。

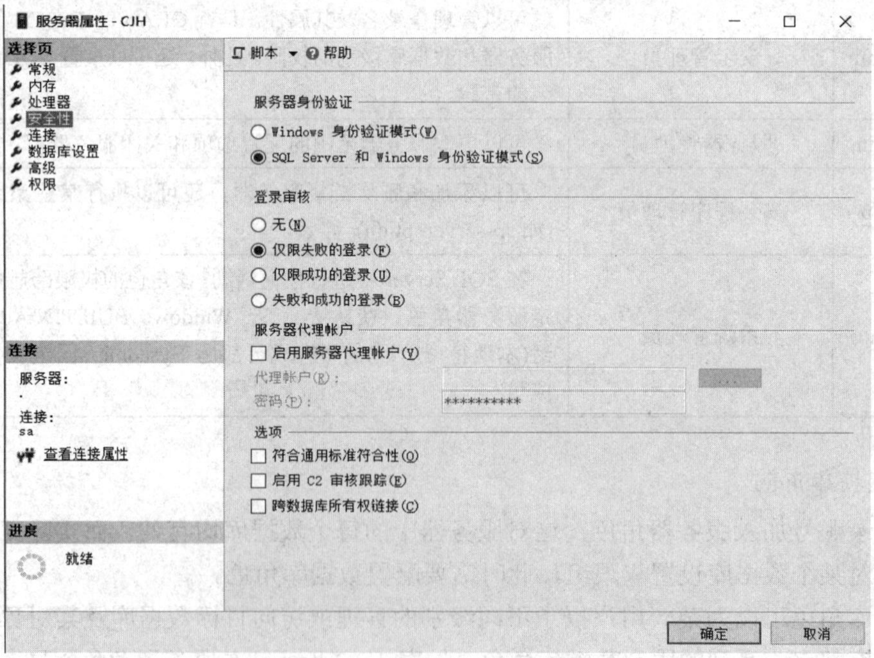

图 4.2.1 查看登录验证模式

想一想

如何修改登录账号“sa”的密码?

2) 创建一个 SQL Server 登录账号

创建一个 SQL Server 登录账号“Anny”，并使用该登录账号登录 SQL Server 服务器，观察能否正常访问 master 数据库、model 数据库等系统数据库以及 GH 等用户数据库。

展开“安全性”，在“登录名”点击右键，选择“新建登录名”，进入如图 4.2.2 所示的新建登录名页，录入登录名和密码，取消“用户在下次登录时必须更改密码”选项。

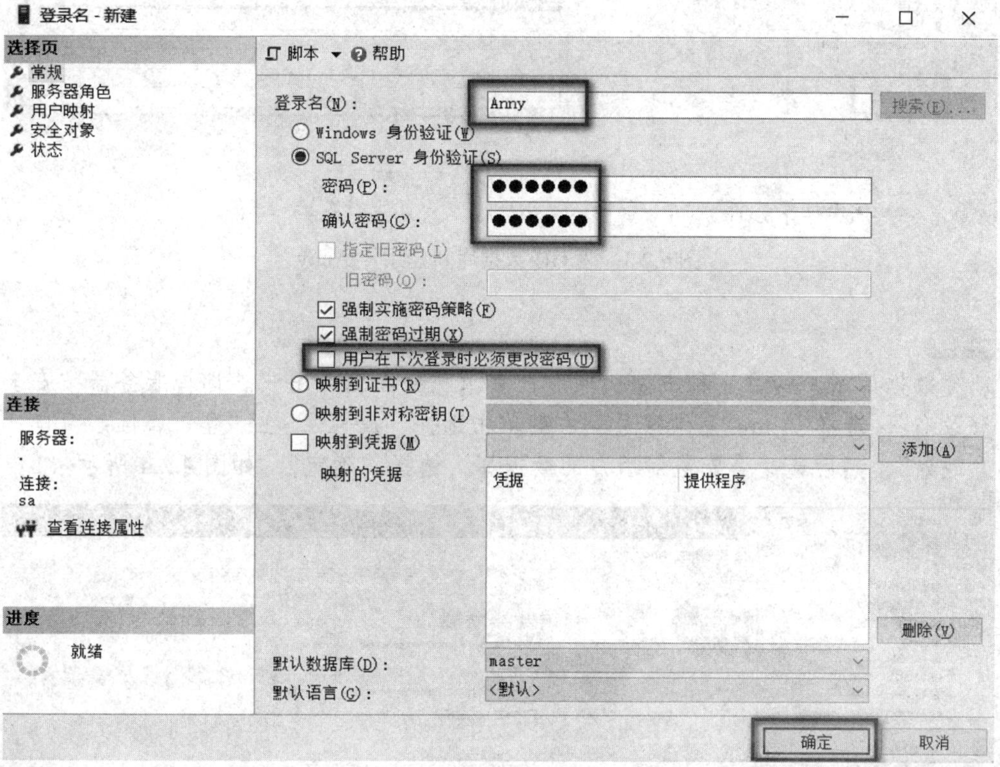

图 4.2.2　新建服务器登录名 Anny

想一想

使用 Anny 登录账号，能否实现访问 GH 数据库的基本权限?

2. 数据库用户管理

1) 新建数据库用户

将登录账号 Anny 映射为 GH 数据库中一个名为“Anny”的数据库用户，使“Anny”能够获得访问 GH 数据库的权限。

常用的方法是为特定数据库创建用户，选择 GH 数据库对象下的“安全性”，右键点击“用户”，选择“新建数据库用户”，录入用户名“Anny”，选择映射关联的服务器登录名“Anny”，选择默认架构“dbo”，选择确认即可，如图 4.2.3 所示。

使用 Anny 登录账号登录，测试该登录映射用户 Anny 访问 GH 数据库的基本权限。

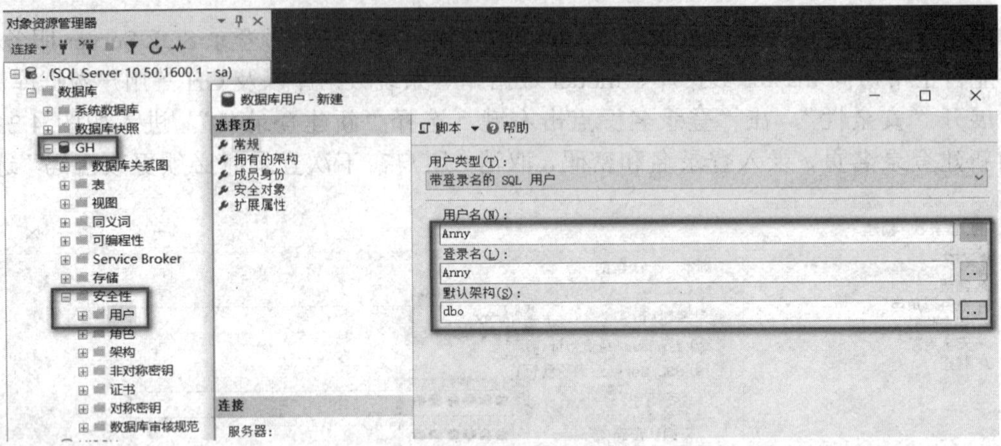

图 4.2.3　为 GH 数据库新建用户 Anny

练一练

新建数据库用户的另一种方法：服务器登录映射数据库用户。选择服务器“安全性”→“登录名”，选择 Anny 登录账号，右键单击选择“属性”，在“登录属性”窗口，选择“用户映射”，然后选择需要映射用户的数据库，选择“确定”，如图 4.2.4 所示。

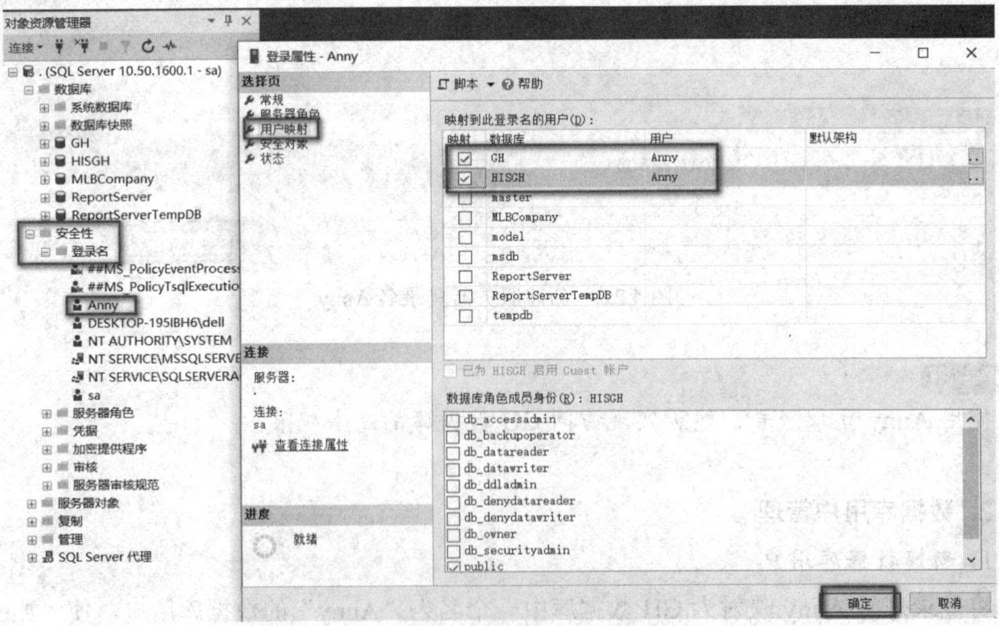

图 4.2.4　服务器登录映射数据库用户

2) SQL 语句新建数据库用户

使用 SQL 语句编码方式新建数据库用户，建立服务器登录账号与数据库用户的关联。通过以下代码，为 GH 数据库新建用户 Anny1。

```
USE GH
GO
CREATE LOGIN ANNY1 WITH PASSWORD='123456'
GO
CREATE USER ANNY1 FOR LOGIN ANNY1
GO
```

3. 权限管理

1) 为用户添加权限

为 GH 数据库用户 Anny 添加自定义权限，丰富其对表的操作功能。授予数据库用户 Anny 对“KSXXB”表的 SELECT 权限。

配置：首先使用 sa 账号登录服务器，展开 GH 数据库的树状视图，右键单击 KSXXB 表，选择“属性”，进入表属性页，选择“权限”，点击“搜索”进入对话框选择 GH 数据库的用户 Anny，在权限窗设置需要的权限，如“授予选择”权限，如图 4.2.5 所示。

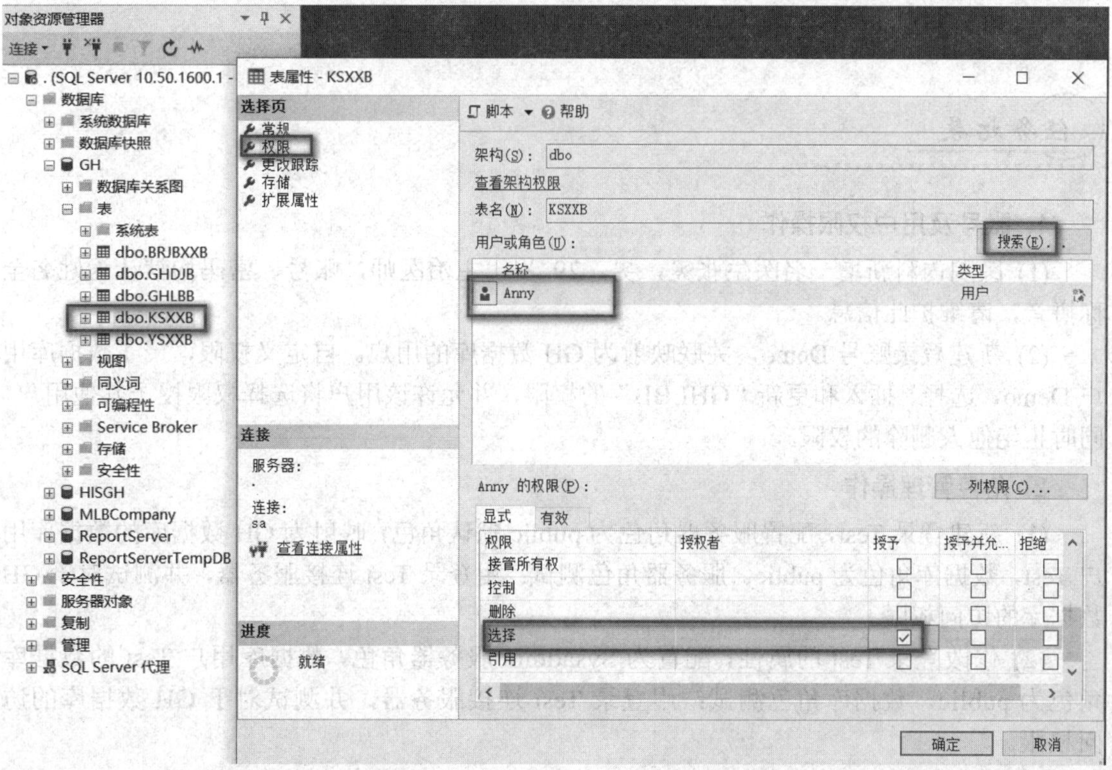

图 4.2.5　为用户添加自定义权限

测试：使用 Anny 账号登录服务器，测试实现 GH 数据库 KSXXB 表的 SELECT 权限。

2) SQL 语句添加权限

使用 SQL 语句编码方式配置数据库用户 Anny 的权限，使其能够实现对 GH 数据库 KSXXB 表的更新功能。

配置：首先使用 sa 账号登录服务器，点击“新建查询”，录入如下 SQL(DCL)语句：

```
USE GH
GO
GRANT UPDATE ON KSXXB TO ANNY
GO
```

测试：使用 Anny 账号登录服务器，录入测试更新功能的代码：

```
UPDATE KSXXB
SET DZ='4 楼'
WHERE KSMC='儿科'
```

举一反三

如何使用 SQL 语句取消对 KSXXB 的查询和更新权限呢？

```
REVOKE   SELECT,UPDATE ON KSXXB FROM ANNY
```

任务拓展

1. 账号及用户权限操作

(1) 医院内科新增一名医生张爽，男，29 岁，主治医师，账号、密码均默认为姓名全称拼音，请维护此信息。

(2) 新建登录账号 Demo，关联映射为 GH 数据库的用户。自定义权限，授予数据库用户 Demo，选择、插入和更新“GHLBB”的权限，并允许该用户将选择权限授予其他用户，同时拒绝他人删除的权限。

2. 角色管理操作

(1) 新建登录 Test，配置服务器角色为 public 默认角色，映射为 GH 数据库的数据库用户 Test，数据库角色为 public。服务器角色测试：用登录 Test 连接服务器，并测试对于 GH 数据库的访问权限。

(2) 修改登录 Test 的属性，配置为 Sysadmin 服务器角色，数据库用户 Test 的数据库角色为 public。数据库角色测试：用登录 Test 连接服务器，并测试对于 GH 数据库的访问权限。

(3) 修改登录 Test 的属性，配置为 public 默认服务器角色，数据库用户 Test 的数据库角色为 db_owner。数据库角色测试：用登录 Test 连接服务器，通过以下代码测试对于 GH 数据库表的更新访问权限。

```
UPDATE BRJBXXB
SET XXDZ='罗湖'
WHERE XM='李鹏'
```

项目五　GH 子系统数据库模块设计与实现

项目分析

小张对于医疗 IT 软件产品实施岗位和技术支持岗位都很熟悉了，已经能够熟练使用 SQL 语句、INSERT 语句、UPDATE 语句、DELETE 语句等 DML 数据操作类语言，并具备了管理和使用数据库的能力。接下来，小张准备正式进入产品研发岗位。数据库是医疗 IT 产品不可或缺的技术模块，系统研发都要从数据库设计开发入手，因此小张开始着手进行高阶的数据库设计工作。

小张以 GH 子系统为载体，重点学习数据库应用系统的设计开发流程，包括数据库的需求分析、数据库的概念及逻辑设计、数据库的物理实现等核心技能，学习如何使用 CREATE、ALTER、DROP 等 DDL 数据定义类语言进行数据库对象的定义，解决数据库设计和实现过程中所面临的数据完整性问题。

任务 5.1　GH 子系统数据库设计

任务描述

数据库设计是数据库理论知识中比较重要的一部分，医疗信息系统的 Web 应用开发也必须具备一定的数据库设计技能。了解并掌握一定的数据库设计理念和方法，对于深入理解数据库及其结构有着极大的帮助。下面跟随小张一起按照数据库设计的基本步骤进行 GH 数据库的 E-R 实体概念结构设计、关系表逻辑结构设计等设计开发工作，根据需求分析人员给出的某医院挂号 GH 子系统的数据字典信息，完成 GH 数据库的设计任务。

(1) GH 子系统数据库 E-R 模型设计；

(2) GH 数据库逻辑关系模型设计。

学一学

5.1.1　数据库设计步骤

数据库设计是医疗信息系统 Web 应用开发的核心技术，具体任务就是根据业务功能需求建立关系数据库及其相应的应用系统。

数据库的设计目标是建立一个满足用户需求且能够完整反映现实世界中信息与信息间联系的概念和逻辑数据库模式，能够在选定的 DBMS 中实现物理数据库的存储，能够方便高效地执行各种数据查询和数据维护处理等操作。

围绕上述目标，数据库设计的具体步骤分为以下六个阶段：需求分析(分析用户业务功能)、概念结构设计(信息分析和定义)、逻辑结构设计(数据库对象设计)、物理结构设计、数据库实施(物理数据库实现)以及数据库运行与维护，详细步骤如图 5.1.1 所示。

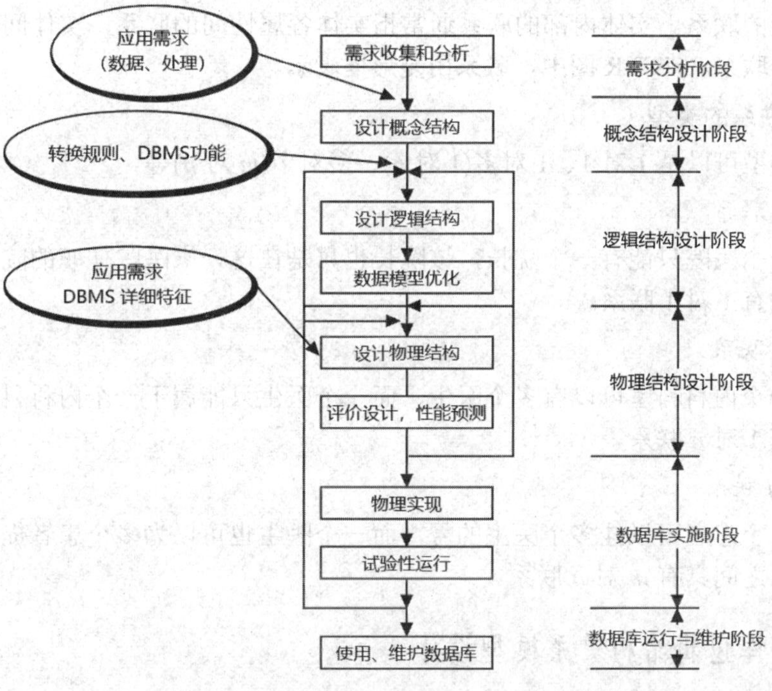

图 5.1.1　数据库设计步骤

数据库设计的重点在于概念结构的 E-R 模型设计、逻辑结构的关系数据库表对象设计以及数据库实施环节的数据库 DDL 数据定义语言应用。

5.1.2　数据库概念结构设计及 E-R 模型

1. E-R 模型

概念结构设计是将需求分析得到的用户业务功能需求抽象为信息结构的过程，采用 E-R 模型图进行描述。

E-R(Entity-Relationship)模型即实体-联系模型，是 1976 年 P. P. S. Chen 提出的。这种模型用 E-R 图来表示实体及其联系，广泛用于数据库设计中，用来描述现实世界的概念。

一个 E-R 图由实体、属性和联系三种基本要素组成。

1) 实体

实体即现实世界中存在的、可以相互区别的人或事物，例如一个患者、一个医生等。一个实体集合对应数据库中的一个表，一个实体则对应表的一行，也称为一条记录。在 E-R 图中，实体用矩形框表示。

2) 属性

属性表示实体或联系的某种特征，例如患者信息的姓名、性别、年龄等属性，这些属性组合起来表征了一个患者。一个属性对应数据库表中的一列，也称为一个字段。在 E-R 图中，属性用椭圆表示。

3) 联系

联系表示现实世界中事物内部以及事物间的联系，在信息世界则反映为实体内部的联系和实体之间的联系。实体内部的联系通常指实体各属性间的联系，实体间的联系通常指不同实体间的联系。在 E-R 图中，联系用菱形框表示。

2. 实体联系的类型

联系的类型可以是 1 对 1、1 对多(1 对 n)、多对多(m 对 n)等。

1) 1 对 1 联系

例如，一个医院只能有一个院长，该院长也只是在这一家医院任职的院长，则院长和医院之间就具有 1 对 1 联系。

2) 1 对 n 联系

例如，一个内科科室可以有多个医生，而一个医生只能属于一个内科科室，则科室和医生之间具有 1 对 n 联系。

3) m 对 n 联系

例如，一个患者可以挂多个医生的号，而一个医生也可以为多个患者提供医疗服务，则患者与医生之间具有 m 对 n 联系。

5.1.3　数据库逻辑结构关系模型设计

数据库逻辑结构设计的任务是根据 E-R 模型和需求分析所产生的文档，结合 DBMS 的具体特点，设计出整个数据库的逻辑结构。

一般地，需求分析阶段由系统分析员和用户综合考虑系统功能复杂度、性价比等因素，共同确定 DBMS 的选型。如果选择 SQL Server 作为 DBMS，则逻辑结构设计就是指设计关系模型的结构，将概念结构的 E-R 模型转换为关系模型，也就是将 E-R 模型中的实体集、属性以及联系转换为 SQL Server 数据库系统中相应的逻辑对象模型。

逻辑结构设计的结果产生关系模型的对象名称，即表名。每个关系模型对象包括其中的属性名称、数据类型、主键、取值范围等。

以下为 E-R 模型转换为关系模型的举例，有下画线的为主键。可以看出在需要构建联系时，1 对 1 联系和 1 对 *n* 联系的逻辑结构设计可以通过新增实体的主键作为新增属性的方式实现，而 *m* 对 *n* 联系的逻辑结构设计则需将联系转换为一个独立的关系表，将各实体集的主键以及联系自有的属性均转换为关系的属性。

1 对 1 联系的逻辑结构举例：医院(医院编号，名称、地址、法人编号)
职员(职工号，姓名，职称)

1 对 *n* 联系的逻辑结构举例：科室(科室编号，科室名称，地址)
医生(医生编号，医生姓名，性别，年龄，职称，科室编号)

m 对 *n* 联系的逻辑结构举例：患者(患者编号，姓名，性别，电话)
医生(医生编号，医生姓名，性别，年龄，职称，科室编号)
挂号(患者编号，医生编号，挂号日期)

任务实现

需求分析人员给出的某医院挂号子系统的数据字典信息如下，主要包括以下两个实体：

(1) 患者：基本信息编号、姓名、性别、年龄、出生日期、身份证号、联系电话号码、详细地址、创建日期。

(2) 医生：医生姓名、性别、出生日期、职称、科室编号、入职日期、管理员标志、医生密码、医生账号。

同时，每次挂号可以有不同的挂号类别，且对应不同的收费金额，医生也有不同的科室类别。

挂号类别：挂号类别编号、挂号类别名称、挂号费用。

科室：科室编号、科室名称、地址、科室简码。

实体间具有如下联系：科室和医生之间存在 1 对 *n* 的“归属”联系；而患者和医生之间存在 *m* 对 *n* 的“挂号”联系。

1. GH 子系统数据库 E-R 模型设计

(1) 确定现实世界可能包含的实体，如图 5.1.2 所示。

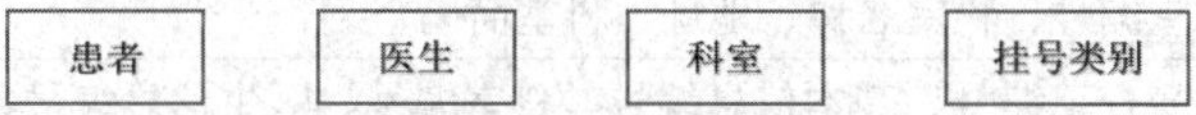

图 5.1.2　GH 数据库实体

(2) 确定每个实体的属性以及主键。

以科室实体为例，确定实体的属性和主键，如图 5.1.3 所示。

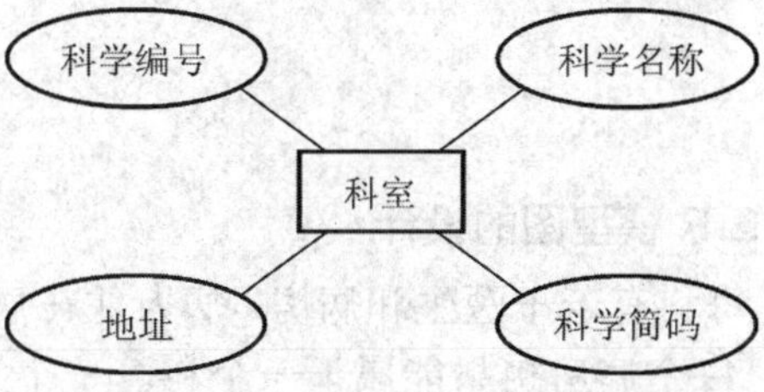

图 5.1.3　GH 数据库实体属性举例

举一反三

请画出其他实体及属性。

(3) 确定实体间的联系，并为每个联系命名。

医生和科室间存在的联系，归纳为“归属”联系。

患者和医生间存在的联系，归纳为“挂号”联系。

(4) 绘制 E-R 图。

为了使模型图简单明了，可省略实体的固有属性，仅明确联系的属性，如图 5.1.4 所示。

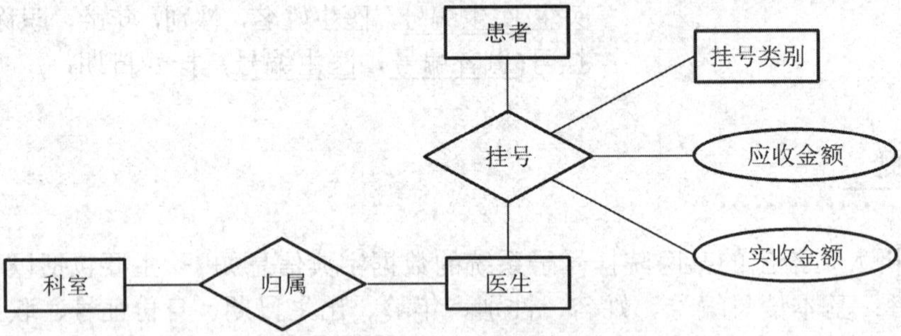

图 5.1.4　GH 数据库 E-R 模型图

2. GH 子系统数据库关系模型设计

进行数据库物理结构设计和实施时，需将如表 5.1.1 所示的属性名称转化为拼音简码的字段名称。

表 5.1.1　GH 数据库关系模型设计

关系名称	属　性
患者	基本信息编号、姓名、性别、年龄、出生日期、身份证号、联系电话号码、详细地址、创建日期
医生	医生账号、医生姓名、性别、出生日期、职称、科室编号、入职日期、管理员标志、医生密码
科室	科室编号、科室名称、地址、科室简码
挂号	挂号登记编号、基本信息编号、科室编号、医生信息编号、挂号类别编号、预收金额、实收金额、标志、挂号日期
挂号类别	挂号类别编号、挂号类别名称、挂号费用

任务拓展

1. 根据需求分析完成 E-R 模型图的设计

医院住院部有若干科，每科有若干医生和病房，病人住在病房中由某个医生负责治疗。每个医生只能属于一个科，每个病房也只能属于一个科。一个病房可住多个病人，一个病人由固定的医生负责治疗，一个医生负责多个病人。试画出表示科、医生、病房、病人及其联系的 E-R 图。

实体及属性：

科室：科号、科名

医生：医生编号、姓名、性别、级别

病房：病房号、床位数

病人：病人编号、姓名、性别

联系：

科室：　医生(属于)　　病房(拥有)

医生：　病人 治疗

病人：病房 住院

任务 5.2　GH 子系统数据库实现

任务描述

SQL Server 提供了 SSMS 界面操作方式来实施和管理数据库系统，包括创建数据库、创建表、修改表、删除表、实施数据完整性的约束等功能，都可以通过右键单击相应的数据库系统对象选择合适的菜单项进行操作。

另外，SQL Server 还提供了 SQL 语句来实现数据库对象的创建、修改、删除等管理功能，其基本思路和应用语法在 MySQL 等其他关系数据库系统中同样适用，对于 Web 后端开发操作数据库有较强的通用性。

因此，小张接下来要学习使用 SQL 语言实施和管理数据库，完成数据库的创建、表的创建与维护等操作，以锻炼数据库应用系统开发和维护的能力。

(1) 用 SQL 语句创建 GH1 数据库；

(2) 用 SQL 语句创建 GH1 数据库基本表；

(3) 实施 GH1 数据库基本表的数据完整性；

(4) 创建 GH1 数据库的索引。

学一学

5.2.1　数据库的创建

1. DDL(数据定义语言)

数据库及其中各种对象的创建所使用的 SQL 都属于 DDL。DDL 是 SQL 的一部分，用来定义关系数据库的模式，以实现对关系数据库的基本表、视图以及索引文件等基本结构要素的定义 CREATE、修改 ALTER、删除 DROP 等。

2. 数据库创建语句

创建数据库需要定义数据库文件的五大属性，包括逻辑文件名 NAME、带路径文件名 FILENAME、文件初识长度 SIZE、最大长度 MAXSIZE 以及增长率 FILEGROWTH。

具体创建数据库的语法格式如下：

```
CREATE DATABASE <数据库名>
[ ON
  [PRIMARY]
  (
      [NAME = <逻辑数据文件名>,]
      FILENAME ='<数据文件路径和文件名>'
      [,SIZE =<文件初识长度>
      [,MAXSIZE =<最大长度>
      [,FILEGROWTH =<文件增长率>]
      [,…n]
  )]
[ LOG ON
  (
     [NAME = <逻辑日志文件名>,]
     FILENAME ='<日志文件路径和文件名>'
     [,SIZE =<文件初识长度>
     [,MAXSIZE =<最大长度>
     [,FILEGROWTH =<文件增长率>]
     [,…n]
  )]
```

参数说明：

[,…n]：可以定义多个数据文件，默认第一个为主数据文件。

ON：指定数据文件之后是以逗号分隔的文件属性列表，以定义主文件的数据文件特征，如文件名、文件位置、初始大小、最大容量等。

LOG ON：指定日志文件之后是以逗号分隔的文件属性列表，以定义日志文件特征，如文件名、文件位置、初始大小、最大容量等。

3. 数据库删除语句

当用户不需要某个数据库时，可以将其删除，如果数据库正在使用，将无法被删除，应首先关闭该数据库。删除数据库的语法如下：

```
DROP DATABASE <数据库名>
```

5.2.2 基本表的创建

使用 SQL 语句创建基本表与使用 SSMS 界面方式创建基本表一样，简单来讲主要是数据类型的选择、主键的设置以及空与非空设置等常用列属性。

1. 数据类型

现实世界的信息存在不同的类型，因此，在数据库中存储的数据也对应着不同的数据类型，数据类型决定了数据的存储格式、长度、访问速度等因素，因此为表中的每个字段合理选择数据类型是十分重要的，表 5.2.1 列出了部分主要的 SQL Server 数据类型。

表 5.2.1　SQL Server 数据类型

字段名称	备注和说明	数据类型	说　明
数字数据	精确数字	bigint	$-2^{63} \sim 2^{63}-1$
		int	$-2^{31} \sim 2^{31}-1$
		smallint	$-2^{15} \sim 2^{15}-1$
		tinyint	0～255
		decimal[(p[,s])]	两种数据类型等效。p 指定小数点左边和右边可以存储的十进制数字的最大个数，p 必须是 1～38 之间的值。s 指定小数点右边可以存储的十进制数字的最大个数，s 必须是 0～p 之间的值，默认小数位数是 0
		numeric[(p[,s])]	
		bit	1、0 或 NULL
	近似数字	float	用于表示浮点数值数据的大致数值数据类型
		real	
日期和时间	日期和时间在单引号内输入，例如‘2003-05-08’	datetime	用于表示某天的日期和时间的数据类型
		smalldatetime	
字符数据	字符数据包括任意字符、符号或数据组合，用单引号限定	char	固定长度，非 Unicode 字符数据，最长 8000 个字符
		varchar	可变长度，非 Unicode 字符数据
		nchar	固定长度的 Unicode 字符数据
		nvarchar	可变长度的 Unicode 字符数据
		text	存储长文本信息
		ntext	存储可变长度的长文本信息
货币数据	代表货币或货币值的数据类型	money	$-2^{63} \sim 2^{63}-1$，精确到四位小数
		smallmoney	−2 147 483 648～2 147 483 647，精确到四位小数
二进制数据	用来存储非字符和文本的数据	binary	固定长度的二进制数据
		varbinary	可变长度的二进制数据
		image	可用来存储图像

在选择使用数据类型时，可以考虑将需要进行加减等数值运算的字段设置为 int、decimal、money 等数值型；姓名、电话号码、地址、编号等常使用字符型，其中可变长度的 varchar 用于占用存储空间大小不确定的情况，char 用于基本明确字符长度的信息，nvarchar 则属于字符编码的差异，其采用 Unicode 编码格式，text 则用于备注等长文本的存储；日期型数据则常用 smalldatetime 类型；二进制数据 image 则用来存储图像二进制流数据。

2. 列属性

数据表的列字段除了设置数据类型外，还可以根据信息特征设置数据字段的列属性，包括是否允许空值、默认值，是否标识列等。

1) 允许空属性

允许空属性用于声明该字段是否为必填的列，其值默认为 NULL，即允许空值；如果要设为必填项，则应设置该属性为 NOT NULL 值。

设置了 NOT NULL 值的字段后，用户在插入数据时，如果此字段出现空，则违反了该字段“非空”的规定，会弹出错误提示框，该记录数据无法成功插入。

2) 默认值属性

为字段设置了默认值属性后，当用户在数据表中插入记录时，如果其没有为该列输入数据，系统则会自动将默认值填入该列。

3) 标识属性

将字段设置为标识属性后，系统会自动为该列生成一个数字序列，该数字序列在表中能够唯一标识一行记录。

设置了标识属性的字段称为标识列。标识属性由两部分组成，一个是种子(初始值)，另一个是增值。注意：只有数值类型的字段才可以设置此属性，而且此列必须为 NOT NULL。

3. 创建基本表语句

使用 CREATE TABLE 创建表的语法如下：

```
CREATE TABLE 表名
(
  字段名   数据类型 [ NULL|NOT NULL][PRIMARY KEY|UNIQUE] }
   [,...n]
)
```

参数说明：

NULL|NOT NULL：允许字段为空或者不为空，默认情况下是 NULL。

PRIMARY KEY |UNIQUE：字段设置为主键或者字段值唯一。

这里列出的几个字段列属性特征是比较常用的，另外还有默认值“DEFAULT 默认值”，以及标识 IDENTITY(种子，增量)等关键列属性也可以在建表时进行设置。

由于还应考虑其他的数据完整性问题，可以为表添加约束来实施数据完整性。

5.2.3　使用约束实施表的数据完整性

1. 约束

数据库的表用来表示现实世界的实体，因此表中的每个字段用来保存一个实体或联系的属性，这些属性通常具有一定的特征和规律，例如人的性别只能是“男”或者“女”，人的年龄都大于 0。那么如何保证在数据库应用系统中不违背这些特征和规律呢？

约束的目的就是确保表中数据的完整性，保证数据在保存和使用的过程中遵循这些特征和规律。常用的约束类型如下：主键约束、唯一约束、检查约束、默认约束、外键约束。

2. 数据完整性及其约束

数据完整性要求数据库中的数据具有准确性，可以通过表的字段列属性和约束来实现。SQL Server 中数据完整性主要包括以下三种类型。

1) 实体完整性

实体完整性要求表中的每一行数据都反映不同的实体对象，不能存在相同的数据行。可以通过设置 PRIMARY KEY 主键约束、UNIQUE 唯一约束、标识列属性等来实现。

2) 域完整性

域完整性要求保证特定字段信息的有效性，可以通过在设计表结构时限定数据类型、DEFAULT 默认值、NOT NULL 非空约束及 CHECK 检查约束等来实现。有一些约束，如默认值约束、非空约束与上文阐述的列属性功能类似，在使用时可灵活选择应用。

3) 参照完整性

在输入或删除数据行时，参照完整性约束用来保持表之间已定义的关系。确保插入到表中的数据是有效的，通过 FOREIGN KEY 和主键之间的引用关系来实现。在实现参照完整性时，应注意避免以下几种违反参照完整性的情况：不能将主表中关联列不存在的数据插入到子表中；不能由于更改主表中的数据而导致子表中数据的孤立；不能由于删除主表中的数据而导致子表中数据的孤立。

3. 设置约束的方法

约束设置的方法有以下两种：

一种是在创建表时，在字段后添加各种约束，一般非空约束、默认约束、主键约束等常用此类型，只需掌握各个约束的关键词即可，比较简单。

另一种则是将创建表和添加约束分离，也就是首先创建基本表，然后通过修改基本表结构的方式来添加约束，外键约束、检查约束等常用此方法。

修改表添加约束的语句如下：

```
ALTER TABLE 表名
ADD CONSTRAINT 约束名    约束类型关键词    具体的约束值
```

5.2.4 使用索引提高表的检索效率

1. 索引

索引是与表或视图关联的一种对象，可以加快从表或视图中检索数据行的速度。建立索引后，进行数据查询时，SQL Server 会自动根据相匹配的索引来提高检索效率。

索引通常包括由表或视图中的一列或多列生成的键，使 SQL Server 可以快速有效地查找与键值关联的数据行。索引可以被创建或删除，对基本表的数据毫无影响。由于非聚集索引是独立占用物理空间的，当一个含有索引的表中插入数据时，索引中也要增加相应的数据项，这样可能会降低数据维护的速度，所以不建议在表中建立太多不常用的索引。

2. 索引分类

1) 聚集索引

根据聚集索引键的值进行表或视图数据行的排序存储，每个表或视图只允许创建一个聚集索引。一般地，在创建主键约束时，若表中没有聚集索引，则 SQL Server 将主键列作为聚集索引列，并依此列进行物理排序存储。

2) 非聚集索引

非聚集索引不会对表或视图按索引列值进行物理排序，所以在表或视图中可以有多个非聚集索引。

3. 创建索引的方法

可以通过 SSMS 界面操作方式，右键单击相应的字段来完成索引的创建，也可以通过 SQL 语句方式来创建索引。使用 CREATE INDEX 语句创建索引的语法如下：

```
CREATE [UNIQUE] [CLUSTERED][NONCLUSTERED] INDEX 索引名
ON 表名或视图名(字段名)
```

其中，[UNIQUE] [CLUSTERED][NONCLUSTERED]分别代表唯一索引、聚集索引、非聚集索引，是可选项，默认创建的是非聚集索引。

任务实现

1. 用 SQL 语句创建 GH1 数据库

数据库名称为 GH1，数据文件名为 GH1_data，初始文件长度为 10 MB，最大容量为 100 MB，存于 D 盘，每次增长 3 MB。日志文件名为 Hosp_log，初始文件长度为 1 MB，最大容量为 5 MB，存于 D 盘，每次增长 10%，代码如图 5.2.1 所示。

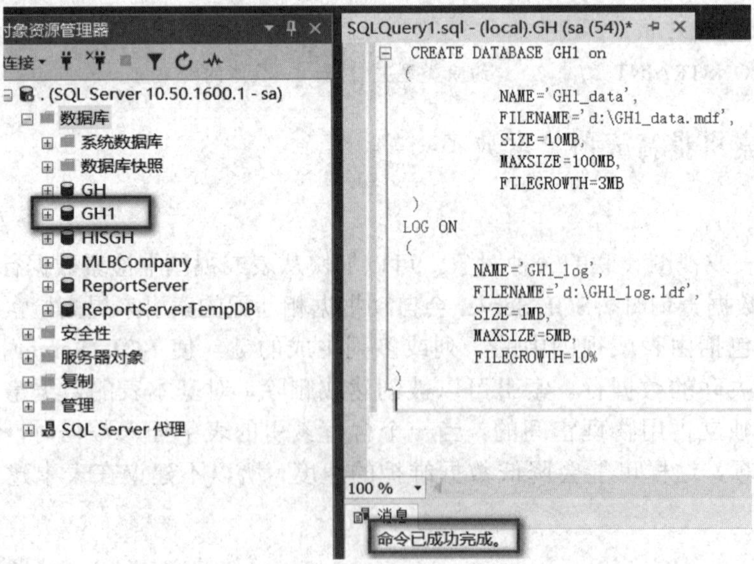

图 5.2.1　用 SQL 语句创建数据库 GH1 测试结果

2. 用 SQL 语句创建 GH1 数据库基本表

使用 CREATE TABLE 语句实现创建科室信息表 KSXXB，如表 5.2.2 所示。

表 5.2.2　科室信息表 KSXXB

序号	列名	数据类型	长度	小数位	标识	主键	允许空	默认值	说明
1	KSBH	varchar	8			是	否		科室编号
2	KSMC	varchar	40				否		科室名称
3	DZ	varchar	100				是		地址
4	KSJM	varchar	30				是		科室简码

参考以下 SQL 语句在 GH1 数据库中创建表 KSXXB，如图 5.2.2 所示。语句如下：

```
CREATE TABLE KSXXB
(
    KSBH   VARCHAR(8)      NOT NULL   PRIMARY KEY,
    KSMC   VARCHAR (50)   NOT NULL ,
    DZ     VARCHAR (100),
    KSJM   VARCHAR(100)
)
```

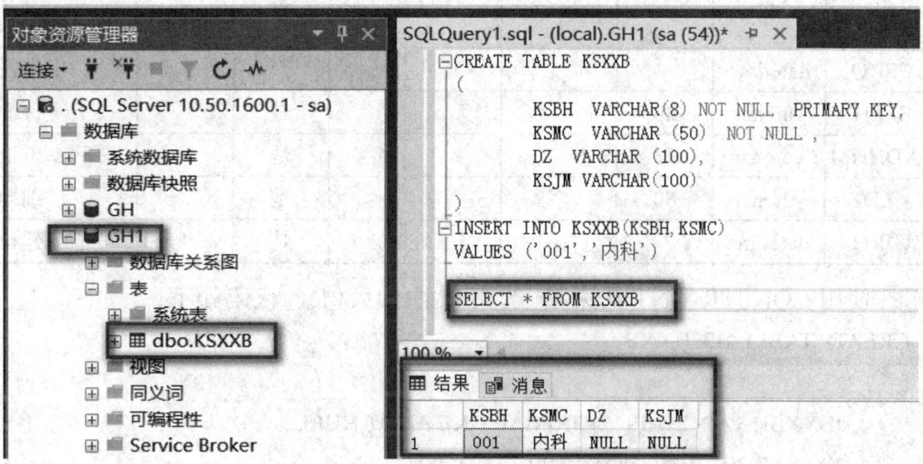

图 5.2.2　创建 KSXXB 测试结果

插入一条科室记录进行测试：'001'，'内科'。

```
INSERT INTO KSXXB(KSBH,KSMC)
VALUES ('001','内科')
```

举一反三

使用 CREATE TABLE 语句实现创建挂号类别表 GHLBB，并通过 INSERT 语句插入一条记录，GHLBMC 为“专家号”，如表 5.2.3 所示，进行测试。

表 5.2.3 挂号类别表 GHLBB

序号	列名	数据类型	长度	小数位	标识	主键	允许空	默认值	说 明
1	GHLBBH	int	4		是	是	否	1	挂号类别编号，标识列，递增 1
2	GHLBMC	varchar	40				否		挂号类别名称
3	GHFY	money					否	3	挂号费用

3. 实施 GH1 数据库基本表的数据完整性

1) 使用 CREATE TABLE 语句创建信息表

使用 CREATE TABLE 语句创建病人基本信息表 BRJBXXB(设置相关约束)，如表 5.2.4 所示。

表 5.2.4 病人基本信息表 BRJBXXB

序号	列名	数据类型	长度	小数位	标识	主键	允许空	默认值	说 明
1	JBXXBH	varchar	12			是	否		基本信息编号
2	XM	varchar	40				否		姓名
3	XB	char	1				否		性别(‘1’男,’0'女)约束名：CK_XB
	NL	int					否		年龄(>0)约束名：CK_NL
4	CSRQ	datetime					否		出生日期
5	SFZH	varchar	20				是		身份证号
6	LXDHHM	varchar	13				是		联系电话号码
7	XXDZ	varchar	80				是		详细地址
8	CJRQ	datetime					是		创建日期

提示：使用 CONSTRAINT 约束名 约束类型(约束值)，代码如下：

```
CREATE TABLE BRJBXXB
(
    JBXXBH VARCHAR(12) PRIMARY KEY NOT NULL,
    XM VARCHAR(40) NOT NULL,
    XB CHAR(1) NOT NULL CONSTRAINT CK_XB CHECK(XB='1' OR XB='0'),
    NL INT NOT NULL CONSTRAINT CK_NL CHECK(NL>0),
    CSRQ DATETIME ,
    SFZH VARCHAR(20),
    LXDHHM VARCHAR(13),
    XXDZ VARCHAR(80),
    CJRQ DATETIME
)
```

测试：用如下代码插入一行记录，如图 5.2.3 所示，请测试是否成功。

INSERT INTO BRJBXXB(JBXXBH,XM,XB,NL)　VALUES ('20181100001','LI','5',0)

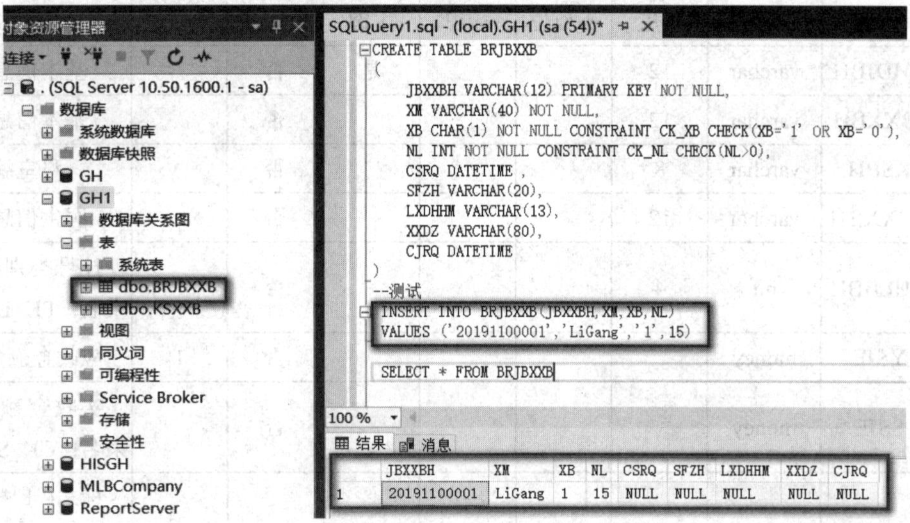

图 5.2.3　创建 BRJBXXB(约束)测试结果

举一反三

使用 CREATE TABLE 语句创建挂号登记表 GHDJB(设置相关约束)，如表 5.2.5 所示。

表 5.2.5　挂号登记表 GHDJB

序号	列名	数据类型	长度	小数位	标识	主键	允许空	默认值	说　明
1	GHDJBH	varchar	12			是	否		基本信息编号
2	JBXXBH	varchar	12				否		基本信息编号
3	KSBH	varchar	8				否		科室编号
4	YSXXBH	varchar	12				否		医生信息编号
5	GHLBBH	int	4				否		挂号类别编号
6	YSJE	money					否		应收金额
7	SSJE	money					否		实收金额
8	BZ	char	1				否	'1'	标志('1'挂号，'0'退号) 约束名：CK_BZ,DF_BZ
9	GHRQ	datetime					是		

2) 使用 ALTER TABLE 修改表结构

为医生挂号登记表 GHDJB 添加约束，检查约束 CK_SSJE，外键约束 FK_LB，如表 5.2.6 所示。

表 5.2.6　挂号登记表 GHDJB(增加约束)

序号	列名	数据类型	长度	小数位	标识	主键	允许空	默认值	说　明
1	GHDJBH	varchar	12			是	否		基本信息编号
2	JBXXBH	varchar	12				否		基本信息编号
3	KSBH	varchar	8				否		科室编号
4	YSXXBH	varchar	12				否		医生信息编号
5	GHLBBH	int	4				否		挂号类别编号，约束名：FK_LB
6	YSJE	money					否	1	应收金额
7	SSJE	money					否		实收金额 (>0) 约束名：CK_SSJE
8	BZ	char	1				否	'1'	标志('1'挂号，'0'退号)约束名：CK_BZ, DF_BZ
9	GHRQ	datetime					是		

(1) 修改 GHDJB 结构，增加 CHECK 约束 CH_SSJE。

```
ALTER TABLE GHDJB
ADD CONSTRAINT CH_SSJE CHECK(SSJE>0)
```

(2) 修改 GHDJB 结构，增加外键约束 FK_LB，如图 5.2.4 所示。

```
ALTER TABLE GHDJB
ADD CONSTRAINT FK_LB  FOREIGN KEY (GHLBBH)  REFERENCES  GHLBB(GHLBBH)
```

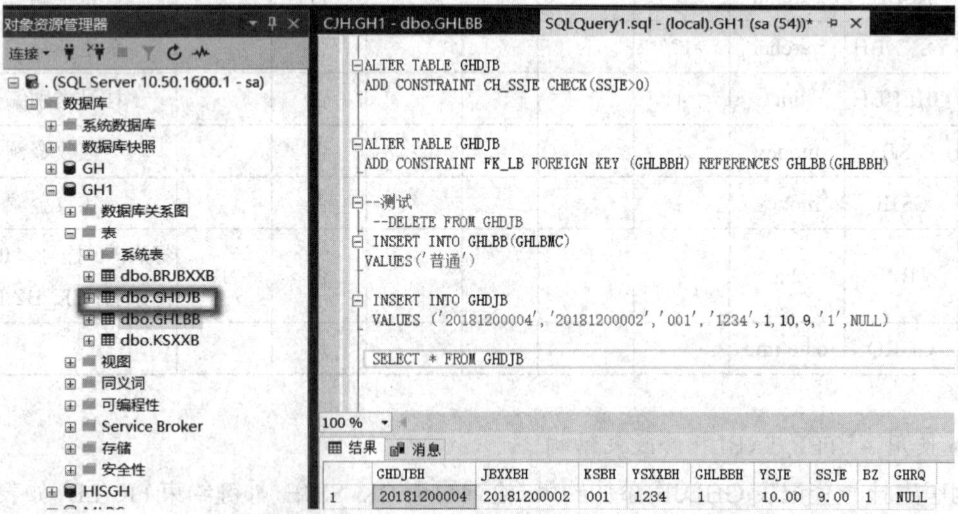

图 5.2.4　修改 GHDJB(增加约束)测试结果

举一反三

先用 SQL 语句创建医生信息表，然后使用 ALTER TABLE 语句修改表结构，为医生信息表 YSXXB 添加约束：检查约束 CK_YSXB；外键约束 FK_KS；默认值约束 DF_GLYBZ，如表 5.2.7 所示。

表 5.2.7　医生信息表 YSXXB(增加约束)

序号	列名	数据类型	长度	小数位	标识	主键	允许空	默认值	说　明
1	YSXM	varchar	40				否		医生姓名
2	YSXB	char	1				否		医生性别('1'男, '0'女)
3	CSRQ	datetime					否		出生日期
4	ZC	varchar	50				是		职称
5	KSBH	varchar	8				否		科室编号
6	RZRQ	datetime					否		入职日期
7	GLYBZ	char	1				否	'1'	管理员标志('1'是, '0'否)
8	YHMM	varchar	50				否		用户密码
9	YHZH	varchar	12			是	否		用户账号

4. 创建 GH 数据库的索引

为 KSXXB 添加 KSMC 字段非聚集索引，参考如下代码：

```
CREATE UNIQUE INDEX IX_KSMC ON KSXXB (KSMC)
```

想一想

KSXXB 是否已存在默认的索引？

举一反三

为 BRJBXXB 表的 XM 字段创建非聚集索引。

任务拓展

1. 修改表结构，增加、修改或删除某字段

使用 ALTER TABLE 修改表结构的语法如下：

```
ALTER TABLE 表名
{
  ALTER COLUMN 字段名 数据类型 [NULL|NOT NULL]|
  ADD 字段名 数据类型[NULL|NOT NULL]|
  DROP COLUMN 字段名
  [,…n]
}
```

参数说明：

(1) ALTER TABLE：修改表。

(2) ALTER COLUMN 字段名 数据类型：修改列字段名及其类型。

(3) ADD 字段名 数据类型[NULL|NOT NULL]：添加新的字段。

(4) DROP COLUMN 字段名：删除一列字段。

如果表中已存在数据，那么修改表结构的时候，可能会出现数据类型不一致等情形，因此一般表结构的修改在录入数据之前完成，建议在表结构定义完成并输入数据后，一般不做表结构的修改。

另外，对于数据类型为 text、ntext 等类型的字段，不可以修改字段的数据类型；对于 varchar、nvarchar 类型的字段，也不可更改字段的数据类型，只能改变其字符长度；对于设置了主键、外键或默认值、检查约束、唯一性约束、包含索引的列，也不可修改其数据类型，只能修改字符长度。

(1) 修改医生信息表，增加籍贯字段，语句如下：

```
ALTER TABLE YSXXB
ADD JG char(8)
```

(2) 将上例中籍贯字段的数据类型改为 char(4)，语句如下：

```
ALTER TABLE YSXXB
ALTER COLUMN JG char(4)
```

(3) 删除这个籍贯字段，语句如下：

```
ALTER TABLE YSXXB
DROP COLUMN JG
```

2. 使用 SSMS 界面方式实现数据库

(1) 用 SSMS 创建 GH 数据库及其基本表。

(2) 用 SSMS 实施 GH 数据库基本表的数据完整性。

提示：在 SSMS 表的设计界面，右键点击相应的字段，以进行相关约束的设置。

(3) 用 SSMS 实现 GH 数据库中有关表的关联，即创建“数据库关系图”。

实战篇

GH 子系统 Web 开发

项目六 GH 子系统开发 C#基础

项目分析

初步具备了医疗 IT 软件产品实施和技术支持岗位的业务能力后，小张正在向产品研发岗位迈进，他以 GH 子系统为载体，重点训练基于.NET 框架的项目开发流程及部署方法，开发一个.NET Web Form 应用和 C#类，学习基于 C# 的面向对象的核心思想，熟练掌握 VS.NET 开发环境的使用技能，为 GH 子系统的项目开发做好充分准备。

任务 6.1 第一个 ASP.NET Web Form

任务描述

GH 子系统的项目分析与设计完成后，就要选择开发平台来开发实现系统功能了。微软公司的 ASP.NET 技术，基于.NET Framework，是建立动态 Web 应用程序的开发平台。小张立刻开始学习 ASP.NET Web Form 应用开发，安装 VS.NET 工具软件，并通过一个简单案例学习 ASP.NET 技术的使用流程，掌握包括创建、编码、调试运行及部署发布等环节的实践技能，为 GH 子系统项目的开发奠定良好的基础。

(1) 创建 Web Form 应用 FirstWeb；

(2) 实现有统计功能的 Web Form；

(3) 断点调试 Web Form 页面事件；

(4) IIS 服务器部署 Web 应用。

学一学

6.1.1 .NET Framework 概述

1. .NET 与.NET Framework

.NET 应用开发运行于一个或多个.NET 实现。.NET 实现包括 .NET Framework、.NET Core 和 Mono。

.NET Framework(Microsoft .NET Framework)即.NET 框架，是微软.NET 综合性平台架构的具体实现之一，也是最主要的.NET 实现。它提供了一个统一的面向对象的编程环境，在这个平台上既可以开发基于 Windows 的应用程序，也可以开发基于 Web 的应用程序、Web API 以及移动终端应用，开发人员在面对不同类型的应用开发时，可以保持一致的编程模式，从而实现高效开发。

除了.NET Framework 之外，.NET 实现还有.NET Core 和 Mono。.NET Core 是 .NET 的跨平台实现，于 2017 年 8 月正式上线，.NET Core 专用于处理大规模的服务器和云工作负荷，可在 Windows、macOS 和 Linux 上运行。

Mono 主要是用于小型运行的 .NET 实现，在 Android、Mac、iOS、tvOS 和 watchOS 上驱动 Xamarin 应用程序，且针对小内存占用。

有关.NET 及其实现框架的最新详细资料可参阅微软官网文档：https://docs.microsoft.com/zh-cn/dotnet/index。

2. .NET Framework 结构

从.NET Framework 的体系结构来看，主要包括四个组成部分，如图 6.1.1 所示。

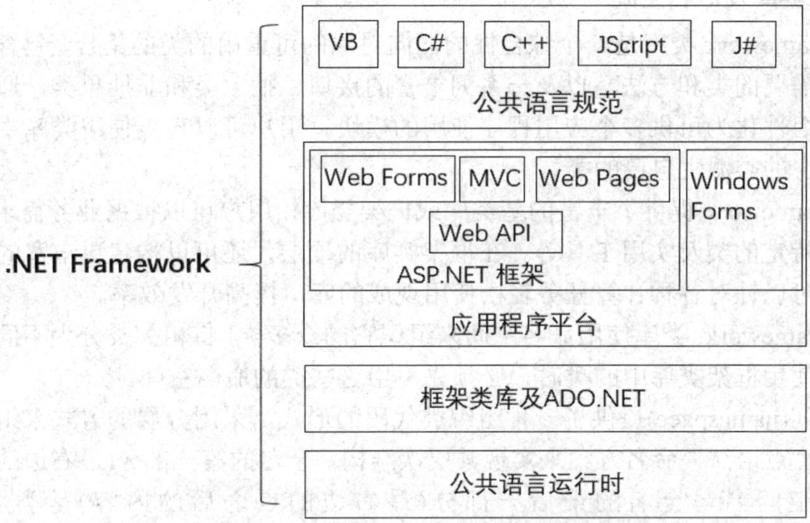

图 6.1.1 .NET Framework 的体系结构

在公共语言运行(Common Language Runtime，CLR)时的核心执行引擎服务基础之上，.NET Framework 提供了由 4000 多个类组成的各种功能的类库，其中包含大量内置的功能函数，按逻辑功能组织在命名空间中，并提供了统一的、面向对象的、层次化可扩展的编程接口，其中 ADO.NET 是针对数据库访问技术所提供的一组连接数据库、运行命令、返回记录集的类库。

应用程序平台包括传统的 Windows Forms 应用程序模型和基于 ASP.NET 的面向 Web 窗体及 Web API 网络应用开发技术的应用程序模型，使得开发者能够快速构建各种类型的应用程序。

.NET Framework 支持多种语言，包括 C#、VB.NET 等，是通过公共语言规范(CLS)为语言编译器和类库之间的协作提供一系列的规则来实现的。

3. 公共语言运行时

公共语言运行时是.NET Framework 的核心基础，在组件的开发及运行过程中扮演着非常重要的角色。在经历了传统的面向过程的开发后，为寻求更高效的开发方法，面向对象的应用程序开发方法便应运而生了，并在此过程中衍生了组件开发。

在组件的运行过程中，需要一个“代理”来负责管理代码的执行，这就是公共语言运行时。其类似于 Java 虚拟机，负责管理和执行由 .NET 编译器编译产生的中间语言代码。它主要负责内存分配和回收的资源管理工作，启动或删除线程和进程的线程管理工作，实施安全性策略的安全管理，监控和捕获错误等程序运行监管工作，以及组件与组件间功能需求管理工作等。

在公共语言运行时下运行的程序被称为托管代码，否则被称为非托管代码。托管代码是使用可在.NET 上运行的高级语言(例如 C#、Visual Basic、F# 等)所编写的。使用相应的编译器编译这些代码时，无法获得机器代码，而是获得中间语言代码。运行时，该代码会被编译并执行，并在执行过程中完成相应的内存管理和安全管理等工作。

4. 框架类库及命名空间

.NET Framework 类库是一个综合性的面向对象的可重用的类的集合，包含了开发多种应用程序所需要的类和方法，以及一系列丰富的接口、抽象类和非抽象类，通过类库可以将实用功能组件化为可供多个应用程序使用的模块。用户可以直接使用类库中的这些类，或者从类库中的类派生自己的类。

.NET Framework 提供了丰富的基类库或框架类库，用户可以根据业务需求，轻松地使用通用类、特定的类及实用工具等。在框架类库的顶层，还可以构建更丰富的商用库和社区库，用户可以针对各种计算任务轻松使用现成的库，提高开发效率。

.NET Framework 类库使用命名空间来组织它的众多类，将相关类分为不同的命名空间组，因此在使用框架类库中的类时，必须先引用这些类的命名空间。

命名空间(namespace)提供了一种组织类代码的形式，采用分层的方式来组织类库，命名约定使用“点语法”命名方案来实现其层次结构。全名的第一部分(最右边的点之前的内容)是命名空间名，全名的最后一部分(最右边的点之后的内容)是类名。例如，System.Collections.Generic.List<T> 表示 List<T>类，属于 System.Collections.Generic 命名空间。

System 命名空间是 .NET 框架中基本类型的根命名空间。此命名空间包括由所有应用程序使用的基本数据类型的类：Object(继承层次结构的根)、Byte、Char、Array、Int32、String 等。在这些类型中，有许多与编程语言所使用的基元数据类型相对应。除了基本数据类型外，System 命名空间还包含 100 多个类，完成从处理异常到处理核心运行时的相关功能，如事件和事件处理程序、接口、特性以及处理异常的基础类和基类。另外 System 命名空间还包含许多二级命名空间实现特定的功能，如图 6.1.2 所示。有关命名空间的详细信息，可使用 .NET API 浏览器来查表浏览 .NET 类库，网址如下：https://docs.microsoft.com/zh-cn/dotnet/api/。

```
System.Collections //命名空间包含接口和类，这些接口和类定义各种对象（如列表、队列、位数组、哈希表和字典）的集合。
System.Collections.Generic //命名空间包含定义泛型集合的接口和类，泛型集合允许用户创建强类型集合，它能提供比非泛型强类型集合更好的类型安全性和性能。
System.Configuration  //命名空间包含提供用于处理配置数据的编程模型的类型。
System.Data //命名空间提供对表示 ADO.NET 结构的类的访问。通过 ADO.NET 可以生成一些组件，用于有效管理多个数据源的数据。
System.Data.Common //命名空间包含由各种 .NET Framework 数据提供程序共享的类。
System.Data.Odbc //命名空间是用于 ODBC 的 .NET Framework 数据提供程序。
System.Data.OleDb //命名空间是用于 OLE DB 的 .NET Framework 数据提供程序。
System.Data.Sql //命名空间包含支持 SQL Server 特定的功能的类。
System.Data.OracleClient //命名空间是用于 Oracle 的 .NET Framework 数据提供程序。
System.Data.SqlClient //命名空间是 SQL Server 的 .NET Framework 数据提供程序。
System.Data.SqlTypes //命名空间为 SQL Server 2005 中的本机数据类型提供类。
System.Web //命名空间提供使得可以进行浏览器与服务器通信的类和接口。
System.Web.Caching //命名空间提供用于缓存服务器上常用数据的类。
System.Web.Configuration //命名空间包含用于设置 ASP.NET 配置的类。
System.Web.Handlers //命名空间包含的 HTTP 处理程序类用于处理对 Web 服务器发出的请求。
System.Web.Services //命名空间由使您可以用 ASP.NET 和 XML Web services 客户端来创建 XML Web services 的类组成
System.Web.UI   //命名空间提供的类和接口可用于创建 ASP.NET 服务器控件以及用作 ASP.NET Web 应用程序用户界面的 ASP.NET 网页
System.Web.UI.Adapters   //命名空间包含控件适配器和页适配器的基类。可以使用这些适配器来重写页和控件的生命周期状态。如果要修改这些控件的标记或行为，使其适应
新的                     标记标准或特定浏览器，则这样的重写很有用。
System.Web.UI.Design  //命名空间包含的类可用于扩展对 ASP.NET 网页和 Web 服务器控件的设计时支持。
System.Web.UI.HtmlControls //命名空间包含的类允许在 Web 窗体页上创建 HTML 服务器控件。
System.Web.UI.WebControls //命名空间包含一些类，可使用这些类在网页上创建 Web 服务器控件
System.Xml //命名空间为处理 XML 提供基于标准的支持。
System.IO //命名空间包含允许读写文件和数据流的类型以及提供基本文件和目录支持的类型。
```

图 6.1.2　System 命名空间下的常用二级命名空间

编程开发过程中，通过命名空间引出类的书写格式比较繁琐，因此 C#允许在文件的顶部通过 using 引用类的命名空间，这样在文件的其他地方，就可以直接通过其类名来快捷使用命名空间中的类了。在大多数的应用开发中都以 using System 语句开头，表明默认引用 System 基类命名空间，从而可以方便使用根命名空间下的各种数据类型和基础类。

6.1.2　ASP.NET 概述

1. ASP.NET

ASP.NET 是一个用于构建网站和 Web 应用程序的免费 Web 框架，如图 6.1.1 所示，ASP.NET 是.NET Framework 的一部分，提供了三个框架用于创建 Web 应用程序，包括 Web Forms(Web 窗体)、ASP.NET MVC 和 ASP.NET Web Pages。三种 Web 应用程序实现框架的应用比较如图 6.1.3 所示。

	如果有经验	开发风格	专业知识
Web Forms — Web 窗体	赢取窗体、 WPF、.NET	使用丰富的封装的 HTML 标记的控件库的快速开发	中级、 高级 RAD
MVC	Ruby on Rails、.NET	完全控制 HTML 标记、代码和标记分隔，且易于编写测试的详细内容。 移动和单页面应用程序 (SPA) 最佳选择。	中等级别 高级
网页	经典 ASP PHP	HTML 标记和代码组合在一起位于同一文件中	新的、 中等级别

图 6.1.3　Web Forms、MVC 和 Web Pages 框架应用比较

ASP.NET 是一个统一的 Web 开发模型，是一种将嵌入网页中的脚本在 Web 服务器执行的服务器端脚本技术，可以在通过 HTTP 请求文档时再从 Web 服务器上动态创建并响应

Web 页面。ASP.NET 提供了多种服务及组件，开发人员可以用尽量少的代码来构建功能强大的 Web 应用，包括从小型个人网站到大型企业级 Web 应用等各种类型的项目。该技术具有高效、强大、安全可靠等特点，可以采用 C#、VB、J#等多种编程语言。

GH 子系统项目采用 C#编程语言基于 ASP.NET 开发实现，并运行于 Windows 的 Web 服务器 IIS 之上。

基于 ASP.NET 还可以创建 Web API 和使用 Web 套接字等实时网络开发技术。ASP.NET Web API 也是一种框架，可以轻松地构建基于 HTTP 协议的 Web 服务，便于用户通过浏览器或移动设备获取相应的 Web 服务功能。ASP.NET Web API 是用于在 .NET Framework 上生成 RESTful 应用程序的理想平台。目前流行的 Web 应用多采用前后端分离的开发模式，使用 Angular、Vue 等前端框架实现高性能前端 UI，配合后台的 Web API 实现企业级大型应用。

ASP.NET Core 是一款替代 ASP.NET 并实现跨平台的高性能开源框架，运行于.NET Core 框架，用于生成基于云且连接 Internet 的新式跨平台应用程序。

2. ASP.NET 开发工具

使用 ASP.NET 框架开发的 Web 应用程序文件后缀名为“.aspx”，其格式是文本文件，使用诸如 Sublime、VS Code、Notepad++等文本编辑工具就可以编写，但是为提高开发效率，常采用微软的集成开发环境 Visual Studio.NET(VS.NET)进行编写。

VS.NET 支持.NET 框架，其中的工具箱、设计器、调试器等可以让开发人员进行“所见即所得”的编辑，实现服务器控件拖放等集成调试、部署功能支持，是开发 ASP.NET Web 应用的得力工具。

VS.NET 的具体安装过程比较简单，注意勾选“Microsoft Web 开发人员工具”，首次启动时需要用微软账号进行注册激活，配置运行环境时需要将“开发设置”选择为“Web 开发”。

安装配置完成，进入 VS.NET 2015 开发环境，可以看到如图 6.1.4 所示的视图窗口。

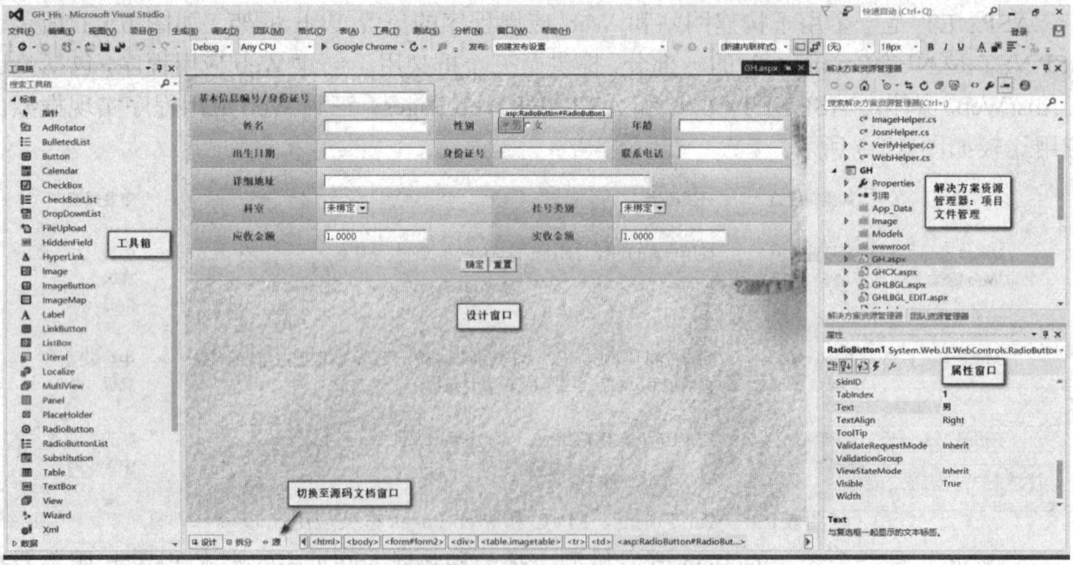

图 6.1.4　VS.NET 2015 开发环境视图窗口

6.1.3　ASP.NET Web Form

1. Web Form

如图 6.1.4 所示，Web 窗体是 ASP.NET Web 应用程序框架的一部分。Web 窗体是用户使用浏览器请求的页面，可以结合使用客户端脚本、服务器控件和服务器代码来编写这些页面的 HTML。当用户请求页面时，基于.NET 框架的 Web 窗体在服务器上编译执行，然后生成浏览器可以呈现的 HTML 标记。ASP.NET Web 窗体页中的信息可以在任何终端设备的浏览器中显示。

使用 VS.NET 可以创建 ASP.NET Web 窗体，VS.NET 集成开发环境 (IDE) 可以拖放服务器控件布局 Web 窗体页，也可以轻松地设置 Web 窗体页面或控件的属性、方法和事件，通过 Visual Basic 或 C# 等.NET 高级编程语言编写服务器代码来处理页面的逻辑。

2. Web Form 生命周期事件

一个 ASP.NET 页面从创建到销毁的过程称为页面的生命周期。在生命周期中将执行一系列处理步骤，这些步骤包括初始化、实例化空间、还原和维护状态、运行事件处理程序代码以及进行呈现。页面的生命周期过程事件如图 6.1.5 所示。

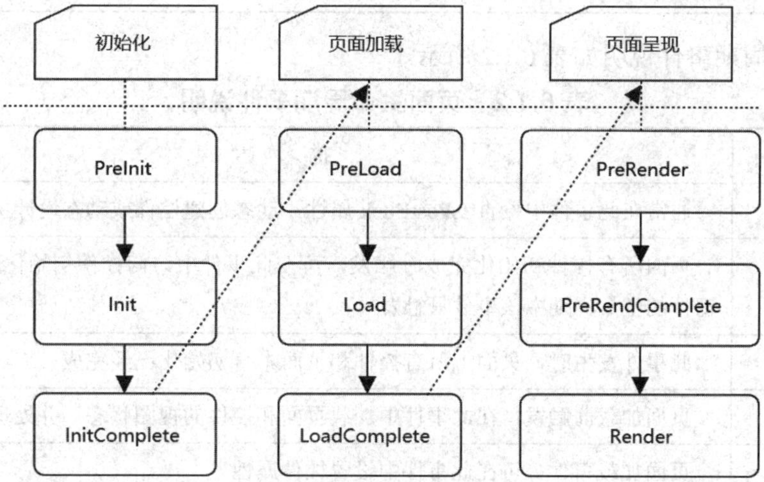

图 6.1.5　页面生命周期过程事件

具体的生命周期阶段说明如表 6.1.1 所示。

表 6.1.1　页面生命周期阶段说明

阶 段	说　明
页请求	页请求发生在页生命周期开始之前。用户请求页时，ASP.NET 将确定是否需要分析和编译页(从而开始页的生命周期)，或者是否可以在不运行页的情况下发送页的缓存版本以进行响应
开始	在开始阶段，将设置页属性，如 Request 和 Response。在此阶段，页还将确定请求是回发请求还是新请求，并设置 IsPostBack 属性。此外，在开始阶段期间，还将设置页的 UICulture 属性

续表

阶 段	说　明
页初始化	页初始化期间，可以使用页中的控件，并设置每个控件的 UniqueID 属性。此外，任何主题都将应用于页。如果当前请求是回发请求，则回发数据尚未加载，并且控件属性值尚未还原为视图状态中的值
加载	加载期间，如果当前请求是回发请求，则将使用从视图状态和控件状态恢复的信息加载控件属性
验证	在验证期间，将调用所有验证程序控件的 Validate 方法，此方法将设置各个验证程序控件和页的 IsValid 属性
回发事件处理	如果请求是回发请求，则将调用所有事件处理程序
呈现	在呈现之前，会针对该页和所有控件保存视图状态。在呈现阶段中，页会针对每个控件调用 Render 方法，它会提供一个文本编辑器，用于将控件的输出写入页的 Response 属性 OutputStream 中
卸载	完全呈现页并已将页发送至客户端、准备丢弃该页后，将调用卸载。此时，将卸载页属性(如 Response 和 Request)并执行清理

页面生命周期事件说明如表 6.1.2 所示。

表 6.1.2　页面生命周期事件说明

事件名称	描　述
preInit	通常在此事件中检查 IsPostBack 属性，动态创建控件或动态设计主题
Init	页面所有控件初始化完成时触发，可在此事件中访问控件初始化属性。在 Web 窗体的生命周期中该事件只触发一次
InitComplete	此事件发生时，页面上所有控件和页面本身初始化已经完成
PreLoad	页面加载前触发，在此事件中加载页面和控件的视图状态，并处理回发数据
Load	页面加载事件，可在此事件中设置控件属性
PreRender	页面即将呈现时触发，可在此事件中对页面或控件属性值及外观进行最后的修改
Unload	在 Web 窗体从内存中卸载时触发，在 Web 窗体的生命周期中该事件只触发一次

任务实现

1. 创建 Web Form 应用 FirstWeb

1) 新建项目及解决方案

启动 VS.NET 集成开发环境，选择“文件”→“新建”→“项目”菜单，输入项目名称“FirstWeb”并选择保存路径，如图 6.1.6 所示。

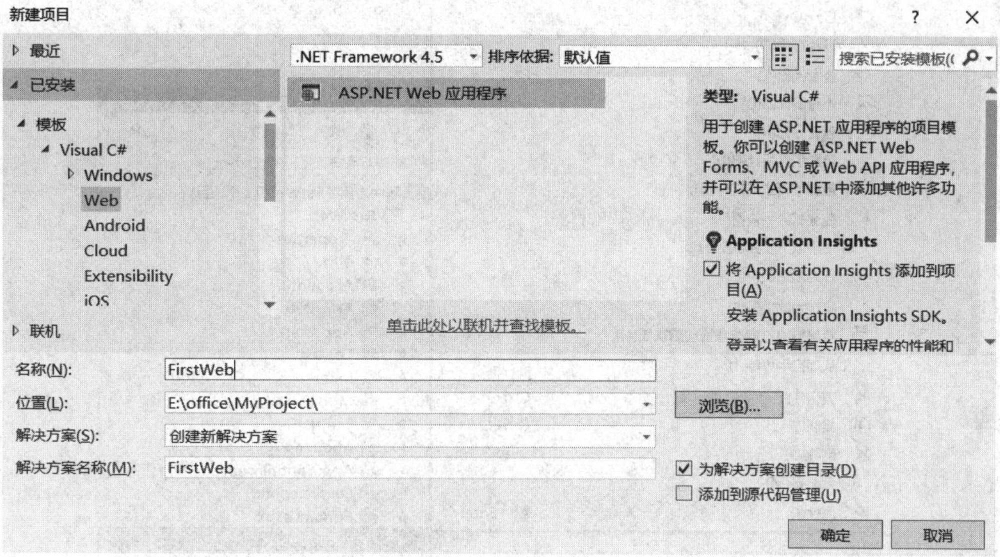

图 6.1.6　新建 FirstWeb 应用

2) 选择 Web 窗体模板

单击确定按钮，完成项目创建，如图 6.1.7 所示。创建成功的 FirstWeb 项目会自动生成多个目录和文件，如图 6.1.8 所示。

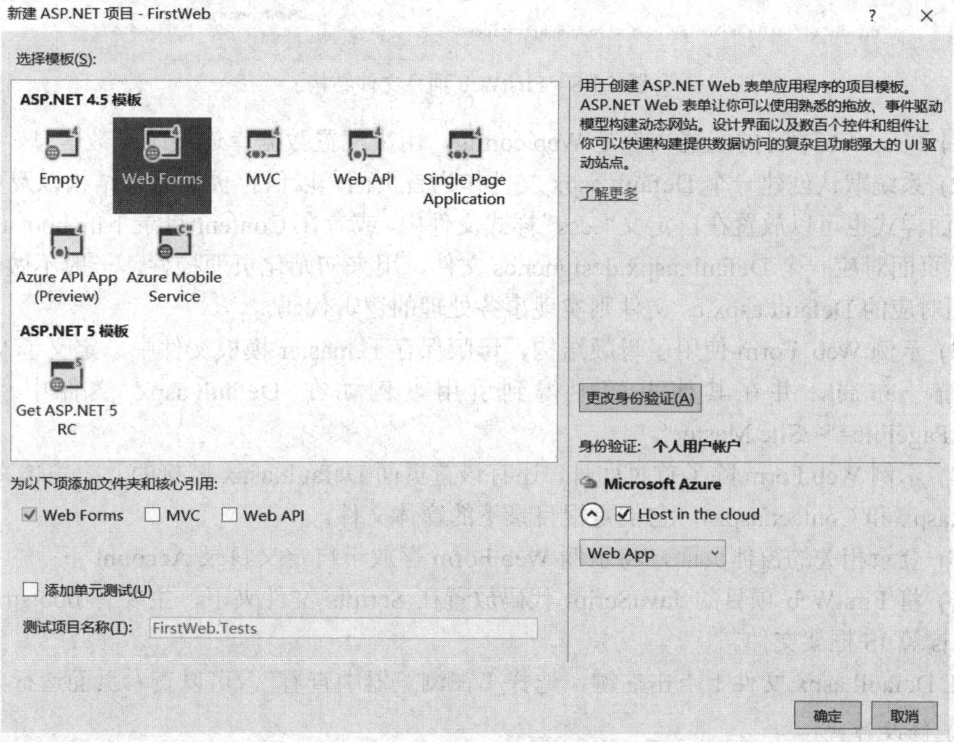

图 6.1.7　选择 Web 窗体模板

通过此项目可以学习 ASP.NET Web 应用程序的项目文件结构，具体如下：

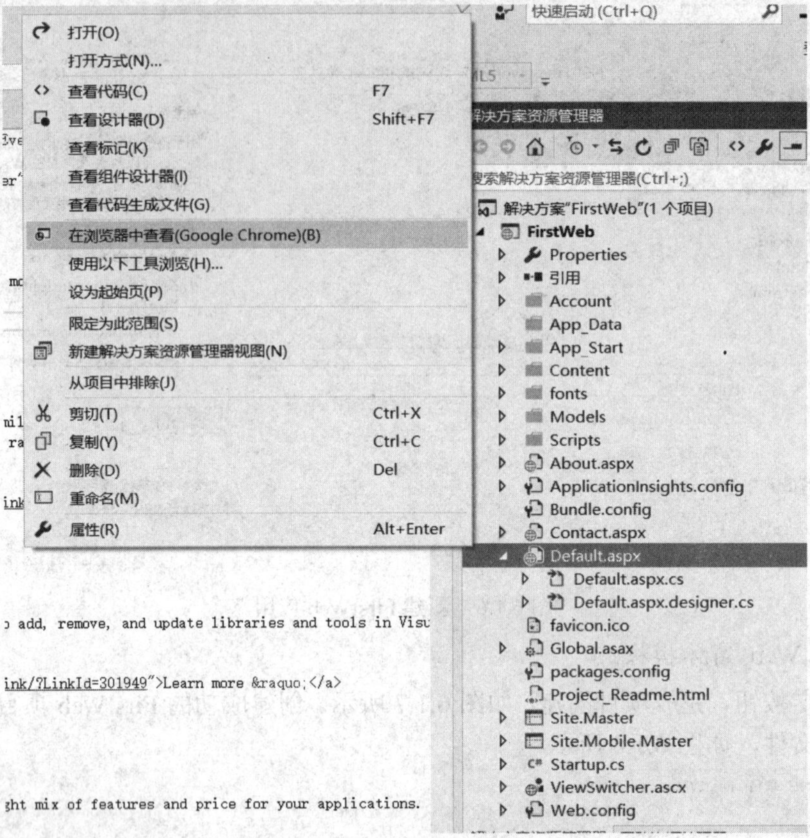

图 6.1.8　FirstWeb 项目文件结构

(1) FirstWeb 项目的配置文件是 Web.config，用来配置数据库连接等参数信息。

(2) 系统默认创建一个 Default.aspx 文件作为首页面，以保存页面元素结构以及页面样式。页面样式也可以放置在自定义“.css”样式文件中，或者在 Content 目录下的 bootstrap.css 中。该页面对应一个 Default.aspx.designer.cs 文件，用来初始化页面控件，一般不做修改。该页面对应的 Default.aspx.cs 文件则实现事务处理的逻辑代码。

(3) 示例 Web Form 使用了母版结构，母版保存于.master 模板文件中，定义了 Web 页面的统一布局，并在其他页面中得到引用，例如在 Default.aspx 文件中引用：MasterPageFile="~/Site.Master"。

(4) 示例 Web Form 除了首页面外，还有该首页面 Default.aspx 链接的几个窗体文件(如 About.aspx 和 Contact.aspx)，它们是根目录下的窗体文件。

(5) 登录相关的窗体页面，将示例 Web Form 存放于自定义目录 Account 下。

(6) 将 FirstWeb 项目的 JavaScript 代码放置在 Scripts 文件夹下，主要有 bootstrap.js、jquery.js 等 JS 框架文件。

在 Default.aspx 文件上点击右键，选择“在浏览器中查看”，可以查看页面运行效果。

3) 修改源码

参考上文的项目文件说明，修改源码，实现如图 6.1.9 所示的 Web 窗体运行效果。

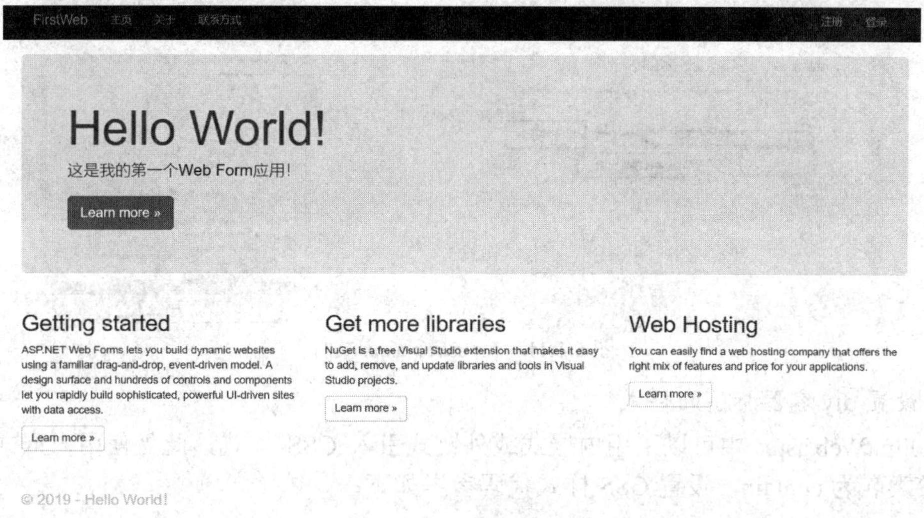

图 6.1.9　FirstWeb 运行结果

2. 实现有统计功能的 Web Form

1) 新建窗体

在 FirstWeb 项目右键单击“添加”→“新建项”，如图 6.1.10 所示，添加 FirstWeb 窗体页。添加成功后，如图 6.1.11 所示，项目中新增窗体文件 FirstWeb.aspx、C#逻辑代码文件 FirstWeb.aspx.cs，以及初始化页面控件文件 FirstWeb.aspx.designer.cs。在 FirstWeb.aspx 文件中，可以看到 Web 页面结构，包括服务器控件和普通的 HTML 标签元素，其中 runat="server"属性标注此标签元素为服务器控件，页面运行时，该标签必须经过服务器的编译处理。服务器代码即在服务器处理运行的代码，还包含由<script Language="C#" runat="server">…</script>标签所声明的 JavaScript 程序代码。

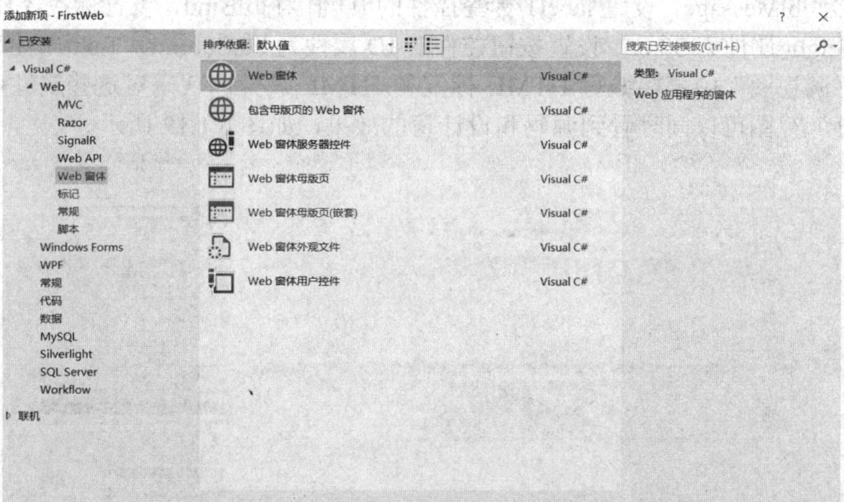

图 6.1.10　添加 FirstWeb 窗体页

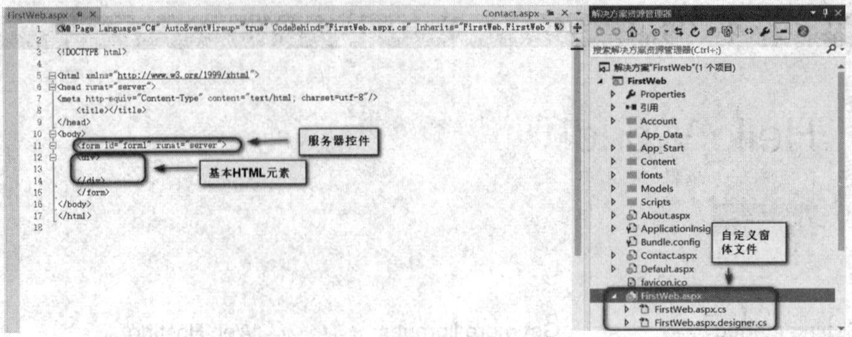

图 6.1.11　FirstWeb.aspx 文件

2) 设置 div 容器标签的样式

在 FirstWeb.aspx 中可以采用内嵌式或外链式引入 CSS 样式，此处使用内嵌式，设置 div 标签类名为 contain，设置 CSS 样式代码参考如下：

```
<style>
        .contain{
            width:500px;
            margin:auto;
            background-color:pink;
            text-align:center;
        }
</style>
```

3) 在 div 中添加控件并设置属性

在 FirstWeb.aspx 窗体的“设计视图”中使用控件拖拉和属性窗口设置属性的形式，如在 FirstWeb 页面的设计视图中添加两个标签控件和一个按钮控件，分别设置 label2 标签控件的 ID 值为 lblMessage，设置 label1 标签控件的 ID 值为 lblBind，设置标签控件的 Text 属性为空，Height 属性为 30px；设置按钮控件的 ID 属性为 btnSubmit，Text 属性为“统计”。也可以在“源视图”中直接编写 HTML 标签和 HTML 属性的代码对这些属性进行配置。选用“拆分”视图可以同时看到源码和设计窗的效果，如图 6.1.12 所示。

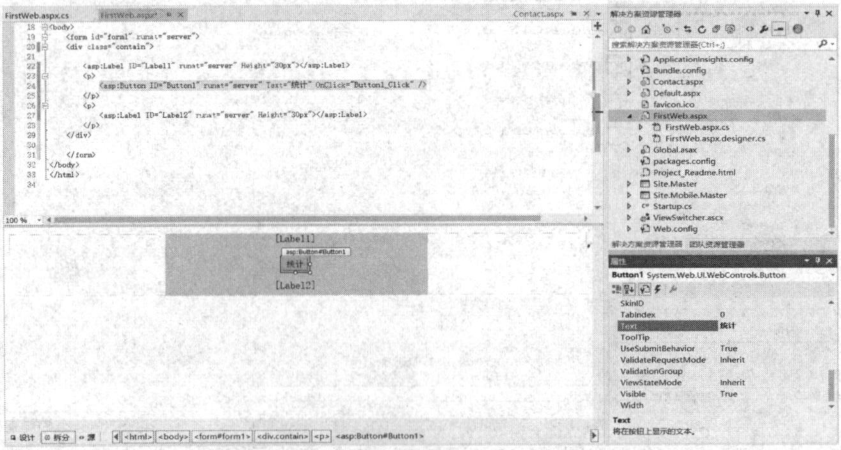

图 6.1.12　添加控件及设置属性

4) 编写按钮点击事件代码

在 FirstWeb.aspx 窗体的“设计视图”页面上双击按钮 btnSubmit，进入按钮事件编辑页面 FirstWeb.aspx.cs，编写事件代码，统计按钮点击次数，并分别在上下两个标签中显示，参考代码如下：

```
public static int i = 0;   //全局变量 i 统计次数
protected void Button1_Click(object sender, EventArgs e)
{
    i++;                        //点击后，次数+1
    lblMessage.Text = "你点击了 " + i.ToString() + " 次按钮";
                                //点击后，显示次数
    lblBind.Text = "你点击了 " + i.ToString() + " 次按钮";
}
```

5) 运行窗体 FirstWeb

由于本项目已有默认起始页 Default.aspx，因此要运行测试其他页面，需要将待测试运行页面设置为起始页，即右键单击 FirstWeb.aspx，选择“设为起始页”，然后选择“在浏览器中查看”，运行效果如图 6.1.13 所示。

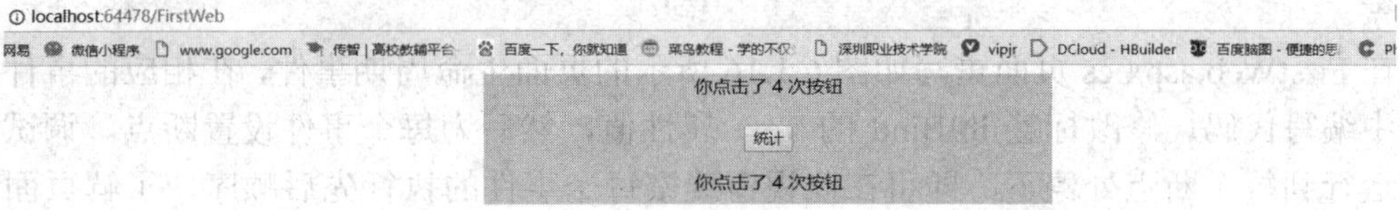

图 6.1.13　有统计功能的 Web Form 运行效果

3. 断点调试 Web Form 页面事件

1) 设置断点

用户单击“统计”按钮时，会触发按钮的单击事件，代码执行光标会进入 Button1_Click 事件处理函数中执行。如果要观察事件处理函数的执行过程，可以在此函数中设置断点，在代码行的最左侧灰色区域单击出现的红点标识即可，如图 6.1.14 所示。

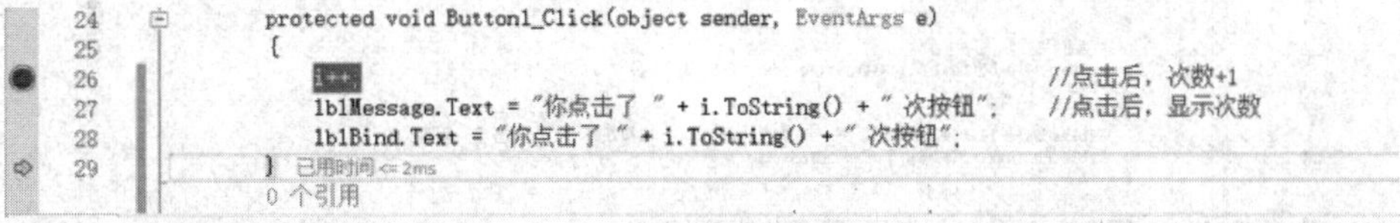

图 6.1.14　设置断点

2) 调试运行窗体 FirstWeb

首先确认 FirstWeb.aspx 窗体已经“设为起始页”，然后选择调试工具栏的“Google Chrome”调试菜单，可以进入断点调试状态。此时如果想要观察变量的执行结果，可以打开监视窗口，即单击“调试”菜单，选择“窗口”→“监视”→“监视 1”菜单，打开调试功能的监视 1 窗口，然后在需要监视的变量右键选择“添加监视”菜单即可；或者直接将变量名输入监视窗口的“名称”一栏，按下“调试工具栏”区域的“逐过程(F10)”功能菜单即可实现单步执行观察变量的效果，如图 6.1.15 所示。

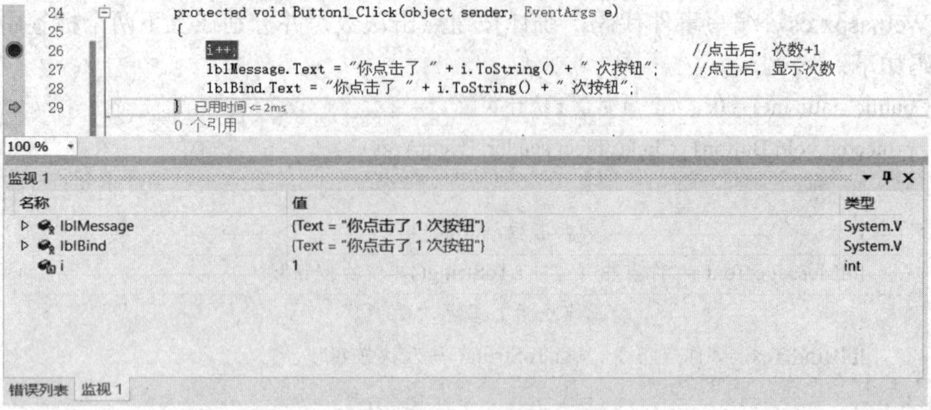

图 6.1.15　断点监视变量

3) 页面的生命周期事件

Web 窗体中除了处理用户交互的事件外，还需处理许多如图 6.1.5 所示的页面本身的生命周期事件。此类生命周期事件在后台执行，不易被感知，因此需要借助断点监视法来观察。

在 FirstWeb.aspx.cs 页面重写如图 6.1.16 所示的页面生命周期事件，在相应的事件处理函数中编写代码，修改标签 lblBind 的 Text 属性值，然后为每个事件设置断点。调试时，程序运行到每个断点处停下，即可在监视窗观察每个事件的执行先后顺序，了解页面生命周期事件的自动运行过程。

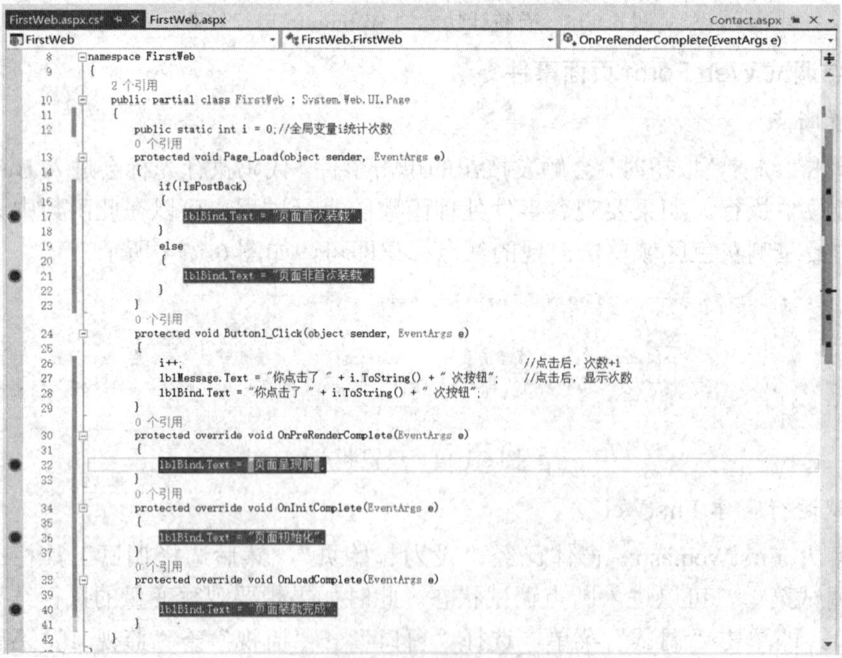

图 6.1.16　重载页面生命周期事件

4) 测试运行效果

如图 6.1.17 所示，可以看出，在每次单击按钮事件后，浏览器就会请求刷新页面，因此服务器就会重新完成一系列的页面事件，如初始化、装载、调用事件处理、装载完成、预呈现等事件过程。通过观察监视窗测试标签 lblBind 的 Text 属性值，来确定整个页面生命周期事件的处理过程。从最终运行效果可以看出，在页面的预呈现阶段会对控件进行进一步的修改并展现给用户。

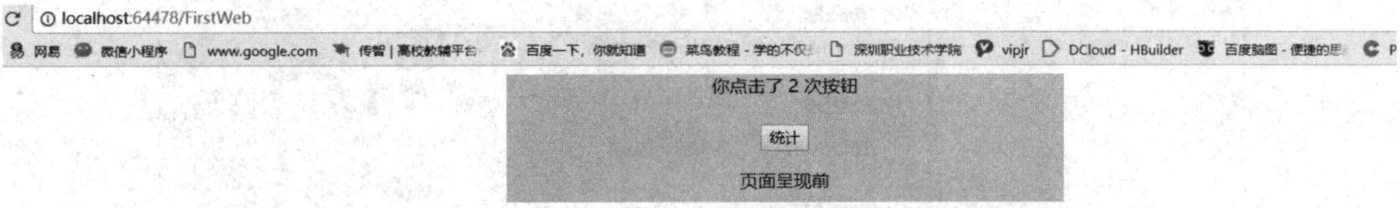

图 6.1.17　重载页面生命周期事件后的运行效果

4. IIS 服务器部署 Web 应用

1) 添加应用程序池

在“我的电脑”上单击右键选择“管理”，在“服务和应用程序”中选择“IIS 管理器”，在“应用程序池”上单击右键选择“添加应用程序池”，如图 6.1.18 所示，输入应用程序池的名称为“FirstWeb”，公共语言运行时代码托管版本为 4.0。

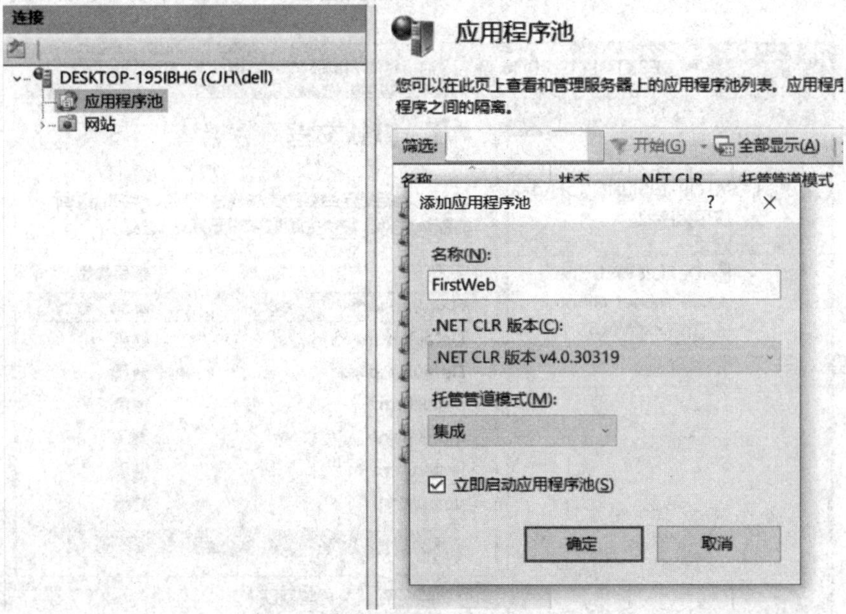

图 6.1.18　添加应用程序池

2) 在默认网站中添加应用程序

IIS 中，在“Default Web Site”上右键单击“添加应用程序”，如图 6.1.19 所示，在弹出的窗口中选择项目所在路径即可。

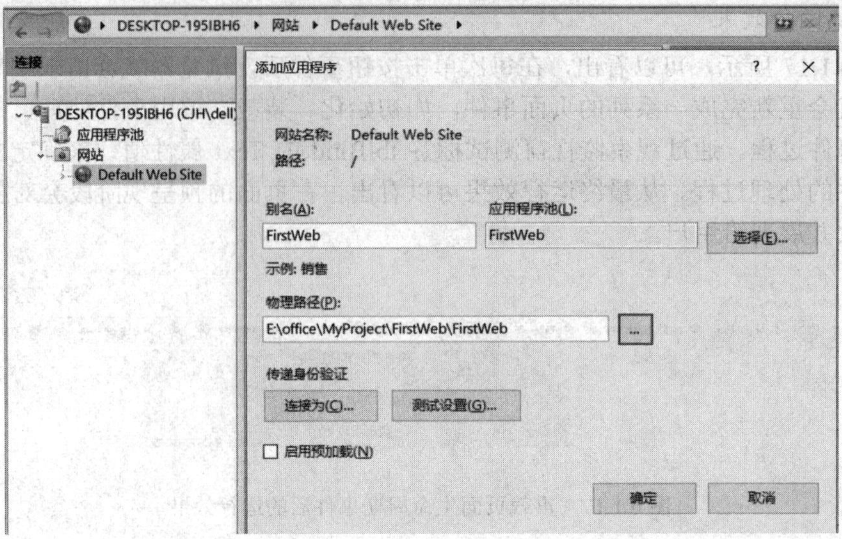

图 6.1.19　默认网站添加 Web 应用程序

3) 添加默认文档

IIS 中，选择“Default Web Site”网站下的应用程序“FirstWeb”，在“功能视图”中选择“默认文档”，双击或选择右侧功能栏的“打开功能”，进入“默认文档”的功能视图，右键添加“FirstWeb.aspx”到默认文档，并上移至最顶端，如图 6.1.20 所示。选中 FirstWeb 应用程序时，可以通过选择“功能视图”和“内容视图”切换查看 Web 应用的文件结构。

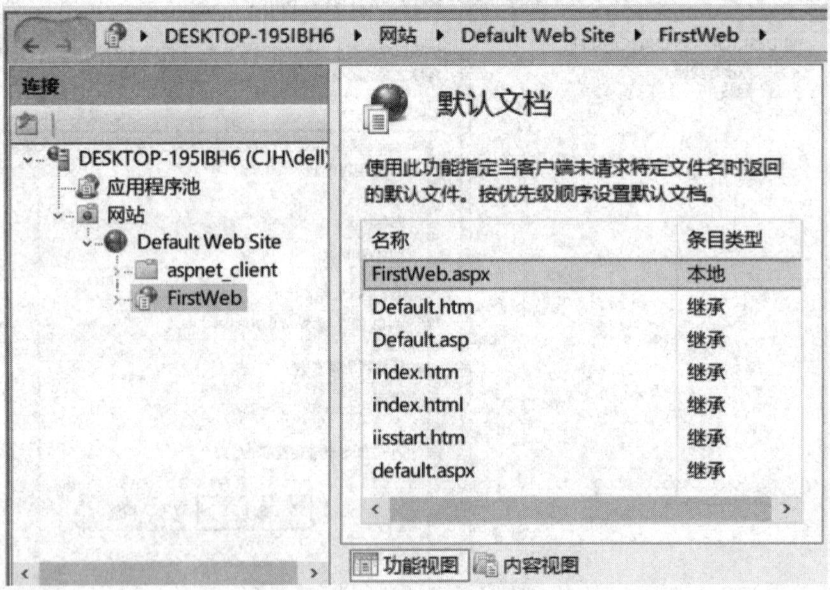

图 6.1.20　添加默认文档

4) 测试运行效果

在浏览器输入“http://127.0.0.1/FirstWeb/”即可测试 FirstWeb 应用的显示效果，如图 6.1.21 所示。

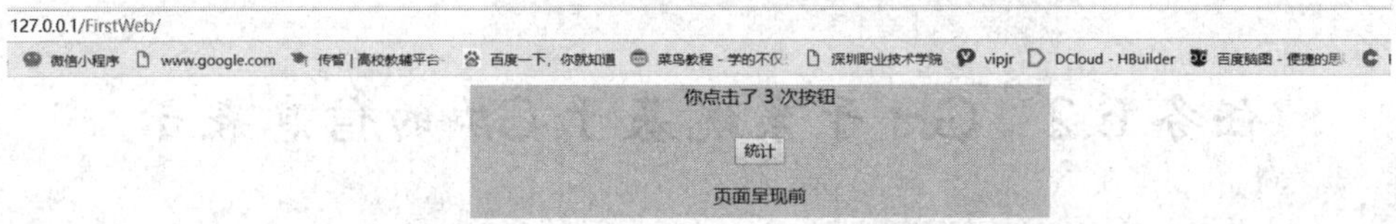

图 6.1.21　访问 IIS 服务器的动态 Web 应用 FirstWeb

任务拓展

1. 创建 Web Form 应用 SecondWeb

创建解决方案和 Web 应用程序项目 SecondWeb。

2. 添加 Web 窗口 SecondWeb.aspx

实现如图 6.1.22 所示的功能界面，要求如下：

(1) 控件：在 SecondWeb.aspx 窗体页面的 div 标签中添加标签控件以显示各项提示信息；添加按钮控件、文本框控件；修改控件显示内容的 Text 属性，对于代码中需要引用的控件则需要分别设置 ID 属性。

(2) 样式：设置 CSS 样式，使 div 标签具有 60%宽度并居中，选择文本居中和红色边框；两个文本框左边距为 20px。

(3) 事件逻辑处理：编写 SecondWeb.aspx.cs 逻辑代码。

① 在页面装载事件中添加代码，使得光标聚焦在第一个文本框；

② 双击按钮，添加按钮的单击事件，并将文本框控件的内容显示在标签控件中，同时清空两个文本框，光标聚焦在第一个文本框。

图 6.1.22　信息采集窗体运行效果

3. 在 SecondWeb.aspx.cs 中重写页面事件

(1) 重写页面初始化和页面预呈现，在这两个事件中完成事件触发次数变量 i 的累加功能，注意变量 i 定义为 private static 静态变量；

(2) 在 Page_Load 页面装载事件处理函数中，通过标签控件来显示提示信息：如果首次装载该页面则显示“OK”，否则显示变量 i 的值以展现页面生命周期事件的执行效果。

4. 设置断点和监视窗口来实现调试功能

在 Page_Load 事件处理函数中设置断点，并且添加变量 i 的监视。

5. IIS 服务器部署 SecondWeb 应用程序

对 IIS 管理器进行应用程序池、应用程序、默认首页的设置，并在浏览器访问动态 Web 时应用 SecondWeb。

任务 6.2　GH 子系统基于 C# 的信息表示

任务描述

熟悉了 ASP.NET Web 应用开发的流程，接下来就需要更加深入地学习编程开发语言 C#，以便能够灵活高效地完成 GH 子系统的开发任务。编程开发语言的学习就是“数据结构+算法”的学习过程，在结构化编程语言 C 的基础上学习 C#的基本语法更加快捷，重点掌握 C#的面向对象核心思想，特别是类的学习和使用。小张对于面向对象的开发充满好奇，围绕如何使用 C#来管理展示病人基本信息这个主要任务，学习 C#核心语法，希望能快速上手，启动 GH 子系统项目的开发。

(1) 展示结构类型存储的病人基本信息；

(2) 展示结构数组存储的一组病人基本信息；

(3) 展示类存储的医疗卡账户信息。

学一学

6.2.1　C#语言及命名空间

1. C#语言概述

ASP.NET Web 应用开发支持多种编程语言，而首选语言则是 C#，因为 C# 是微软公司专门为 .NET 量身定制的编程语言，与 .NET 有着密不可分的关系。C# 的类型就是 .NET 框架所提供的类型，C# 本身并没有类库，而是直接使用 .NET 框架所提供的类库。另外，C# 的类型安全检查、结构化异常处理也都是交给 CLR 处理的。因此 C# 是最适合开发 .NET 应用的编程语言。

C# 相对 C 语言最大的变化是不推荐使用指针类型，不允许直接操作内存，增强了程序的安全性。同时没有了全局变量，减少了发生命名冲突的可能，使代码具有良好的可读性。

C# 具有面向对象编程语言所应有的一切特性，在 C# 的类型系统中，每种类型都可以看作是一个对象，即“一切皆对象”，完全支持组件编程，通过属性、方法和事件来提供编程模型，实现自包含和自描述功能包形式的软件组件。

2. 命名空间

.NET Framework 类库中提供了众多的类，用于对系统功能进行访问，这些类是建立应用程序、组件和控件的基础。在.NET Framework 中，组织这些类的方式即为命名空间。

要在 ASP.NET Web 应用程序中使用这些命名空间，需要使用 using 语句。如图 6.2.1 所示，任务 6.1 的 FirstWeb 项目 FirstWeb.aspx.cs 代码中的“using System;”表示导入 System

命名空间。导入命名空间后，要访问命名空间包含的类时，可直接使用类名。如图所示，EventArgs 类型包含在 System 命名空间中，如果没有“using System;”语句，则 Page_Load 的参数 EventArgs e 就会报错，此时就应该写为 System.EventArgs e，但这样会增加书写代码量，因此多采用 using 语句导入命名空间以简化代码书写。

```
FirstWeb.aspx.cs
FirstWeb                              FirstWeb.FirstWeb
using System;
using System.Collections.Generic;
using System.Linq;
using System.Web;
using System.Web.UI;
using System.Web.UI.WebControls;

namespace FirstWeb
{
    1 个引用
    public partial class FirstWeb : System.Web.UI.Page
    {
        public static int i = 0;//全局变量i统计次数
        0 个引用
        protected void Page_Load(object sender, EventArgs e)
        {
            if(!IsPostBack)
            {
                lblBind.Text = "页面首次装载";
            }
            else
            {
                lblBind.Text = "页面非首次装载";
            }
        }
```

图 6.2.1　using 导入命名空间示例

6.2.2　C#数据类型与变量

1. 修饰符

C#面向对象的开发常使用 public、internal、protected internal、protected 和 private 修饰符来设置变量或常量的访问级别，在变量声明时只能使用这些修饰符中的一个，它们的作用范围如下：

public：公有访问。不受任何限制。

private：　私有访问。只限于本类成员的访问，子类，实例都不能访问。

protected：保护访问。只限于本类和子类的访问，实例不能访问。

internal：内部访问。只限于在本项目内访问，其他不能访问。

protected internal：内部保护访问。只限于本项目或是子类的访问，其他不能访问。

另外还有 static 和 readonly 两个修饰符。static 用于声明静态变量。对于类中的静态字段，在使用时即使创建了多个类的实例，都仅对应一个实例副本，访问静态变量时只能通过类直接访问，而不能通过类的实例来访问。readonly 用于声明只读变量，这种变量经初始化后在程序中不能被修改。

2. C#常量

常量具有在编译时值保持不变的特性，声明时使用 const 关键字，常量命名使用大写字母，以区别于变量。

声明常量时也常使用上述访问修饰符来设置常量的访问级别，如定义公共的字符型常量的代码如下：

```
public const string SZPT="深圳职业技术学院";
```

3. C#变量

变量的值在程序运行过程中可以变化，必须先声明后使用。变量名可以使用字母、下画线、数字等，但首字符必须是字母或下画线，同时需要区分大小写。

变量的命名规则有如下特点：

(1) 一般变量名不得取单个字符(i、j、k 等)作为变量名，局部循环变量除外，一般变量采用“类型简写+英文描述(首字母大写)”，如 iData；

(2) 类成员变量(属性所对应的变量)使用前缀_，如属性名为 Name，则对应的成员变量名为_Name；

(3) 控件 ID 命名采用“控件名简写+英文描述(首字母大写)”，如 btnOk；

(4) 接口命名在名字前加上前缀 I，如 IDisposable。

C#中定义的变量称为局部变量，一般按作用域范围从小到大分为块级局部变量(包含在语句段范围内的变量)、方法级局部变量(作用于声明变量的方法中)、类级别变量(作用于定义类的所有方法中，也称为类成员字段或属性)。

变量的修饰符同上所示，注意方法中定义的局部变量前不能添加这些修饰符。

4. C#值类型

C#数据类型有值类型和引用类型两种。值类型变量直接包含它们的数据，而引用类型变量存储它们的数据的引用。

值类型分为简单类型、结构类型、枚举类型三种。

1) 简单类型

简单类型又分为整数类型(int)、实数类型(如 float fNum=12.6f)、字符类型(char)和布尔类型(true 和 false)。

2) 结构类型

结构类型是把一系列相关的变量组织在一起形成一个单一实体，结构体内的每个变量称为结构成员。使用关键字 struct 声明结构类型，下列示例代码声明病人信息 PatientInfo 结构，其中包括 Name、Age 成员。

```
public struct PatientInfo
{
    public string Name;
    public int Age;
}
PatientInfo piPatient1;      // piPatient1 是 PatientInfo 结构类型变量
```

3) 枚举类型

枚举类型是由一组常量组成的类型，使用 enum 关键字声明。枚举类型中每个元素默认是整数类型，且从 0 开始，后面依次递增 1，也可以通过直接给第一个元素赋值的方式改变默认起始值 0。

练一练

请在新建项目的 Web 窗体 Page_Load 事件中测试如下代码段的运行效果。

```
namespace DemoWeb
{
enum WeekDay
{
   Sunday,Monday,Tuesday,Wednesday,Thursday,Friday,Saturday
}
public partial class Demo: System.Web.UI.Page
{
          protected void Page_Load(object sender, EventArgs e)
          {
             WeekDay day;
             day=WeekDay.Sunday;
             lblOutput.Text="日期为："+ day+"值为："+(int) day;
          }
   }
}
```

5. C#引用类型

C#引用类型的变量不直接存储变量的值，而是存储数据值的地址引用。C#中的引用类型包括 class 类型、数组类型、接口类型和委托类型。

1) class 类型

class 类型是面向对象编程的基本单位。定义了包含数据成员和方法成员的数据结构，使用 class 关键字来声明。6.2.5 节将详细讲述有关类的面向对象核心思想。在此仅介绍几种常用的 class 类型：

(1) object 类型：实质是 System.Object 类，在 C#的统一类型系统中有特殊作用，所有其他类型都是直接或间接从 System.Object 类继承的，因此，可以将任何类型的数据转换为 object 类型。

(2) string 类型：用来在 C# 语言中表示字符串的类型，与 C 类似，相当于字符数组。实际编程中常遇到将其他数据类型转换为 string 类型的情形，可以使用 ToString()方法实现，如“string strDate=Convert.ToString(DateTime.Now);”，再如代码“DateTime.Now.ToString("D")”表示将时间用长日期格式表示。如果要把字符串转换为数值类型，则常使用 Parse()方法，如“int iD2=int.Parse("1234");”可将字符串转换为整型。

字符串实质上是 .NET Framework 通用类型系统中用来表示字符串的 System.String 类，编译程序时，C# 语言中的 string 类型会被编译成 String 类。可以通过 String 类的构造方法创建字符串，代码段如下：

```
char[] chs={'1', '2', '3'};
String str1=new String(chs);   //用构造方法创建一个字符串"123"
```

String 类的静态方法是指在不需要实例化字符串的情况下来实现某些功能，直接通过类名来调用方法，比如判断字符串是否空 String.IsNullOrEmpty(s)等，代码段如下：

```
string[] strs={"abc", "123", "连接"};
string res=String.Join("|",strs);
```

String 类的实例方法是一些需要先创建实例对象才能通过实例对象被调用的方法。比如大小写转换、去除字符串两边空格等方法。如下代码段用来比较静态方法与实例方法的差异：

```
string s="hello";
s=s.ToUpper();
```

2) 数组类型

数组类型的基类是 C#中的 System.Array 类，用于存储一组数据类型相同的元素集合。它与 C 语言的语法基本一致，只是定义方法有所不同。例如：“int[ ] x;” 是定义一维 int 数组但未初始化；“int[] x=new int[100];”是定义一维 int 数组并分配 100 个数组元素存储空间，其内存状态对比图如图 6.2.2 所示。

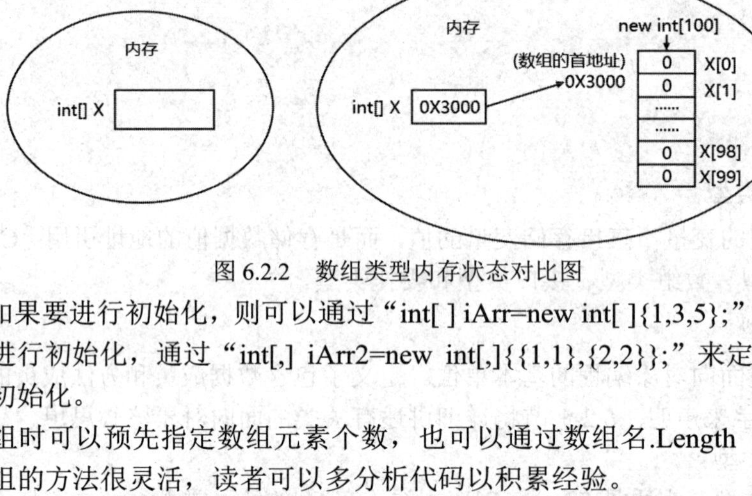

图 6.2.2　数组类型内存状态对比图

另外，如果要进行初始化，则可以通过“int[ ] iArr=new int[ ]{1,3,5};”来定义一维整型数组并对其进行初始化，通过“int[,] iArr2=new int[,]{{1,1},{2,2}};”来定义二维整型数组并对其进行初始化。

定义数组时可以预先指定数组元素个数，也可以通过数组名.Length 获得数组元素个数。定义数组的方法很灵活，读者可以多分析代码以积累经验。

练一练

请在新建项目的 Web 窗体 Page_Load 事件中测试如下代码段的运行效果。

```
protected void Page_Load(object sender, EventArgs e)
{
    int[ ] iArr=new int[5];
        for (int i=0;i<iArr.Length;i++)
        {
            iArr[i]=i*i;
```

```
            lblOutput.Text="iArr["+i+"]= "+ iArr[i]+ "<br>";
        }
    }
```

3) 接口类型

接口类型常用来描述组件对外能提供的服务，如组件与组件之间、组件和用户之间的交互都是通过接口完成的。接口中不能定义数据，只能定义方法、属性和事件等。包含在接口中的方法不定义具体实现，而是在接口的继承类中实现，示例代码如下：

```
Interface IMyInterface
{
    void showMyFace();
}
```

4) 委托类型

委托类型用作一种安全的封装方法，类似于 C 语言的函数指针，不同的是通过委托可以将方法作为参数或变量使用，即定义一种变量、指代一个函数或一个方法。委托类型使用 delegate 关键字来声明。

练一练

请在新建项目的 Web 窗体内新建类 MyClass，并在 Page_Load 事件中测试如下代码段的运行效果。

```
namespace DemoWeb
{
    delegate string MyDelegate();     //定义委托类型
    class MyClass                     //定义自定义类
    {
        public string MyMethod()      //定义自定义类的方法
        {
            return "Hello world! ";
        }
    }
    public partial class Demo: System.Web.UI.Page
    {
        protected void Page_Load(object sender, EventArgs e)
        {
            MyClass p=new MyClass();      //实例化 MyClass 类的对象 p
            MyDelegate d=new MyDelegate(p.MyMethod);
            lblOutput.Text=d( );          //委托类型实例 d 指代 p.MyMethod
    }
```

```
        }
    }
```

6. 装箱与拆箱

装箱与拆箱是实现值类型和引用类型相互转换的桥梁。

装箱的核心是把值类型转换为对象类型，也就是创建一个对象并把值赋给对象，如：

```
int i=100;
Object objNum=i;
```

拆箱的核心是把对象类型转换为值类型，即把值从对象实例中复制出来，使用强制类型转换运算符“( )”实现显式转换，如：

```
int j=(int)objNum;
```

6.2.3 C#运算符

如表 6.2.1 所示为 C#主要运算符，按优先级从高到低排列。

表 6.2.1 C#主要运算符

类 别	表达式	说 明
基本	x.m	成员访问
	x(…)	方法和委托调用
	x[…]	数组和索引器访问
	x++	后增量
	x--	后减量
	new T(…)	对象和委托创建
	new T(…){…}	使用初始值设定创建对象
	new{…}	匿名对象初始值设定项
	new T[…]	数组创建
	typeof(T)	获得 T 的 System_Type 对象
一元	-x	求相反数
	!x	逻辑求反
	~x	按位求反
	++x	前增量
	--x	前减量
	(T)x	显式地将 x 转换为类型 T
乘除	x*y	乘法
	x/y	除法
	x%y	求余
加减	x+y	加法、字符串串联、委托组合
	x-y	减法、委托移除

续表

<table>
<tr><th>类 别</th><th>表达式</th><th>说　明</th></tr>
<tr><td rowspan="2">移位</td><td>x<<y</td><td>左移</td></tr>
<tr><td>x>>y</td><td>右移</td></tr>
<tr><td rowspan="6">关系和类型检测</td><td>x<y</td><td>小于</td></tr>
<tr><td>x>y</td><td>大于</td></tr>
<tr><td>x<=y</td><td>小于或等于</td></tr>
<tr><td>x>=y</td><td>大于或等于</td></tr>
<tr><td>x is T</td><td>如果 x 属于 T 类型，则返回 true，否则返回 false</td></tr>
<tr><td>x as T</td><td>返回转换为类型 T 的 x，如果 x 不是 T，则返回 null</td></tr>
<tr><td rowspan="7">逻辑操作</td><td>x==y</td><td>若 x 等于 y，则为 true，否则 false</td></tr>
<tr><td>x!=y</td><td>若 x 不等于 y，则为 true，否则 false</td></tr>
<tr><td>x&y</td><td>整型按位 AND、布尔逻辑 AND</td></tr>
<tr><td>x^y</td><td>整型按位 XOR、布尔逻辑 XOR</td></tr>
<tr><td>x|y</td><td>整型按位 OR、布尔逻辑 OR</td></tr>
<tr><td>x&&y</td><td>仅当 x 为 true 时才对 y 求值，再执行布尔逻辑 AND 操作</td></tr>
<tr><td>x||y</td><td>仅当 x 为 false 时才对 y 求值，再执行布尔逻辑 OR 操作</td></tr>
<tr><td>条件</td><td>x?y:z</td><td>如果 x 为 true，则对 y 求值并返回 y 的值；如果 x 为 false，则对 z 求值并返回 z 的值</td></tr>
<tr><td rowspan="3">赋值或匿名函数</td><td>x=y</td><td>赋值</td></tr>
<tr><td>x op y</td><td>复合赋值；支持 op 运算符有：*=、/=、%=、+=、-=、<<=、>>=、&=、^=、|=</td></tr>
<tr><td>(T x) => y</td><td>Lambda 表达式</td></tr>
</table>

6.2.4　C#流程控制语句

C#的流程控制语句与 C 语言基本类似，提供了选择、循环结构语句，用于选择结构的有 if 和 switch 语句，用于循环结构的有 while、do-while、for 和 foreach 语句。本节重点对 foreach 语句和异常处理语句进行阐述，其他语句的基本语法请查阅相关资料。

1. 选择结构

练一练

请在新建项目的 Web 窗体内 Page_Load 事件中测试如下代码段的运行效果。

```
protected void Page_Load(object sender, EventArgs e)
{
    DateTime dtToday=DateTime.Today;      //获取当天的系统时间
    switch(dtToday.DayOfWeek.ToString( ) )  //枚举值转换为字符型
    {
```

```
            case "Monday":
                Response.Write("今天是星期一！");
                break;
            case "Tuesday":
                Response.Write("今天是星期二！");
                break;
            case "Wednesday":
                Response.Write("今天是星期三！");
                break;
            case "Thursday":
                Response.Write("今天是星期四！");
                break;
            case "Friday":
                Response.Write("今天是星期五！");
                break;
            default:
                Response.Write("今天可以休息啦！");
                break;
        }
    }
```

2. 循环结构

循环结构有 while、do-while、for 和 foreach 语句。

练一练

请使用 while 语句在新建项目的 Web 窗体内实现如下功能：输入一个值 n，单击“确定”按钮后计算 1+3+…+n 的值，并在一个标签控件中输出计算值。运行结果如图 6.2.3 所示，参考代码如图 6.2.4 所示。

图 6.2.3　while 语句示例效果

```
<body>
    <form id="form1" runat="server">
    <div>
        <asp:TextBox ID="txtInput" runat="server">请输入一个数字</asp:TextBox>
        <asp:Label ID="lblOutput" runat="server"></asp:Label>
        <br />
        <asp:Button ID="btnSubmit" runat="server" OnClick="btnSubmit_Click" Text="确定" />
    </div>
    </form>
</body>
```

```
protected void btnSubmit_Click(object sender, EventArgs e)
{
    int iSum = 0;
    int iInput = int.Parse(txtInput.Text);
    int i = 1;
    while(i<iInput)
    {
        iSum += i;
        i += 2;
    }
    lblOutput.Text = "和为：  " + iSum.ToString();
}
```

图 6.2.4　while 语句示例参考代码

foreach 语句常用于枚举数组、集合中的每个元素，并针对每个元素执行循环体内的语句序列。foreach 语句不能改变集合中各元素的值，语法格式如下：

foreach (数据类型 循环变量 in 集合){ 语句序列 }

练一练

请使用 foreach 语句在新建项目的 Web 窗体内实现如下功能：对已初始化的数组元素升序排列后再逐一输出其各元素的功能。运行结果如图 6.2.5 所示，参考代码如图 6.2.6 所示。

姓名：李四
姓名：王五
姓名：张三

图 6.2.5　foreach 语句示例效果

```
using System;
using System.Collections.Generic;
using System.Linq;
using System.Web;
using System.Web.UI;
using System.Web.UI.WebControls;

namespace FirstWeb
{
    2 个引用
    public partial class ForeachDemo : System.Web.UI.Page
    {
        0 个引用
        protected void Page_Load(object sender, EventArgs e)
        {
            string[] strNames = { "张三", "李四", "王五" };
            Array.Sort(strNames);
            foreach(string i in strNames)
            {
                Response.Write("姓名：  " + i + "<br>");
            }
        }
    }
}
```

图 6.2.6　foreach 语句示例参考代码

3. 异常处理语句

异常的产生是由于触发了某个异常的条件，如算术运算中除零操作、内存不足、数组索引越界等，使得操作无法正常进行。C#为处理这些异常提供了内置支持即异常处理语句，可以处理给定代码段中可能出现的错误，同时保证代码正常运行，从而使程序更加稳定。

异常处理常用 throw 语句和 try…catch…finally 语句结构。

1) throw 语句

throw 语句用于抛出异常错误信息，它可以在 try…catch…finally 语句结构的 catch 块或其他结构中使用。

练一练

请在新建项目的 Web 窗体内 Page_Load 事件中测试如下代码段的运行效果。注意，此案例仅为说明 throw 语句的用法。

```
protected void Page_Load(object sender, EventArgs e)
{
    int i=10, j=0;
    if(j==0)
    {
        throw new Exception("除数不能为零");
    }
    else
    {
        Response.Write(i/j);
    }
}
```

2) try…catch…finally 语句结构

try 块用于完成异常捕获，catch 块用于完成异常处理，而 finally 块中的代码无论是否异常都会被执行。其中，catch 块可包含多个，而 finally 块则是可选的，代码结构如下：

```
try
    {可能出错的语句序列}
catch(异常声明 1)
    {捕获异常后执行的语句序列 1}
catch(异常声明 2)
    {捕获异常后执行的语句序列 2}
…
finally
    {总是执行的语句块}
```

执行顺序：

(1) 执行 try 块，若出错则转(2)，否则转(3)；

(2) 将捕获的异常信息逐个查找 catch 块匹配的异常声明，若匹配则执行其内嵌的语句序列；

(3) 执行 finally 块。

练一练

请在新建项目的 Web 窗体内 Page_Load 事件中测试如图 6.2.7 所示代码段的运行效果。

```
namespace FirstWeb
{
    2 个引用
    public partial class TryDemo : System.Web.UI.Page
    {
        0 个引用
        protected void Page_Load(object sender, EventArgs e)
        {
            int[] arr = { 0, 1, 2, 3, 1, 2, 3, 3, 4, 5 };
            try
            {
                for (int i = 0; i <= arr.Length; i++)
                {
                    Response.Write(arr[i] + "<br>");
                }
            }
            catch (Exception myex)
            {
                //Message.Tostring()中的Message是获取描述当前异常消息
                Response.Write(myex.Message.ToString());
            }

        }
    }
}
```

图 6.2.7　异常处理代码段

6.2.5　C#面向对象核心

1. 封装性、类与对象

C#与 C 语言的本质不同在于采用了面向对象的编程思想，不存在全局的变量和函数，而是将所有的元素都封装在类中，通过对类和类的实例(对象)的操作来完成所需功能。

C 语言的面向过程设计方法就是分析解决问题所需要的步骤，然后用函数把这些步骤一一实现，使用的时候再依次调用就可以了。而 C#语言的面向对象设计则是把解决的问题按照一定的规则划分为多个独立的对象，并将对象的特征和行为封装起来，不需要让外界了解其实现细节，然后通过调用对象的方法来解决问题。这样当应用程序的功能发生变化时，只需要修改个别的对象就可以了，因此这种编程思想具有很好的可移植性和可扩展性。

面向对象是一种符合人类思维习惯的编程思想。现实生活中存在形态各异的事物，这些事物之间存在着各种联系，在程序中使用对象来映射现实中的事物，使用对象的关系来描述事物之间的联系，这种思想就是面向对象。

“封装性”是面向对象的核心思想，把表示事物的特性、可执行的操作等都封装到了类中，这样每个类都表示一类事物，并且每类事物都有不同的可执行的操作(方法)、可读取或可修改的特性(属性)，以及在执行某项给定操作时发出的通知(事件)。方法、属性、事件以及所有其他内部变量和常量(字段)都称为类的成员。将这些成员一起组合到类中，也就是“封装”，用户不需要知道类内部到底如何实现的，只要会调用属性和方法就可以了。当然封装的成员包括可被外部访问的公有成员，也包括不希望被外部访问的私有成员(数据和方法)，因此在设计类时需要确定哪些成员为公有成员、哪些成员为私有成员。

“封装性”实现了通过“类”对一类事物的抽象描述，描述一组对象的共同特征和行为。而应用程序想要完成具体的功能，仅有类是不够的，还需要根据类来创建实例对象，可见对象是用于表示现实中该类事物的个体，是对类的实例化。例如将医疗设备看作一个类，那么一台台 B 超机、CT 机则被看作对象，它们之间的关系是共性和个性、模板和实例的关系。

C#中对象是通过类创建出来的，因此程序设计时，最重要的是类的设计，例如要描述一家医院的医疗设备信息，可以先设计医疗设备类(Device)，在这个类中定义三个字段信息包括设备名、型号和维修次数，定义一个方法来表示设备简介。在 VS.NET 开发环境中，选择项目右键选择“添加”→“新建项”→“代码”→“类”，添加 Device 类，具体设计代码如图 6.2.8 所示。

```
Device.cs*    ClassDemo1.aspx.cs    ClassDemo1.aspx
FirstWeb    FirstWeb.Device    Times

using System;
using System.Collections.Generic;
using System.Linq;
using System.Web;

namespace FirstWeb
{
    4 个引用
    public class Device
    {
        public string Name;
        public string Model;
        public int Times;
        2 个引用
        public string Introduce()
        {
            return "设备名称：" + Name + "  型号：" + Model + "  维修次数：" + Times+"<br>";
        }
    }
}
```

图 6.2.8　Device 类设计代码

下面来创建两个对象：一台 B 超机和一台 CT 机，并显示这两台设备对象的设备信息。在 VS.NET 开发环境项目中新建 Web 窗体 ClassDemo1. aspx，具体设计代码如图 6.2.9 所示，运行效果如图 6.2.10 所示。

Device.cs　ClassDemo1.aspx.cs　ClassDemo1.aspx

FirstWeb　　FirstWeb.ClassDemo1

```
using System;
using System.Collections.Generic;
using System.Linq;
using System.Web;
using System.Web.UI;
using System.Web.UI.WebControls;

namespace FirstWeb
{

    1 个引用
    public partial class ClassDemo1 : System.Web.UI.Page
    {
        0 个引用
        protected void Page_Load(object sender, EventArgs e)
        {
            Device d1 = new Device();
            Device d2 = new Device();
            d1.Name = "B超机";
            d1.Model = "B001";
            d1.Times = 2;
            d2.Name = "CT机";
            d2.Model = "CT001";
            d2.Times = 3;
            Response.Write(d1.Introduce());
            Response.Write(d2.Introduce());
        }
    }
}
```

图 6.2.9　创建设备对象的具体设计代码

设备名称：B超机 型号：B001 维修次数：2
设备名称：CT机 型号：CT001 维修次数：3

图 6.2.10　创建设备对象的运行效果

医疗设备信息描述的案例清晰地展现了如何将现实世界的事物利用 C#中面向对象的思想进行表述，如何定义类和创建使用对象。在类中描述的设备名称、型号等信息称为字段，在对象中使用“对象名.字段名”的形式访问该字段信息，因为这里的字段信息是采用公有字段的修饰符，才可以被外部访问。这是实现类和对象的最简单方法。

在类的成员中，有 3 个重要成员使得类和类之间相互发生作用，即用于访问对象数据的属性、用于执行对象的计算和操作的方法以及提供某事件发生的通知，它们是本节阐述的重点。下面以医疗设备 Device 类为例说明创建类时涉及的属性、构造方法、成员方法、成员事件等的用法，以及类实例化对象的方法。

2. 字段与成员属性

字段是用来存储类所拥有的数据，例如上述医疗设备信息案例中使用的公有字段来描述设备信息。

当公有字段被外部访问时存在一定问题，并且在赋值时不能进行有效的控制，应分析如下代码：

```
Device d1 = new Device();
d1.Name = "B 超机";
d1.Model = "B001";
```

```
d1.Times = -1;
```

显然 Times 维修次数的信息不能为负数，代码中采用公有字段为对象的 Times 字段赋值，程序中不会出现任何问题，但显然不符合现实生活的逻辑，存在一定的矛盾。

因此，需要通过属性为对外公开的字段信息进行封装。首先将字段的访问级别设置为 private，并通过属性的 get 和 set 访问器来对字段进行读/写操作，从而保证类内部的数据安全。对于那些仅做类内部运算无需外部访问的字段信息，使用 private 即可，不用进行属性的封装操作。为区分字段与属性，常定义字段为对应属性名前加一个“_”，如属性名为 Name，则对应字段为_Name。

将 Device 类采用私有字段和公有属性的方式进行修改，代码如图 6.2.11 所示。

```
private string _Name;   //定义_Name私有字段，对应Name属性来公开信息
private string _Model;  //定义_Model私有字段，对应Model属性来公开信息
private int _Times;    //定义_Times私有字段，对应Times属性来公开信息
private static string _HospName; //定义静态字段_HospName，对应HospName静态属性
2 个引用
public string Name     //Name 属性用于封装_Name字段 ，通过get服务器或set访问器代码块来实现。
{
    get
    {
        return _Name;  //返回参数值
    }
    set
    {
        _Name = value;   //value为隐藏参数，设置value给字段_Name赋值
    }
}
2 个引用
public int Times    //Times 属性用于封装_Times字段 ，通过get访问器或set访问器代码块来实现逻辑控制
{
    get
    {
        return _Times;  //返回参数值
    }
    set
    {
        if (value < 0)
        {
            throw new Exception("维修次数不能小于0!");     //数据不合法时抛出异常
        }
        else
        {
            _Times = value;   //value为隐藏参数，设置value给字段_Name赋值
        }

    }
}
2 个引用
public string Model        //Model 属性用于封装_Model字段
{
    get
    {
        return _Model;  //返回参数值
    }
    set
    {
        _Model = value;   //value为隐藏参数，设置value给字段_Model赋值
    }
}
```

图 6.2.11　Device 类属性代码

同时修改 Device 类 Introduce 方法的定义，在成员方法中使用私有字段，代码如下：

```
public string Introduce()
{
    return "设备名称：" + _Name + "  型号：" + _Model + "  维修次数：" + _Times + "<br>";
}
```

再用上述“d1.Times = -1;”的异常数据进行测试，此时会主动捕获并出现如图 6.2.12 所示的异常信息，保障了数据的安全有效。

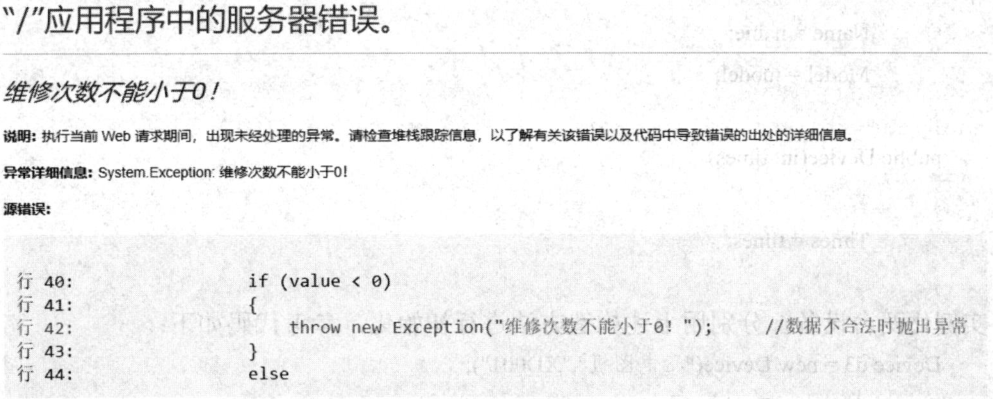

图 6.2.12　Device 类属性操作异常效果

3. 构造方法

在上文创建 Device 类并实例化对象的过程中可以发现，实例化一个类的对象后，如果要给这个对象的属性赋值，需要直接访问该对象的属性。如果想要在实例化对象的同时为这个对象的属性进行赋值，那么就需要通过构造方法来实现。构造方法是类的一个特殊成员，它会在类实例化对象时自动调用执行，负责为对象开辟内存空间，并为对象成员进行初始化。

每个类都有构造方法，上文中虽然没有定义构造方法，但系统会自动提供一个默认的构造方法，没有参数，方法体中没有代码，仅为对象分配内存空间，如下两个代码段具有等同的效果：

(1)
```
public class Devie
{                                   //未定义构造方法
}
```
(2)
```
public class Devie
{
    public Device()             //构造方法无参数、方法体无代码
    {
    }
}
```

从代码中可以看出，构造方法的方法名与类名相同且通常是 public 类型的，构造方法在对象创建时被调用，即当执行 new 语句时被调用，用来初始化一些成员变量。因此可以定义有参数的构造方法来实现对属性的初始化赋值。此外，构造方法与普通方法一样可以进行重载，即在一个类中可以定义多个构造方法，且要求每个构造方法的参数类型或参数个数不同。这样在创建对象时，可以通过调用不同的构造方法来为不同的属性赋值初始化。

以 Device 类为例，为其添加两个构造方法，一个用来初始化赋值设备名、型号参数，

另一个初始化维修次数。构造方法的定义参考代码如下：

```
public Device(string name,string model)
{
    _Name = name;
    _Model = model;
}
public Device(int times)
{
    _Times = times;
}
```

实例化两台设备，分别用上述构造方法进行初始化，参考代码如下：

```
Device d3 = new Device("心电图机","XD001");
Device d4 = new Device(4);
Response.Write(d3.Introduce());
Response.Write(d4.Introduce());
```

运行效果如图 6.2.13 所示。

设备名称：心电图机 型号：XD001 维修次数：0
设备名称：　型号：　维修次数：4

图 6.2.13　构造方法运行效果

练一练

请修改上述对象实例化代码段，用设置对象属性的方法，为 d3 对象设置维修次数为 3，为 d4 对象设置名称为“血球仪”、型号为“W001”。

4. 成员方法

类的成员方法反映了对象的行为，类似于 C 语言的函数，是建立在类中的函数，用于处理类的数据。

Device 类中定义的如下代码段即是对方法的定义：

```
public string Introduce()
{
    return "设备名称：" + _Name + "  型号：" + _Model + "  维修次数：" + _Times + "<br>";
}
```

为 Device 类添加一个“维修”方法，即维修次数增加 1，运行效果如图 6.2.14 所示。

设备名称：B超机 型号：B001 维修次数：2
设备名称：CT机 型号：CT001 维修次数：3
已维修B超机，更新维修次数为3

图 6.2.14　维修成员方法运行效果

参考代码如下：

(1) Device 类添加医疗设备类的成员方法：

```
public string Maintain()
{
    _Times++;
    return "已维修"+_Name+"，更新维修次数为" + _Times;
}
```

(2) Page_Load 事件处理代码中为 d1 对象调用 Maintain 的成员方法：

```
Response.Write(d1.Maintain());  //维修 B 超机
```

5. 事件

事件是一种用于类和类之间传递消息或触发新的行为的编程方式。通过提供事件的句柄，能够把控件和可执行代码联系在一起，如用户单击按钮控件触发 click 事件后就执行相应的事件处理代码。

事件的声明可以通过委托来实现。先定义委托，再用委托定义事件，触发事件的过程实质是调用委托。事件声明的语法格式如下：

```
public delegate void EventHandler(object sender,EventArgs e);     //定义委托
public event EventHandler MyEvent;                                //定义事件
```

EventHandler 委托定义了 2 个参数，分别属于 object 类型和 EventArgs 类型。如果需要更多参数，则可以通过派生 EventArgs 类实现。sender 表示触发事件的对象，e 用于在事件中传递参数。例如，若用户单击按钮，则 sender 表示按钮，e 表示 click 事件参数。MyEvent 事件使用 EventHandler 委托定义，使用了 public 修饰符。

也可以定义事件及事件方法，在其他方法中设置事件的触发点，并在 ASP.NET 页面注册事件，编写事件处理代码。参考代码如下：

```
public event EventHandler MyEvent;                        //定义事件
public void OnMyEvent(object sender,EventArgs e);         //定义事件方法
{
    If(MyEvent!=null)
    {
        MyEvent(this,e);
    }
}
```

ASP.NET 使用事件驱动的编程模型，很多代码都是针对事件处理的，但大多不需要自定义事件。

6. 静态成员 static 关键字

类中的成员有静态成员和实例成员的区分。顾名思义，实例成员是指需要先创建实例对象，并为实例对象分配独立内存空间后，才能通过实例对象来访问这些实例成员。因此，实例成员具有独立的内存空间。

工程应用中，我们希望某些特定的数据在内存中只有一份，并且可以被类的所有实例

对象所共享。例如某个医院的医疗设备共享一个医院名称，此时不必在每个设备对象分配的内存空间都定义一个字段来存储这个医院名称，只需要定义一个静态字段来表示医院名称，让所有对象来共享即可。

静态字段是通过 static 关键字来修饰的字段，不属于任何对象，只属于类，而且只能通过“类名.静态字段名”的方式进行访问。

同理，静态属性通过 static 关键字来修饰的属性，可读/写静态字段的值，同时保证静态字段值的合法性。调用静态属性时需要使用“类名.静态属性名”的方式。

除了静态字段、静态属性外，还有静态方法，如果一个类的所有成员都是静态的，那么这个类就称为静态类。

为 Device 类添加静态属性医院名称 HospName，修改 Introduce 方法添加显示医院名称，在窗体设置医院名称 HospName 属性为“校医室”，然后显示 d1、d2 设备对象的信息。参考代码如下：

(1)
```
private static string _HospName;
                                   //定义静态字段_HospName，对应 HospName 静态属性
public static string HospName      //定义静态属性 HospName
    {
        get
        {
            return _HospName;
        }
        set
        {
            _HospName = value;
        }
    }
```
(2)
```
public string Introduce()    //增加显示医院名称
    {
     return "医院名称："+_HospName+"  设备名称：" + _Name + "  型号：" + _Model + "  维修次数：" + _Times + "<br>";
    }
```
(3)
```
Device.HospName = "校医院";  //通过 Device 类名设置静态属性 HospName 的值
Response.Write(d1.Introduce());  //调用对象方法显示设备信息
Response.Write(d2.Introduce());
```

7. 继承

类的继承是面向对象思想中的一个重要特性。在编写一个新类时，可以通过继承现有类的方式自动拥有该类的所有成员(除构造方法和析构方法外)，从而重用现有类的数据和行为，并扩展新的功能，这样的程序设计方法极大地提高了代码的复用性和可扩展性。

继承描述的是事物之间的所属关系，通过继承可以使多种事物之间形成一种关系体系，

如图 6.2.15 所示，病人和医生都属于人，在程序中可以认为病人和医生继承自人。同理，糖尿病患者和高血压患者继承自病人，而内分泌科医生和心内科医生继承自医生，这些人之间会形成一个继承体系。

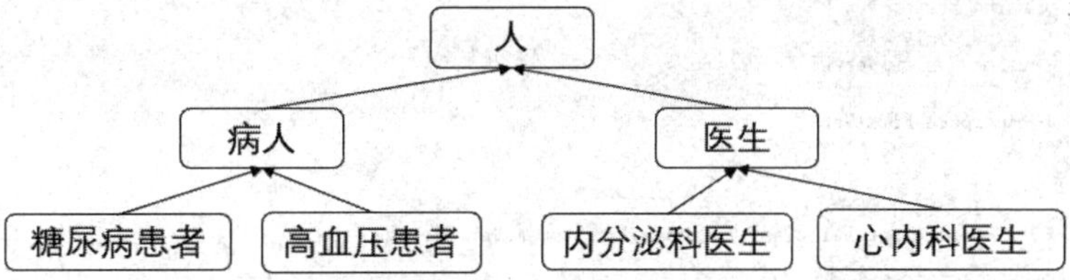

图 6.2.15　继承性示例

C#中，类的继承是指在一个现有类的基础上去构建一个新的类，用“:”表示继承关系。如人和病人之间的继承关系，可以用如下代码表示：

```
class Person
{
}
class Patient: Person
{
}
```

注意：对于 sealed 关键字修饰的类是不具备继承性的，也就是说不能派生子类，通常被称为密封类。如果是 sealed 关键字修饰的方法，则这个类的子类不能重写该方法。

Device 类有一个继承类检验设备类 ClinicalDevice 类，具有新的成员方法质保 Quality，因此需要新建 ClinicalDevice 类，在 ClinicalDevice 类中继承基类的构造方法。针对检验科设备需要增加质保检测的方法，在窗体中通过创建检验设备对象 d5 来进行类功能的测试。代码、对象应用代码和运行效果分别如图 6.2.16～图 6.2.18 所示。

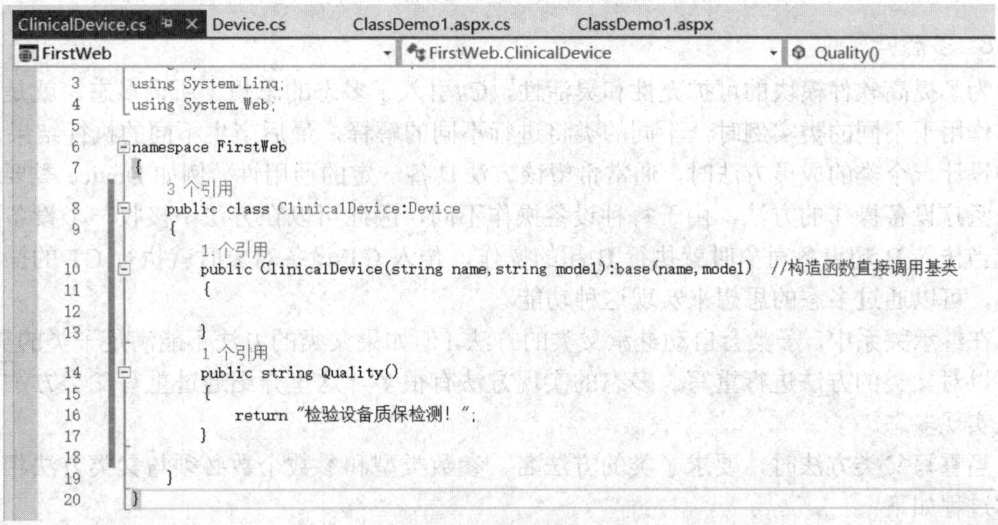

图 6.2.16　ClinicalDevice 类代码

```
using System;
using System.Collections.Generic;
using System.Linq;
using System.Web;
using System.Web.UI;
using System.Web.UI.WebControls;

namespace FirstWeb
{

    1 个引用
    public partial class ClassDemo1 : System.Web.UI.Page
    {
        0 个引用
        protected void Page_Load(object sender, EventArgs e)
        {

            ClinicalDevice d5 = new ClinicalDevice("血球仪", "XQ001");//检验设备类继承性测试
            Device.HospName= "深职院校医院";
            d5.Times = 1;
            Response.Write(d5.Introduce());
            Response.Write(d5.Quality());

        }
    }
}
```

图 6.2.17　ClinicalDevice 类对象应用代码

医院名称：深职院校医院 设备名称：血球仪 型号：XQ001 维修次数：1
检验设备质保检测！

图 6.2.18　ClinicalDevice 类运行效果

想一想

创建子类对象时，构造方法是如何调用的呢？是否首先调用父类的构造方法，然后再调用子类的构造方法呢？

8. 多态

为了提高软件模块的可扩充性和灵活性，C#引入了多态的思想。所谓多态，就是同一操作作用于不同的类实例时，不同的类将进行不同的解释，最后产生不同的执行结果。

设计一个类的成员方法时，通常希望该方法具备一定的通用性。例如 Device 类要实现一个医疗设备操作的方法，由于每种设备操作不同，因此可以在方法中接收一个设备的参数，当传入 B 超设备对象时就执行 B 超的操作，传入 CT 设备对象时就执行 CT 的操作。此时，可以通过多态的思想来实现这种功能。

在继承关系中，子类会自动继承父类的方法，但如果父类的方法不能满足子类的需求，就可以对父类的方法进行重写。多态的实现方法有很多，这里介绍通过重写父类方法的方式来实现多态。

当重写父类方法时，要求子类的方法名、参数类型和参数个数必须与父类方法相同。具体过程如下：

父类的方法必须使用 virtual 关键字修饰，即父类构建虚方法；

子类方法必须使用 override 关键字修饰，即子类覆盖父类的虚方法，要求子类的方法名、参数类型和参数个数必须与父类方法相同；

生成类的实例时，用父类的对象引用派生类的实例，用该对象调用虚方法时，即达到了多态的目的。

通过 Device 类演示多态性，具体过程如下：

(1) 为父类 Device 类添加一个虚方法：

```
public virtual string Action()
{
    return "医疗设备工作<br>";
}
```

B 超机类 BUltra 类、CT 机类 CompT 类是从 Device 类继承的，在它们的 Action()方法前面加上 override 关键字，用来覆盖父类的虚方法，如图 6.2.19 所示。

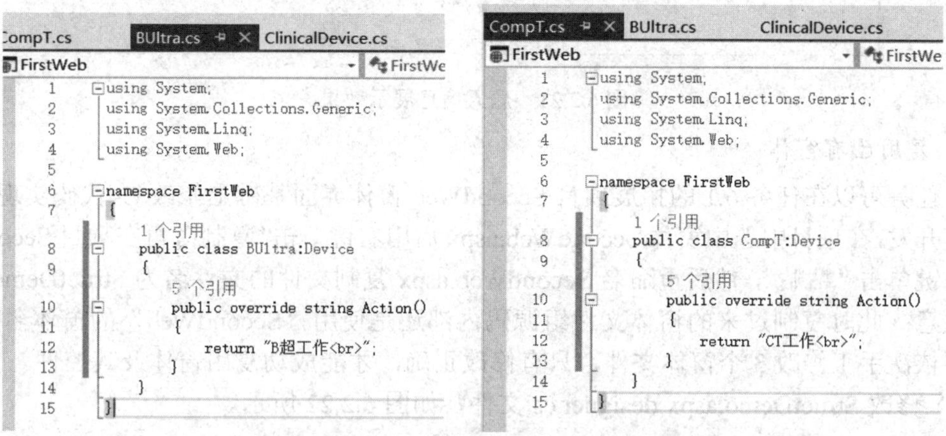

图 6.2.19　重载父类方法

(2) 在窗体中定义 Device 类的对象 aDevice，分别引用 Device 类、BUltra 类、CompT 类的实例，运行时根据 aDevice 实例引用的类型，而不是其本身的类型决定调用哪个类的 Action()方法。

```
Device aDevice = new Device();
Response.Write(aDevice.Action());
aDevice = new BUltra();
Response.Write(aDevice.Action());
aDevice = new CompT();
Response.Write(aDevice.Action());
```

运行效果如图 6.2.20 所示。

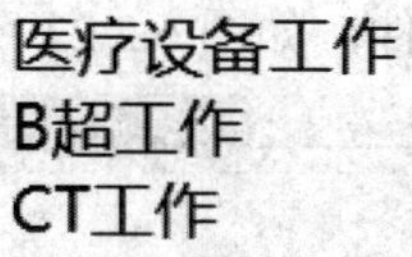

图 6.2.20　多态性运行效果

任务实现

1. 展示结构类型存储的病人基本信息

1) 子任务目标

如图 6.2.21 所示，将用户输入的病人姓名和年龄信息显示于标签控件，单击确定按钮后首先将病人的基本信息存入结构体变量中，再将结构体变量的值显示于标签控件。

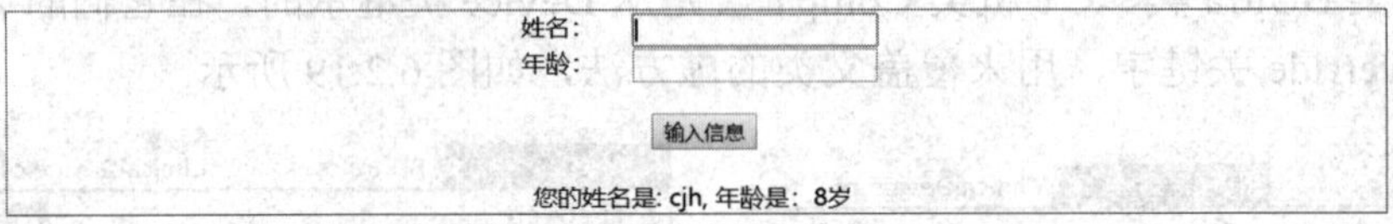

图 6.2.21　病人信息展示效果

2) 复用已有窗体

此任务可以在任务 6.1 的拓展项目 SecondWeb 窗体界面基础上修改 C#代码实现。为避免重复开发，在项目中选中窗体 SecondWeb.aspx 后用右键单击“复制”，再在项目 SecondWeb 上用右键单击“粘贴”，然后重命名 SecondWeb.aspx 复制文件的文件名为 StructDemo.aspx。

注意：此时复制过来的窗体文件组源码内部还是使用“SecondWeb”的窗体名称，因此需要依次手工修改 3 个窗体文件，只有修改正确，才能成功复用窗体及其控件。

(1) 修改 StructDemo.aspx.designer.cs 文件，如图 6.2.22 所示。

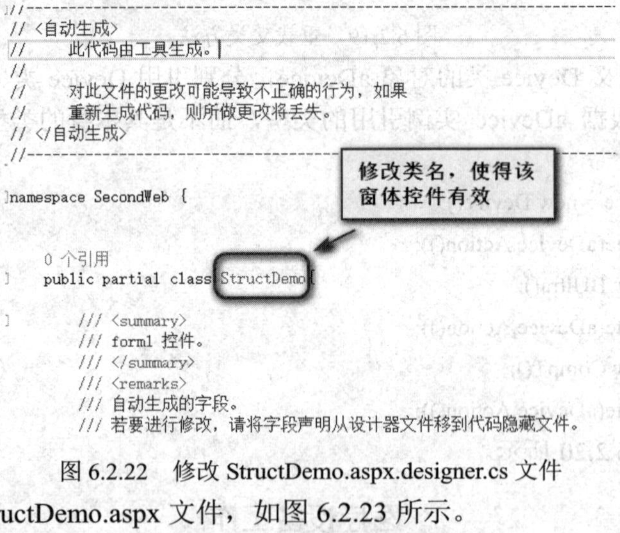

图 6.2.22　修改 StructDemo.aspx.designer.cs 文件

(2) 修改 StructDemo.aspx 文件，如图 6.2.23 所示。

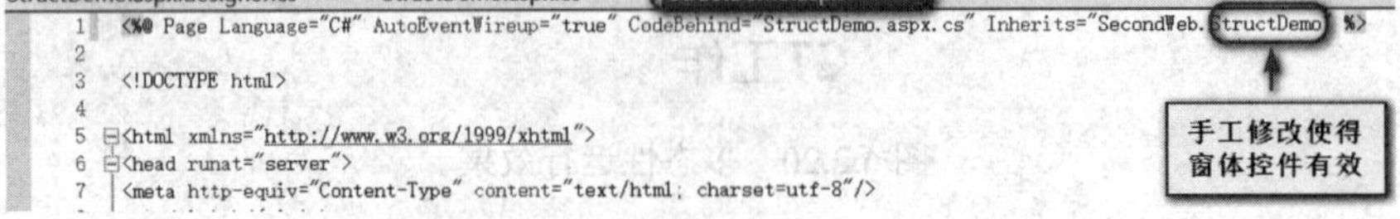

图 6.2.23　修改 StructDemo.aspx 文件

(3) 修改 StructDemo.aspx.cs 文件，如图 6.2.24 所示。

图 6.2.24　修改 StructDemo.aspx.cs 文件

3) 测试复用窗体

为了测试复用窗体能否正常运行，首先将窗体的确认按钮控件的显示内容 Text 属性改为"输入信息"，如图 6.2.25 所示，其次在该窗体上点击右键选择"设为起始页"，在 Page_Load 事件中设置断点，然后选择 debug 运行，观察是否能够正常运行到断点处并及时调试修改错误。

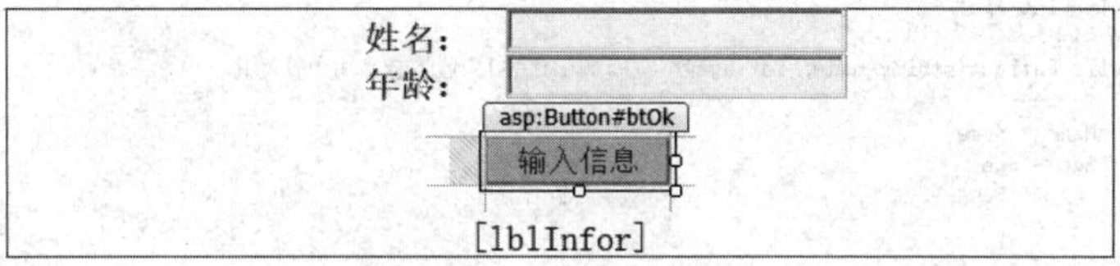

图 6.2.25　修改控件

4) 实现子任务功能

定义结构类型及变量，完成任务功能，参考代码如图 6.2.26 所示。

```
using System;
using System.Collections.Generic;
using System.Linq;
using System.Web;
using System.Web.UI;
using System.Web.UI.WebControls;

namespace SecondWeb
{
    1 个引用
    public struct PatientInfo
    {
        public string Name;
        public int Age;
    }
    0 个引用
    public partial class StructDemo: System.Web.UI.Page
    {
        0 个引用
        protected void Page_Load(object sender, EventArgs e)
        {
            txtName.Focus();
        }
        0 个引用
        protected void btOk_Click(object sender, EventArgs e)
        {
            PatientInfo piPatient1;    // piPatient1是PatientInfo结构类型变量
            piPatient1.Name = txtName.Text;
            piPatient1.Age = int.Parse(txtAge.Text);
            lblInfor.Text = "您的姓名是: " + piPatient1.Name + ", 年龄是: " + piPatient1.Age + "岁";
            txtName.Focus();
            txtName.Text = "";
            txtAge.Text = "";
        }
    }
}
```

图 6.2.26　StructDemo 窗体逻辑代码

2. 展示结构数组存储的一组病人基本信息

1) 子任务目标

如图 6.2.27 所示的任务所实现功能为：在装载页面时初始化三个病人的信息后再传入到结构数组中，并且在返回浏览器时显示这些病人的姓名、年龄信息。

姓名：张三；年龄：45
姓名：李四；年龄：34
姓名：王五；年龄：25

图 6.2.27　一组病人信息显示效果

2) 定义结构类型及其数组变量

使用 foreach 遍历数组元素，完成任务功能，参考代码如图 6.2.28 所示。

```
namespace FirstWeb
{
    6 个引用
    struct Patient
    {
        public string Name;
        public int Age;
        3 个引用
        public Patient(string name, int age)  //Patient结构构造函数，用于初始化
        {
            Name = name;
            Age = age;
        }
    }
    2 个引用
    public partial class ArrayForDemo : System.Web.UI.Page
    {
        0 个引用
        protected void Page_Load(object sender, EventArgs e)
        {
            Patient[] piArray = { new Patient("张三", 45), new Patient("李四", 34), new Patient("王五", 25) };//定义
            foreach(Patient n in piArray)      //循环遍历结构数组的元素n
            {
                Response.Write("姓名： " + n.Name + " ; 年龄：" + n.Age + "<br>");
            }
            //  另一种循环遍历结构数组的方法：for (int i = 0; i < piArray.Length; i++)
        }
    }
}
```

图 6.2.28　一组病人信息显示代码

3. 展示类存储的医疗卡账户信息

1) 类、对象及其属性

创建医疗卡账户类 NewAccount.cs，类的数据成员采用私有字段+公有属性的方式，包括信息有 3 个属性(封装对应的 3 个私有字段)：账户编号(ID)、账户姓名(Name)和账户金额(Balance)，并通过 Introduce 方法返回账户信息。在新建 Web 窗体 ClassDemo2.aspx 内完成张三医疗卡对象(基本信息为“01001”，张三，100)的创建和信息显示，参考代码分别如图 6.2.29 和图 6.2.30 所示，运行效果如图 6.2.31 所示。

ClassDemo2.aspx.cs　ClassDemo2.aspx　NewAccount.cs

FirstWeb　FirstWeb.NewAccount　Introduce()

```
using System;
using System.Collections.Generic;
using System.Linq;
using System.Web;

namespace FirstWeb
{
    2 个引用
    public class NewAccount
    {
        private string _ID;              //定义三个私有字段
        private string _Name;
        private decimal _Balance;
        1 个引用
        public string ID                 //封装字段的3个属性，用于外部访问
        {
            get{      return _ID;       }
            set{      _ID = value;      }
        }
        1 个引用
        public string Name
        {
            get { return _Name; }
            set { _Name = value; }
        }
        1 个引用
        public decimal Balance
        {
            get { return _Balance; }
            set { _Balance = value; }
        }
        1 个引用
        public string Introduce()          //成员方法，显示信息
        {
            return "账号编号：" + _ID + ";账户姓名：" + _Name + ";账户余额：" + _Balance + "<br>";
        }
    }
}
```

图 6.2.29　NewAccount.cs 代码

ClassDemo2.aspx.cs　ClassDemo2.aspx　NewAccount.cs

FirstWeb　FirstWeb.ClassDemo2

```
using System;
using System.Collections.Generic;
using System.Linq;
using System.Web;
using System.Web.UI;
using System.Web.UI.WebControls;

namespace FirstWeb
{
    2 个引用
    public partial class ClassDemo2 : System.Web.UI.Page
    {
        0 个引用
        protected void Page_Load(object sender, EventArgs e)
        {
            NewAccount na1 = new NewAccount();
            na1.ID = "01001";
            na1.Name = "张三";
            na1.Balance = 100;
            Response.Write(na1.Introduce());
        }
    }
}
```

图 6.2.30　ClassDemo2.aspx 代码

账号编号：01001;账户姓名：张三;账户余额：100

图 6.2.31　运行效果

2) 构造方法

修改 NewAccount 类，添加 3 个参数的构造方法，使得创建对象时即可完成实例初始化，并且在 Web 窗体 ClassDemo2.aspx 内完成李明医疗卡对象(基本信息为“01002”，李明，200)的创建和信息显示。特别注意：因添加了有参数的构造方法，系统对于无参数的构造方法不能默认识别，需要手工添加。

(1) 修改类 NewAccount.cs，增加两个构造方法：

```
public NewAccount(string id,string name,decimal balance)
{
    _ID = id;
    _Name = name;
    _Balance = balance;
}
public NewAccount()
{
}
```

(2) 修改 Web 窗体 ClassDemo2.aspx，增加一个对象 na2：

```
NewAccount na2 = new NewAccount("01002", "李明", 200);
Response.Write(na2.Introduce());
```

(3) 设置 Web 窗体 ClassDemo2.aspx 为起始页，以 Debug 调试运行。运行效果如图 6.2.32 所示。

账号编号：01001;账户姓名：张三;账户余额：100
账号编号：01002;账户姓名：李明;账户余额：200

图 6.2.32　构造方法运行效果

3) 成员方法

定义 NewAccount 类的存款和取款方法。存款方法：首先检查存款金额是否大于 0，若大于 0 则将原账户金额与存款金额相加及保存为新的账户金额，并提示该账户存款成功，否则弹出异常信息。取款方法：首先检查取款金额是否小于原账户金额，若是则将原账户金额减去取款金额，再保存为新的账户金额，并提示该账户取款成功，否则弹出异常信息。

(1) 修改类 NewAccount.cs，增加存款方法 Saving 和取款方法 Removing，代码如下：

```
public string Saving(decimal amount)
//定义成员方法 Saving，存款金额 amount 为入口参数
{
    if(amount>0)
    {
        _Balance += amount;
        return _Name + "存款成功！ <br>";
    }
```

```
        else
        {
            throw new Exception("存款金额不能小于或等于 0！");
        }
    }
    public string Removing(decimal amount)
    //定义成员方法 Removing，取款金额 amount 为入口参数
    {
        if (amount<_Balance)
        {
            _Balance -= amount;
            return _Name + "取款成功！<br>";
        }
        else
        {
            throw new Exception("账户金额不足！");
        }
    }
```

(2) 修改 Web 窗体 ClassDemo2.aspx，在原先创建的张三、李明账户及显示基本信息基础上，为张三存款 50 元，为李明取款 80 元后，然后再显示其账户信息，参考代码如下：

```
protected void Page_Load(object sender, EventArgs e)
{
    //新建张三账户，初始金额 100
    NewAccount na1 = new NewAccount();
    na1.ID = "01001";
    na1.Name = "张三";
    na1.Balance = 100;
    Response.Write(na1.Introduce());
    //新建李明账户，初始金额 200
    NewAccount na2 = new NewAccount("01002", "李明", 200);
    Response.Write(na2.Introduce());
    //张三存款 50，并显示金额；
    Response.Write(na1.Saving(50));
    Response.Write(na1.Introduce());
    //李明取款 80，并显示金额；
    Response.Write(na2.Removing(80));
    Response.Write(na2.Introduce());
}
```

(3) 测试运行结果如图 6.2.33 所示。

账号编号：01001;账户姓名：张三;账户余额：100
账号编号：01002;账户姓名：李明;账户余额：200
张三存款成功!
账号编号：01001;账户姓名：张三;账户余额：150
李明取款成功!
账号编号：01002;账户姓名：李明;账户余额：120

图 6.2.33　存取款运行效果

(4) 如果李明取款 250 元，在窗体 ClassDemo2.aspx 中修改对象初始化参数，然后观察运行效果，如图 6.2.34 所示。

"/"应用程序中的服务器错误。

账户金额不足!

说明: 执行当前 Web 请求期间，出现未经处理的异常。请检查堆栈跟踪信息，以了解有关该错误以及代码中导致错误的出处的详细信息。

异常详细信息: System.Exception: 账户金额不足!

源错误:

```
行 60:             else
行 61:             {
行 62:                 throw new Exception("账户金额不足！");
行 63:             }
行 64:         }
```

图 6.2.34　存取款异常运行效果

(5) 在类 NewAccount.cs 中完善金额 Balance 属性的 get 访问器和 set 访问器，使得识别金额为负数时弹出异常信息，参考代码如下：

```
public decimal Balance
{
    get { return _Balance; }
    set
    {
        if (value > 0)
        {
            _Balance = value;
        }
        else
        {
            throw new Exception("账户余额不能小于0！");
        }
    }
}
```

4) 自定义事件

取款时若金额不足则会弹出异常信息，但这个界面不是很友好。能否通过产生并捕捉事件，在事件处理方法中及时处理并提示这种异常信息呢？可以通过自定义事件来实现。

(1) 定义事件和事件方法。在类 NewAccount.cs 中定义事件 Overdraw 和事件方法 OnOverdraw，主要参考代码如下：

```
public event EventHandler Overdraw;          //***********1 定义 Overdraw 事件
…
…
public void OnOverdraw(object sender,EventArgs e)       //***********2 定义事件方法 OnOverdraw
{
    if(Overdraw!=null)
    {
        Overdraw(this, e);
    }
}
```

(2) 捕捉事件。在类 NewAccount.cs 中设置事件的触发点，在取款方法 Removing 中加入触发事件的代码，并调用事件触发方法 OnOverdraw 和触发事件 Overdraw，参考代码如下：

```
public string Removing(decimal amount)
//定义成员方法 Removing，取款金额 amount 为入口参数
{
    if (amount<_Balance)
    {
        _Balance -= amount;
        return _Name + "取款成功！ <br>";
    }
    else
    {
        //throw new Exception("账户金额不足！ ");
        OnOverdraw(this, EventArgs.Empty);
                    //*******3 设置事件触发代码
        return "";
}
```

(3) 注册事件。在 Web 窗体 ClassDemo2.aspx 页面上使用已经触发的事件，必须首先在 Page_Load 中添加注册 Overdraw 事件的代码，使用运算符“+=”注册事件，将事件与事件处理函数 ProcessOverdraw 相关联。参考代码如下：

```
na2.Overdraw += new EventHandler(ProcessOverdraw);
                              //***********4 添加注册事件 Overdraw
```

(4) 处理事件。在 Web 窗体 ClassDemo2.aspx 编写 ProcessOverdraw 事件处理函数的代码逻辑。参考代码如下：

```
private void ProcessOverdraw(object sender,EventArgs e)
```

```
                                //************5 事件处理 ProcessOverdraw
{
    Response.Write("账户余额不足！请及时充值！");
}
```

(5) 测试。在 Web 窗体 ClassDemo2.aspx 调用取款方法，为李明取款 250 元，并显示当前金额。参考代码如下：

```
//测试事件，李明再取款 250，首先注册事件
    na2.Overdraw += new EventHandler(ProcessOverdraw);
                                //**********4 添加注册事件 Overdraw
    Response.Write(na2.Removing(250));
    Response.Write(na2.Introduce());
```

(6) 运行。运行效果如图 6.2.35 所示。

账号编号：01001;账户姓名：张三;账户余额：100
账号编号：01002;账户姓名：李明;账户余额：200
张三存款成功！
账号编号：01001;账户姓名：张三;账户余额：150
李明取款成功！
账号编号：01002;账户姓名：李明;账户余额：120
账户余额不足！请及时充值！账号编号：01002;账户姓名：李明;账户余额：120

图 6.2.35　存取款异常事件捕获运行效果

5) 继承性

新建企业医疗卡账户 EnterpriseAccount 类，如果针对企业账户需要增加 Type 属性，则利用类的继承性，只要添加一个新的属性 Type 就可以了。

(1) 新建类 EnterpriseAccount.cs，定义 Type 属性(及其对应私有字段_Type)存储医疗卡等级，重载构造方法为 4 个参数的方法，对 4 个参数进行初始化。

(2) 在类 EnterpriseAccount.cs 中扩展 Introduce 方法(用 new 关键字隐藏基类的同名方法)，使之能显示包括 Type 属性在内的所有信息。参考代码如图 6.2.36 所示。

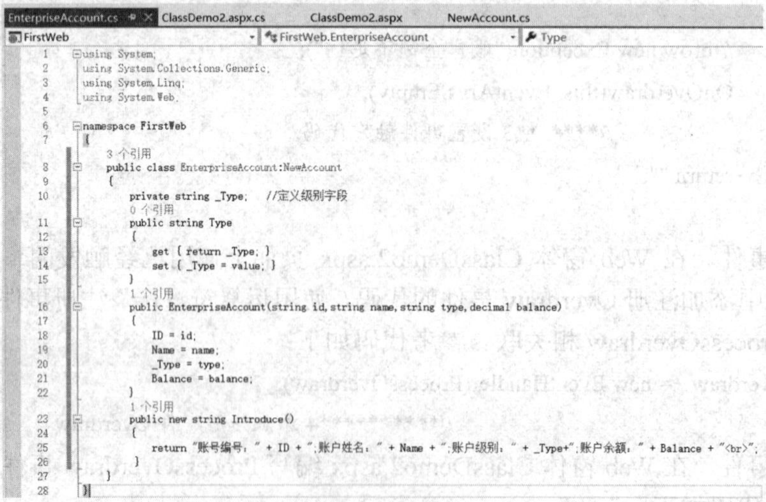

```
using System;
using System.Collections.Generic;
using System.Linq;
using System.Web;

namespace FirstWeb
{
    3 个引用
    public class EnterpriseAccount:NewAccount
    {
        private string _Type;   //定义级别字段
        0 个引用
        public string Type
        {
            get { return _Type; }
            set { _Type = value; }
        }
        1 个引用
        public EnterpriseAccount(string id,string name,string type,decimal balance)
        {
            ID = id;
            Name = name;
            _Type = type;
            Balance = balance;
        }
        1 个引用
        public new string Introduce()
        {
            return "账号编号：" + ID + ";账户姓名：" + Name + ";账户级别：" + _Type+";账户余额：" + Balance + "<br>";
        }
    }
}
```

图 6.2.36　EnterpriseAccount.cs 代码

(3) 在 Web 窗体 ClassDemo2.aspx 新建 EnterpriseAccount 类的对象天方达医疗卡 topsky，初始化信息(“02001”“天方达公司”“一级”，10000)并显示信息。参考代码如下：

```
//测试继承：新建企业账户 topsky，并显示信息
EnterpriseAccount topsky = new EnterpriseAccount("02001", "天方达公司", "一级", 10000);
Response.Write(topsky.Introduce());
```

(4) Debug 调试运行。运行效果如图 6.2.37 所示。

账号编号：02001;账户姓名：天方达公司;账户级别：一级;账户余额：10000

图 6.2.37 继承性运行效果

任务拓展

1. 参考子任务 2，完成一组中药的结构类型存储和信息显示。

2. 参考子任务 3，展示类存储的病人基本信息(姓名、性别、年龄、联系电话)。

(1) 创建病人类 Patient.cs，类的定义采用“私有字段+公有属性”的方式，注意年龄属性大于 0 的合法性判断，通过 Introduce 方法返回病人信息。在新建 Web 窗体 ClassDemo3.aspx 内完成张三病人对象(基本信息为“张三”“男”“50”“13654323456”)的创建和信息显示。

(2) 构造方法：修改病人类 Patient.cs，添加 4 个参数的构造方法，使得创建对象时即可完成实例初始化。Web 窗体 ClassDemo3.aspx 内完成新建病人李四的测试。

(3) 成员方法：修改病人类 Patient.cs，添加成员方法体检 Exam，返回字符串“完成体检！”。

(4) 继承：创建糖尿病人类 DiabPatinet.cs，增加成员方法 BloodTest，返回字符串“完成每日测血糖！”。

(5) 多态：修改病人类 Patient.cs，更改 Exam 方法为 virtual 虚方法；然后在糖尿病病人类 DiabPatinet.cs 中用 override 覆盖虚方法 Exam，返回字符串“完成糖尿病人体检套餐！”；在 Web 窗体 ClassDemo3.aspx 内，用父类 Patient 类的对象引用派生类的实例，用该对象调用 virtual 虚方法，实现对象的多态性。

项目七 GH 子系统动态 Web 开发

项目分析

小张已经系统学习并掌握了通过 ASP.NET 平台进行简单 Web 窗体项目开发的基本技能，理解了基于 C# 的面向对象的核心思想。GH 子系统是医疗 IT 软件产品中的一个小型项目，通过这个项目的研发演练，能够快速掌握基于 B/S 架构的小型信息系统的软件工程开发方法和技能。

在了解软件工程中的项目需求分析、概要设计、数据库设计、项目实现及测试等完整的项目生命周期之后，小张将 GH 子系统进行模块拆解，分为登录模块、主页面模块、系统管理模块和挂号登记及查询业务模块共四个模块的实践任务来强化学习 ASP.NET 技术。项目实战完成.NET Framework 下的 WebForm 开发，通过 HTML 标签或服务器控件构建网页界面；利用 JavaScript 脚本来实现部分的页面交互功能；使用 ADO.NET 实现数据库访问功能，这些技巧都可以在项目开发中不断学习并运用。

任务 7.1 GH 子系统需求分析与设计

任务描述

医疗软件产品是如何从用户需求出发，经过设计研发而最终成为提供功能服务的软件产品呢？小张通过 GH 子系统的设计开发过程，逐步学习与体验医疗 IT 产品软件开发的项目生命周期过程，深入了解产品开发全流程及其对于技术文档的规范性要求，以培养良好的项目开发素养。

(1) GH 子系统功能需求分析；

(2) GH 子系统功能模块设计；

(3) GH 子系统数据库设计。

学一学

智能医疗产品是一套综合化的复合系统，其开发必须要有整体的观点、全局的意识，应采用系统工程的原则，即“自上而下地设计，自下而上地实现”。严格按照软件工程的原理，结合结构化系统设计方法和软件生命周期法，自始至终注重标准化问题。

1. 项目需求分析

项目需求分析阶段的任务是确定系统功能、性能要求(包括数据要求)，识别问题域的对象和关系，编写用户手册概要，确认测试准则，为系统设计提供需求说明书。

2. 项目设计

项目设计阶段的任务是基于问题域和用户需求的描述，建立现实世界的计算机实现模型，将目标系统分解为子系统，然后基于分析模型逐步细化，以完成系统的功能模块设计和数据库设计。

1) 概要设计

概要设计阶段的重要任务是进行子系统的划分，即只有合理划分子系统，设计各子系统间的联系，才能满足系统总体目标需求。根据需求说明书，建立医疗信息系统的总体结构与其各子系统或各子系统与其各模块之间的关系，定义各子系统或各功能模块之间的接口，设计全局性的数据库结构和功能数据结构，制订组装测试计划。

设计系统总体结构时，各模块尽量做到高内聚度、低耦合度，以降低模块接口的复杂性，提高目标系统的可移植性。

因此一个复杂的医疗信息系统是需要团队协作完成的，需要划分子系统，描述各子系统间的信息和控制接口，再为每个子系统定义功能模块及各模块间的数据接口。

每个子系统的模块描述不仅对后续的程序实现阶段很关键，对于系统的可读性和可移植性也很重要。功能描述，即用矩阵表示出每行的功能由哪些列的模块实现；而接口描述，则重点描述模块内部各元素间接口、本系统与外界软硬件等的接口、与用户的命令应答接口等；另外，还要描述全局变量等信息。

在完成子系统和模块划分后，还要明确如何进行系统组装，即如何将各子系统组装成整个医疗信息系统。此时需考虑组装测试计划文档，内容包括组合说明、测试内容等说明。

2) 详细设计

系统概要设计为模块的详细设计和实现奠定了基础，而系统详细设计的任务就是对概要设计产生的功能模块进行过程描述或算法描述，使其细化为易读且便于编程实现的模块，即可编程模块。

结构化程序设计中，可编程模块的过程描述常采用 IPO 图，如图 7.1.1 所示。在 IPO 图中包括明确任务要求、确定程序性功能及输入/输出特征等部分。根据 IPO 图，选择数学模型和算法，采用伪代码描述算法，并绘制逻辑流程图。

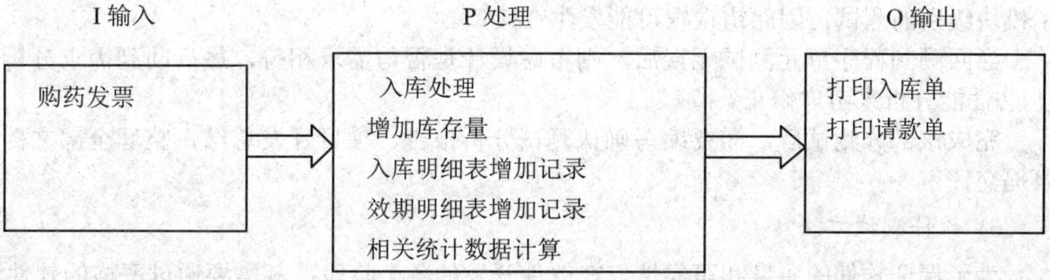

图 7.1.1　药品入库模块 IPO 图

详细设计阶段形成模块开发手册。在结构化程序设计模式下，详细设计生成包括算法和数据结构、源代码编写说明等的模块开发手册，而对于面向对象的程序设计则需要进行相应的类的设计和说明。

针对概要设计阶段的组装测试文档，详细设计阶段也应针对各模块制订可编程模块组装前的测试方案。

3) 数据库设计

数据库的设计流程为：概念结构设计→逻辑结构设计→物理结构设计，详细请参阅任务 5.1。

概念结构设计主要明确信息的实体、属性及联系的表示，包括各数据项、记录、定义、类型、单位和值域等，以建立数据库的用户视图。

逻辑结构设计主要把概念设计中的原始数据分解、合并后重组出数据库全局逻辑结构，包括关键字和属性、记录结构和表结构、各表间关系等，以建立数据库管理员视图。

物理结构设计主要建立系统程序员视图，包括数据在内存分配、访问数据方式等。数据库的设计除数据库结构设计外，还有数据字典设计、安全性设计等。

3. 项目实现

项目实现又称编码或开发，详细设计通过评审后即进入项目实现阶段，把详细设计说明的模块开发手册变成用特定的程序设计语言书写的源程序编码，并对源程序进行程序单元测试，以验证程序接口描述是否与详细设计说明一致。

4. 项目测试和维护

测试是检验系统是否满足用户功能需求，以便增加用户对系统的认可度。系统经过测试后，整个开发流程告一段落，交付用户使用，并进入运行维护或新的功能扩展时期。

1) 系统的组装测试

对完成源程序编码及程序单元测试的模块，按照概要设计中各功能模块的说明及组装测试计划进行组装测试，要求保证模块间(子系统间)无误连接，对子系统或整个医疗信息系统的输入/输出处理进行测试，以求达到设计要求。

测试人员需要按照正确处理能力和纠错能力两个方面对系统进行全面测试，并分析测试结果，找出产生错误的原因，提交测试分析报告。

2) 系统的确认测试

邀请用户一起参加确认测试，成功后方可交付使用。对于复杂系统，在确认测试中发现的错误一般采取回溯法，重点检查接口参数的传递是否有误。一般在确认测试前已完成了模块级别的测试，因此错误很可能发生在接口。

当回溯到程序单元测试无误后，则考虑设计是否与需求相符，最后回到需求分析中的功能/性能分析来考虑修正。

完成该部分测试后，需要编写确认测试分析报告、项目开发总结，整理全部文档后即可提交评审。

3) 软件测试方法

为了保证软件的质量和可靠性，在软件开发的各个阶段，都需要通过严格的软件测试来验证其性能。

软件测试通常是根据软件开发的规格说明和程序内部结构精心设计的一批测试用例(即输入数据和预期的输出结果)，并利用测试用例运行程序，以检验程序是否存在错误或运行问题。

测试方法可以采用黑箱或白箱测试。

黑箱测试：不考虑程序内部的逻辑结构和特性，只依靠程序的规格说明书，检查程序的功能是否符合功能说明。因此，黑箱测试又称功能测试或数据驱动测试。

白箱测试：需要对软件的过程性细节做细致的检查。它需要测试人员利用程序内部的逻辑结构及有关信息，设计或选择测试用例。一个软件通常具有多种选择和多个循环嵌套程序。它们的组合情况将是一个天文数字，即通常说的组合爆炸，理论证明它是不可穷举的。因此，软件测试只能测试软件的主要功能和可能出现的问题，得出相对可靠的结论。既然穷举测试是不可行的，为了节约时间和资源，提高测试效率，就必须对程序所有逻辑路径进行测试。要做到这点，就必须精心设计测试用例，挑选尽可能少的测试数据，测试尽可能多的情况，以达到最佳测试效果。

测试用例的设计，可以采用以下一些方法：

逻辑覆盖：以软件内部的逻辑结构为基础，设计一组测试用例，详细测试软件所有可能的逻辑情况。

基本路径测试：根据软件的流程，测试所有可能执行的程序运行路径。当然要对测试的流程进行精简。

等价类划分：由于软件可能的输入/输出数据是不可全部穷举的，因此，测试用例要从全部输入域中挑选出一个子集，也就是等价类。这个子集与全集的等价程度，就是测试用例的质量。

边界值分析：该方法也是一种黑箱测试方法，是对等价类划分方法的补充。因为软件错误大量发生在输入/输出的边界值范围附近，因此，重点测试边界值可以大大提高测试的质量和效率。

错误推测法：测试人员可以依据经验和直觉，推测程序中可能存在的错误，并有针对性地组织测试用例。

4) 系统维护

医疗信息系统生命周期最后一个阶段即使用与维护阶段，系统将会在运行中不断维护和完善，因此，要求相关产品技术人员能及时发现运行中的错误，采取有效措施，在严格管理控制下实施修改与维护。

维护过程也需要完善的文档管理，必须填写修改报告，包括错误类型、修改策略、修改状态和修改情况。修改报告审批通过后方可实施修改，并测试修改后的系统，还要相应修改开发手册等技术文档，连同修改好的文档和新版本软件一并提交，及时归档。

任务实现

1. GH 子系统功能需求分析

随着互联网信息化技术的普及，医生个人诊所、药房诊所等多点执业模式的推进，对于基于 B/S 架构的小型精简门诊挂号看病系统的需求日益增大。

GH 子系统的功能包括登录、挂号、挂号信息查询、用户管理、科室管理、挂号类别管理等模块。

医生用户输入用户名、密码和校验码后方可登录，登录成功的医生用户可以进行挂号和挂号查询操作。在挂号页面录入患者基本信息后即可成功存储患者信息和挂号信息，医生可以随时查看挂号信息。

登录成功的管理员用户可以进行用户管理，对医生信息进行维护，以及进行管理员权限分配；管理员用户还可以对科室、挂号类别等挂号操作相关的数据字典信息进行增、删、改、查等维护操作。

GH 子系统的性能需求主要体现在界面响应时间等数据库访问效率方面，因此在数据库设计、数据库访问操作以及界面控件使用等详细设计时需要进行相关考虑。

GH 子系统实现了门诊挂号模块的业务功能，涉及的项目用例如图 7.1.2 所示。

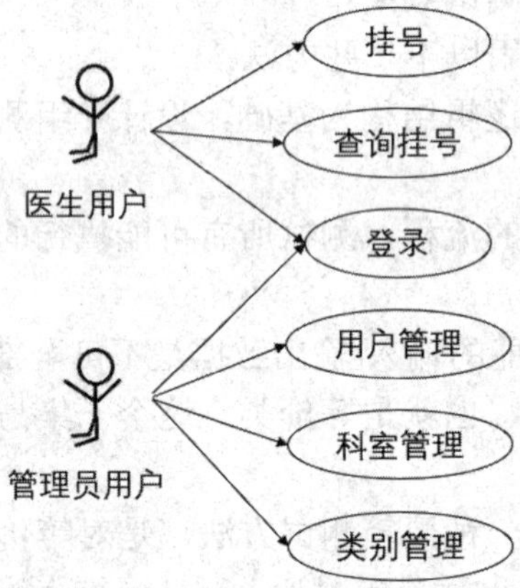

图 7.1.2　GH 子系统用例图

2. GH 子系统功能模块设计

表 7.1.1 列出了 GH 子系统功能模块划分结构说明表，对于较复杂的功能模块，还可以增加一列“功能描述”进行补充说明。针对需求分析阶段的功能需求，系统概要设计阶段进行了子模块划分设计，为下一步的系统详细设计和实现奠定了基础。

表 7.1.1　GH 子系统功能模块划分结构说明表

一级菜单	二级菜单
登录管理	登录
	退出系统
用户管理	创建用户
	修改用户
	删除用户
	查看用户列表
科室管理	查看科室列表

续表

一级菜单	二级菜单
	新增科室
	修改科室
	删除科室
挂号类别管理	新增挂号类别
	修改挂号类别
	删除挂号类别
	查看挂号类别
挂号管理	创建挂号
	挂号查询

3. GH 子系统数据库设计

如图 7.1.3 所示，任务 5.1 对 GH 子系统的数据库 GH 的设计过程进行了详细阐述，在此不做赘述，读者只需注意各个表的主键、字段数据类型、外键及表之间的关联即可。

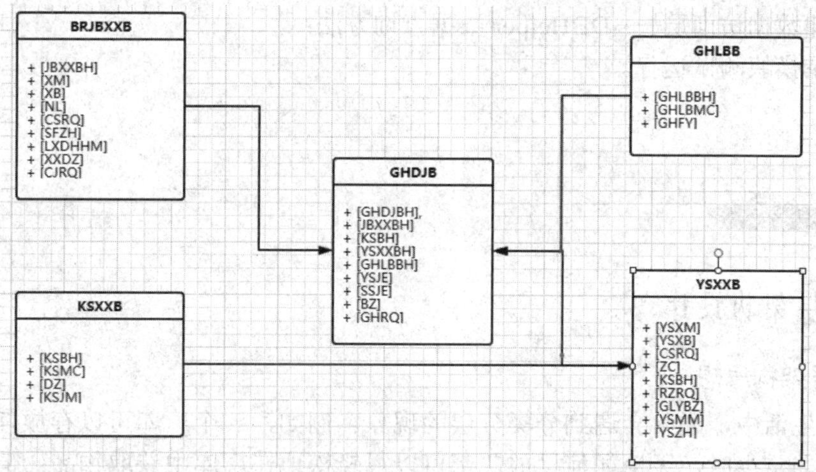

图 7.1.3　GH 子系统数据库逻辑图

任务拓展

完成小型医疗 IT 系统的需求分析与设计

根据项目生命周期阐述，完成小型医疗 IT 系统分析与设计，参考命题(可选其他题目)如下：

(1) 住院管理子系统；

(2) 药品管理子系统；

(3) 设备管理子系统；

(4) 慢病管理子系统；

(5) 亚健康服务管理子系统。

任务 7.2　GH 子系统登录模块实现

任务描述

登录模块通常是信息系统的门户页面，因涉及登录用户的数据信息验证，需要数据库访问逻辑，所以登录模块通常都是后端架构师负责开发的。一般大公司会明确区分 Web 前端开发人员和 Web 后端开发人员，不过也有很多公司要求 Web 应用开发人员具备前后端开发技能，也就是常说的“全栈”。小张立志要成为一名技术全面的全栈工程师，努力做到后端十分精通，前端十分熟练，他决定从开发登录模块开始学习。

(1) 构建分层架构——Web 项目 GH 及类库项目 common；

(2) 构建表现层——Login 窗体表单界面；

(3) 编写登录验证的一般处理程序；

(4) 编写 Login 窗体逻辑编码；

(5) 构建数据访问层——DBHelper 数据查询方法；

(6) 登录模块测试运行。

学一学

7.2.1　分层架构设计

1. 分层架构思想

在日常生活中，通常会遇到分类分层的现象。例如，一个厂库可以存放任何物品，当存放的物品非常少时，无论如何摆放，都可以很轻松地在厂库中获取物品；但是如果物品数量过多，随意摆放物品就会给我们寻找物品增加很多困难，因此需要在厂库中创建一个合理的层次化架构，将物品分门别类地进行存放。就像我们的住房，一层是大厅、二层是卧室等，进行分层后就可以明确每一层的用途和功能，使得逻辑更加清晰、功能更加明确。程序设计也是如此，为了让整个程序逻辑结构更加清晰、便于代码的管理，在实际开发中，通常会将项目分为三层或更多层的架构来设计实现。

软件开发的分层架构设计，目的是为了让项目功能、文件、方法等得到最佳的分门别类，通过对程序中的代码进行分类管理来使程序结构更加清晰。这样，当项目功能复杂化且代码量增大之后，仍然可以快速开发，快速定位功能、文件和方法等。因此分层架构设计也是一种管理项目的方法。

因此，在企业开发团队中，优秀的架构师要设计出一个优秀的框架，使得团队开发人员能在这个基础框架上快速地开发业务功能，并能很快地获取自己想要的“工具”来开发符合各自需求的业务功能模块。当然架构的设计要取决于项目需求，大型复杂项目或是小型项目，其框架的设计都会不同，此时除了考虑分层架构下的代码清晰度、低耦合、可扩展性、可维护性外，还需要综合考虑开发成本、系统性能等因素，针对需求进行架构方案的折中选择。

2. 三层架构

三层架构是较常用的框架模式，就是在项目开发过程中根据代码的不同功能，分别对代码进行分类存储与调用。通常将整个项目业务应用划分为三层，由下至上依次为：数据访问层、业务逻辑层、表现层。

(1) 数据访问层(DAL 层)：主要用于存放对数据库或数据文件中原始数据进行操作的代码，封装了所有与数据库交互的操作，并为上层业务逻辑层提供数据服务。该层一般存放在类库文件中。

(2) 业务逻辑层(BLL 层)：主要用于存放针对具体问题对数据进行逻辑处理的代码，可实现针对特定功能的业务对于下层数据访问层功能方法的调用，并为上层表现层传输数据。一般业务逻辑层存放在类库文件中或者一般处理程序中，小型项目可以省略此层。

(3) 表现层(UI 层)：主要用于存放用户交互的展示页面，对于小型项目也可以将部分业务逻辑层功能代码放置在页面的 C#逻辑文件中。

7.2.2　一般处理程序

1. 一般处理程序

一般处理程序是一个后缀名为.ashx 的代码文件，该文件的类实现了 IHttpHandler 接口，这个类用于负责处理它所对应的 URL 的访问请求，接受客户端浏览器发送的请求信息和发送响应内容，也就是后台接收用户请求、进行相关逻辑处理并最终返回处理结果的代码模块，并且没有前台交互界面，因此也常用于业务逻辑层的代码开发。

小提示

实现 IHttpHandler 接口的类是作为一个外部请求程序的前提，凡是没有实现该接口的类都不能被浏览器访问。

2. GET 和 POST 请求方式

GET 请求和 POST 请求是向服务器发送请求的两种方式，其中，GET 请求是将需要提交给服务器的数据放置在 URL 地址中，而 POST 请求则是将请求数据封装到请求报文中进行发送。关于这两种请求的详细讲解请参考 1.2.5 节。

3. Request 对象和 Response 对象

1) Request 对象

Request 对象的作用是获取从客户端向服务器发出的请求信息，该对象包含了 HTTP 请求报文的信息。根据请求方式的不同，可以通过三种方式获取客户端的请求信息，分别是

QueryString 属性、Form 属性、Request 对象，如下所示：

get 请求方式： string name=context.Request.QueryString["Name"];

post 请求方式：string name=context.Request.Form["Name"];

get 请求和 post 请求：string name=context.Request ["Name"];

2) Response 对象

Response 对象用于将服务器响应的数据发送给客户端，该对象包含了 HTTP 响应报文的信息，并封装了一些特定的操作。例如，Write()方法可实现向客户端页面输出内容的功能，Redirect()方法可实现页面间跳转的功能，如下所示：

```
context.Response.Write("登录成功");
context.Response.Redirect("https://szpt.edu.cn");
```

关于 Request 对象和 Response 对象的功能和操作方法，在任务 1.3 中 Node.js 的相关任务中有所阐述，都是通过相应的对象及其属性或方法，来操作 HTTP 协议请求报文和响应报文，具有一定的共性，读者可以对照学习。

7.2.3 ASP.NET 内置对象

在开发一个 Web 项目时，不仅需要处理用户发出的请求，还需要同时解决用户的状态管理问题，主要通过使用 Cookie 和 Session 对象来保存用户状态信息，这两种都是用来解决 HTTP 协议无状态问题的方法，都可以用来记录用户信息。不同之处在于 Cookie 对象将数据放置在浏览器端，而 Session 对象将数据放置在服务器端；Cookie 存放的信息存在安全隐患，而且有可能存在用户的浏览器 Cookie 被禁用，那么 Cookie 功能将会失效，而 Session 存放在服务器端较为安全，可以存放用户名、密码等安全数据。

1. Cookie 对象

Cookie 对象是 ASP.NET 的一个内置对象，该对象可以在浏览器端存储一定的数据。当页面向服务器发送请求时都会包含 Cookie 对象的相关信息，通过判断该信息来确定用户的状态信息，如存储用户名、密码等登录状态信息。Cookie 对象的使用方式如下：

创建一个 Cookie 对象：HttpCookie cookie=new HttpCookie("Login");

用键值对添加存储信息：cookie.Values.Add("Name", "John");

设置 Cookie 为 1 年：cookie.Expires=DateTime.Now.AddYears(1);

服务器将 Cookie 放入 Response 对象：Response.Cookies.Add(cookie);

浏览器获取 Cookie 中的值：string name=cookie.Values["Name"];

2. Session 对象

Session 对象也是 ASP.NET 的内置对象，该对象可以用来将数据保存到服务器端，实现服务器跨页面存取数据的功能。客户端浏览器发送请求访问 Session 数据时需要包括 SessionID，服务器端代码通过获取 SessionID 来找到保存的数据。因此，客户端需要接收、存储和回送 Session 对象的 ID，通常情况下，Session 借助 Cookie 来传递 ID 属性。Session 对象的使用方式如下：

(1) 设置 Session 的值：Session["ItemCount"]=0;

(2) 获取 Session 的值：int i=(int) Session["ItemCount"];

3. Server 对象

Server 对象是 ASP.NET 的内置对象，提供了一些方法和属性用于对服务器资源进行访问，其使用方法如下：

(1) 获取服务器的计算机名：string machineName=Server.MachineName;

(2) 获取请求超时值：int timeOut=Server.ScriptTimeout;

(3) 获取当前目录所在服务器的物理路径：string path=Server.MapPath(".");

4. Application 对象

Application 对象是一个全局对象，表示应用程序状态，可以供应用程序中所有类来使用。其原理是在服务器端建立一个状态变量存储所需要的数据，通常用来记录网站被访问的次数，其使用方法如下：

(1) 设置对象值：Application["Visitors"]=0;

(2) 锁定当前对象：Application.Lock();

7.2.4 ADO.NET 数据访问对象

ADO.NET 是微软提供的一个框架类库，ADO.NET 的核心组件类(对象)如表 7.2.1 所示。开发者将 SQL 语句交给 ADO.NET 的相关对象，由其负责与数据库进行沟通来实现数据访问的操作，因此使用 ADO.NET 就可以在程序中操作数据库。

ADO.NET 数据访问对象位于 System.Data 命名空间，对于不同数据源类型的类库也有相应的命名空间。例如，对于 Microsoft SQL Server 数据库，数据访问类位于 System.Data.SqlClient 命名空间；对于 Microsoft SQL Server 数据库而言，表 7.2.1 中所示的大部分数据访问对象都位于 System.Data.SqlClient 命名空间，使用时应特别注意，DataSet 类位于 System.Data 命名空间。

表 7.2.1　ADO.NET 对象

ADO.NET对象	功 能 说 明
Connection	提供到数据源的连接
Command	对数据源执行命令
DataReader	从数据源读取只进且只读的数据流
DataAdapter	在数据源和 DataSet 对象之间起到桥梁作用，使用数据源填充 DataSet，并可以更新数据
DataSet	一个存放于内存中的数据缓存，存放从数据源获取的数据集合

1. SqlConnection 对象：创建数据库连接对象

在 ADO.NET 中，首先需要使用 Connection 对象连接特定的数据源，根据数据源类型的不同，会有相对应的 Connection 对象。例如，对 Microsoft SQL Server 数据源的连接就使用 SqlConnection 对象，对于 Oracle ODBC 数据源的连接使用 OracleConnection 对象，对于 OLE DB 数据源则使用 OleDbConnection。

SqlConnection 对象最重要的属性是 ConnectionString 属性，即连接字符串，可以获取或设置用于连接 SQL Server 数据库的字符串，其中包括登录连接数据库服务器所需要的服务器名称、用户名和密码等身份验证信息，以及源数据库名称。这样，SqlConnection 对象就可以打开特定数据源的连接，典型代码段如下：

```
SqlConnection cnn = new SqlConnection("server=服务器名;uid=用户;pwd=密码;database =数据库名");
```

由于在应用程序中写入连接字符串可能会导致安全漏洞和维护问题，因此，在实际工程应用中常把上述连接数据库的参数字符串保存在配置文件 Web.config 中。这样多个窗体页面可以共享使用连接字符串，同时具有更高的安全性。

配置连接字符串，需要在 Web.config 中添加如下 connectionStrings 节点数据代码段，声明数据库服务器、数据库名、用户名和密码信息：

```
<connectionStrings>
<add name="con" connectionString="server=服务器名;database=数据库名;uid=用户;pwd=密码"/>
</connectionStrings>
```

如何在代码中访问 Web.config 文件的 connectionStrings 节点数据呢？ASP.NET 提供了一个配置类 ConfigurationManager，通过该类的方法和属性即可以编程方式操作访问 Web 服务器上的配置文件 Web.config。当然，如果要使用 ConfigurationManager 类，则需要引入 System.Configuration 命名空间。

同时，SqlConnection 对象提供最常用的方法是 Open ( )和 Close( )，分别用于打开和关闭数据库连接。

这样通过使用 Web.config 文件和 SqlConnection 对象，连接数据源的代码段可以改编如下：

```
string ConnStr = ConfigurationManager. ConnectionStrings ["con"]. ConnectionString;
                                                  //获取 Web.config 中的连接字符串
SqlConnection cnn = new SqlConnection(ConnStr);  //实例化连接
cnn.Open();
```

2. SqlCommand 对象：执行 SQL 语句的对象

建立与数据源的连接后，可以使用 Command 对象执行增、删、改、查等数据访问的操作命令。Command 对象可以执行 SQL 语句或存储过程，而 SqlCommand 对象则是适用于 SQL Server 数据库的对象。

SqlCommand 对象使用 CommandText 属性指定执行的 SQL 语句或存储过程；使用 CommandType 属性说明命令的执行类型，并默认执行 SQL 语句；使用 Connection 属性指定使用的数据源连接对象；使用 Parameters 属性配置命令语句中的参数。

SqlCommand 对象常用的方法包括 ExecuteNonQuery( )、ExecuteReader( )和 ExecuteScalar( )。其中 ExecuteNonQuery( )方法对数据源执行命令并返回受影响行数，ExecuteReader( )方法执行查询并返回 SqlDataReader 对象，ExecuteScalar( )执行查询并从数据库中返回单个值。

使用 SqlCommand 对象执行命令，即根据需求指定不同的 SQL 语句，实例化并执行

SqlCommand 对象，一般用来对数据库进行增、删、改等 SQL 操作。以下示例代码段用于实现将 BRJBXXB 中“李鹏”的地址信息改为“龙华”的功能，读者可以参考学习 SqlCommand 对象的使用模式：

```
string ConnStr = Configuration Manager. ConnectionStrings ["con"]. ConnectionString;
                                                        //获取 Web.config 中的连接字符串
SqlConnection cnn = new SqlConnection(ConnStr);     //实例化连接
string Sql="update BRJBXXB set XXDZ='龙华' where XM='李鹏'";  //定义 SQL 修改操作的语句
SqlCommand cmd=new SqlCommand(Sql,cnn);         //创建 SqlCommand 对象
cnn.Open();                                       //打开数据库连接
cmd.ExecuteNonQuery();                            //执行命令中实现更新功能的 SQL 语句
cnn.Close();                                      //关闭数据库连接
```

在 VS.NET 平台通过“工具”→“连接到服务器”配置完毕后，即可在 VS.NET 平台的“服务器资源管理器”中观察数据库表的运行效果。

3. SqlDataReader 对象：数据查询法

DataReader 对象可以从数据库检索只读的数据流。由于这里使用的是 SQL Server 数据库，因此对应使用 SqlDataReader 对象。

在访问数据库时通常会同时使用多个 ADO.NET 对象，通过这些对象的配合使用，可以更加灵活、方便地操作数据库，其中最基本的两个对象是 SqlConnection 对象和 SqlCommand 对象。

实现查询数据的功能通常有两种方法：一种是使用 SqlDataReader 对象从数据库检索只读的数据流，通过调用 SqlCommand 对象的 ExecuteReader()方法，在执行查询时生成一个 SqlDataReader 对象，返回查询结果，并存储在客户端的网络缓冲区中，然后通过 SqlDataReader 对象的 Read()方法从查询结果中获取数据行，再用列的名称或序号来引用返回行的每一列信息。

以下示例代码段实现了查询 BRJBXXB 中姓名为李鹏的记录信息：

```
string ConnStr = ConfigurationManager.ConnectionStrings["con"].ConnectionString;
                                                        //获取 Web.config 中的连接字符串
SqlConnection cnn = new SqlConnection(ConnStr);  //实例化连接
string Sql="select * from BRJBXXB where XM='李鹏' ";
                                                        //定义 SQL 查询操作的语句
SqlCommand cmd=new SqlCommand(Sql,cnn);         //创建 SqlCommand 对象
cnn.Open();                                       //打开数据库连接
SqlDataReader dr=cmd. ExecuteReader();     //执行命令读取数据，生成 SqlDataReader 对象
if(dr.HasRows)
{
 While(dr.Read())                              //遍历表中每一行记录
 {
```

```
    Lable1.Text+="姓名: "+dr.GetString(1)+ "<br/><br/>";  //id 为 Lable1 的标签控件用于显示
  Lable1.Text+="年龄: "+dr.GetInt32(3) +"<br/><br/>";
        Lable1.Text+="电话号码: "+dr.GetString(6) +"<br/><br/>";
      }
    }
    else
     Lable1.Text="没有病人信息! ";
    dr.Close();                                          //关闭 SqlDataReader 对象
    cnn.Close();                                         //关闭数据库连接
```

由于 SqlDataReader 对象以独占方式使用数据源，因此每次使用 SqlDataReader 对象后都要通过 Close()方法手工将其关闭。

练一练

请修改窗体界面，使得用户可以通过 TextBox(id 为 txtName)输入待查询的病人姓名，点击查询按钮，完成查询显示功能。

提示：使用带参数的 SqlCommand 对象，需要在上述代码基础上修改或补充如下代码：

(1) string Sql="select * from BRJBXXB where XM=@sname";

(2) cmd.Parameters.AddWithValue("@sid",txtName.Text);

4. SqlDataAdapter 对象和 DataSet 对象：数据访问法

基于 Connection 对象和 Commond 对象，ADO.NET 还提供了另外一种访问和更新数据库的方式——DataAdapter 对象和 DataSet 对象，对于 SQL Server 数据库就是 SqlDataAdapter 对象。特别注意，DataSet 对象位于 System.Data 命名空间，而不是 System.Data.SqlClient 命名空间。

SqlDataAdapter 对象通过 SqlConnection 对象连接到数据源，并使用 SqlCommand 对象从数据源检索数据，填充 DataSet 中的表，同时也可以将 DataSet 所做的更改解析回数据源，因此这种访问方式对于数据库是双向的。DataSet 是数据驻留在内存中的形式，表示包括相关表、约束和表间关系在内的整个数据集，用于保存 SqlDataAdapter 对象中的数据，操作相对灵活方便。DataAdapter 的 Fill()方法可隐式地打开 Connection，并在工作完成时自动关闭连接，因此代码中不需要显式打开和关闭 Connection。

数据访问的基本代码段如下：

```
string ConnStr = ConfigurationManager.ConnectionStrings["con"].ConnectionString;
                                                    //获取 Web.config 中的连接字符串
SqlConnection cnn = new SqlConnection(ConnStr);    //实例化连接
string Sql="select * from BRJBXXB";                //定义 SQL 查询操作的语句
SqlCommand cmd=new SqlCommand(Sql,cnn);            //创建 SqlCommand 对象
SqlDataAdapter da = new SqlDataAdapter();          //创建 SqlDataAdapter 对象
```

```
da.SelectCommand = cmd;        //将命令交付给适配器后对数据库的数据进行查找操作
DataSet ds = new DataSet();    //实例化 C#的一个数据集对象并存放在内存中
da.Fill(ds);                   //数据集接收并保存适配器查找到的数据
```

任务实现

1. 构建分层架构——Web 项目 GH 及类库项目 common

传统的三层架构中，业务逻辑层主要负责具体业务对数据实现逻辑处理的功能，通常是对数据访问层功能方法的调用。GH 子系统项目比较简单，因此采用的架构是将传统三层架构中的表现层和业务逻辑层进行简化融合的设计方案，在此基础上设计一个极简的项目框架。这种分层架构的框架搭建是为了给日后项目的拓展壮大提供更大的便利。

(1) 数据访问层——Common 类库，用于访问数据库、获取数据，封装数据到实体类对象中；

(2) 登录验证逻辑——一般处理程序，用于调用针对登录验证等用户请求的逻辑处理。

(3) 表现(逻辑)层——Login 等各个 Web 窗体，用于从数据访问层引用类库并调用其中的类方法，获取下层返回的数据后进行一定的逻辑处理，并返回用户交互的页面展现。

1) 创建 Web 项目 GH

如图 7.2.1(a)所示，解决方案命名为 GH_HIS，项目命名为 GH，选择合适的保存路径。如图 7.2.1(b)所示，选择空项目(“Empty”)模板，并添加“Web Forms”文件夹和核心引用，“添加单元测试”选项可选。创建成功的解决方案和项目的文件结构界面如图 7.2.1(c) 所示。

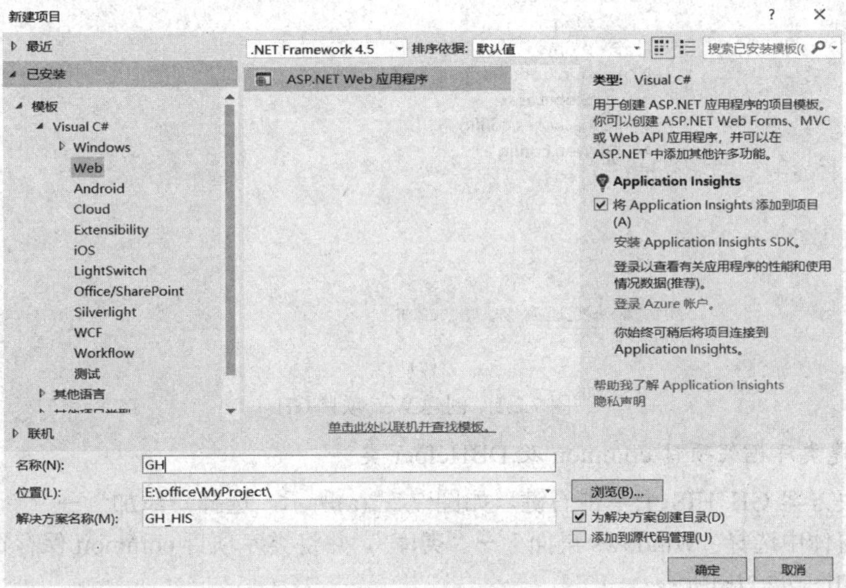

(a)

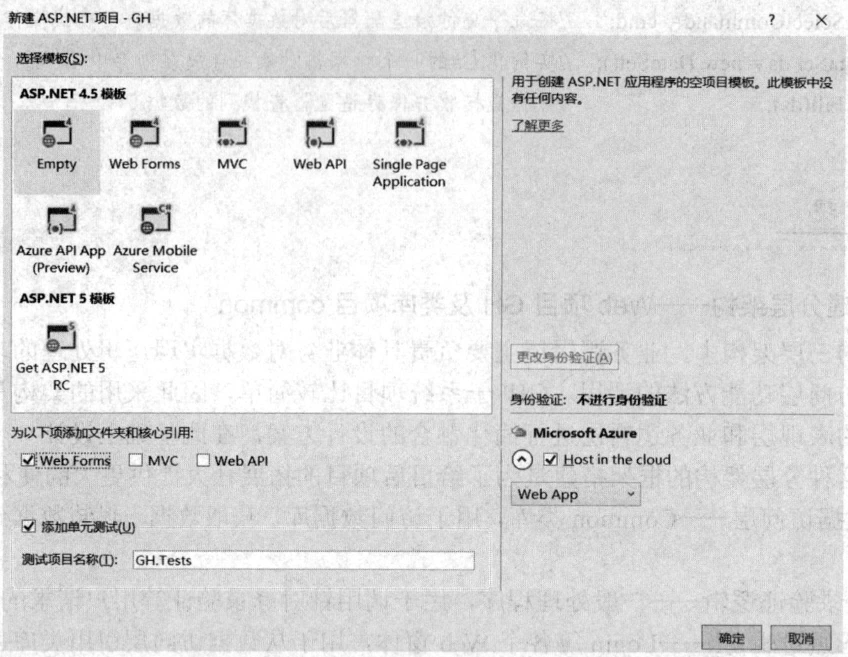

(b)

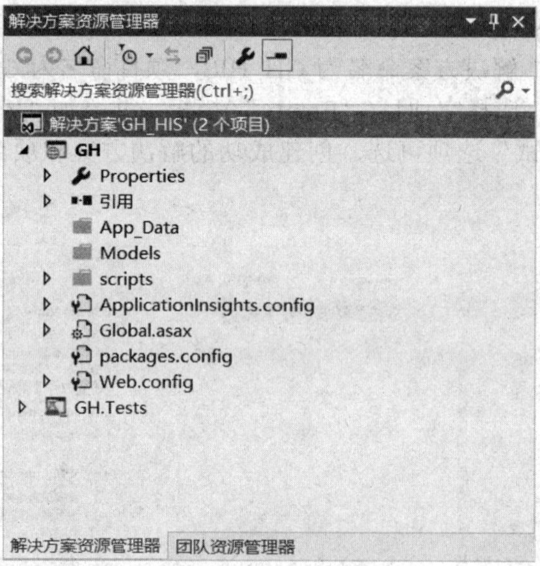

(c)

图 7.2.1　创建 Web 项目 GH

2) 创建类库框架项目 common 及 DBHelper 类

在解决方案 GH_HIS 上单击右键，如图 7.2.2(a)所示，选择“添加”→“新建项目”，在弹出的窗体中选择“Windows 桌面”→“类库”，并将类库项目 common 保存在解决方案路径下，如图 7.2.2(b)所示。

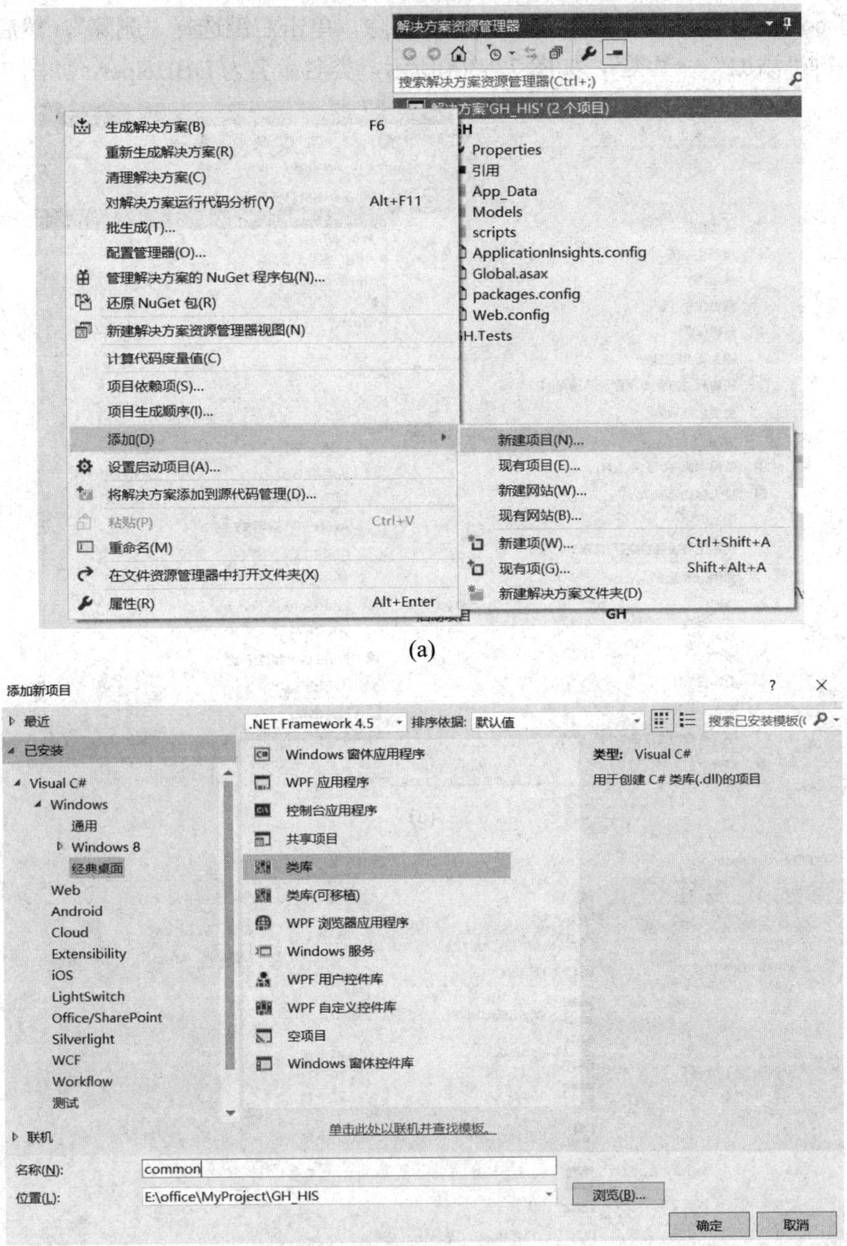

(a)

(b)

图 7.2.2　添加类库 common

common 类库项目可以看作是通用功能方法的“工具箱”，因此 GH 项目中各个 Web 窗体对于数据库的通用访问操作都可以设计为 common 类库中的通用方法，这样通过引用 common 类库，就可以访问到数据库操作的类方法成员。

项目开发过程需要将数据库访问操作的方法封装为类 DBHelper，关于数据库的具体实现在后续子任务中完成，在此仅构建 common 类库框架及 DBHelper 类，并在 GH 项目中引用即可。

首先将 common 类库中默认的类 class1.cs 移除，单击右键选择“删除”，然后在 common 类库单击右键“添加”→“类”，如图 7.2.3(a)所示，类名命名为 DBHelper，如图 7.2.3(b)所示。

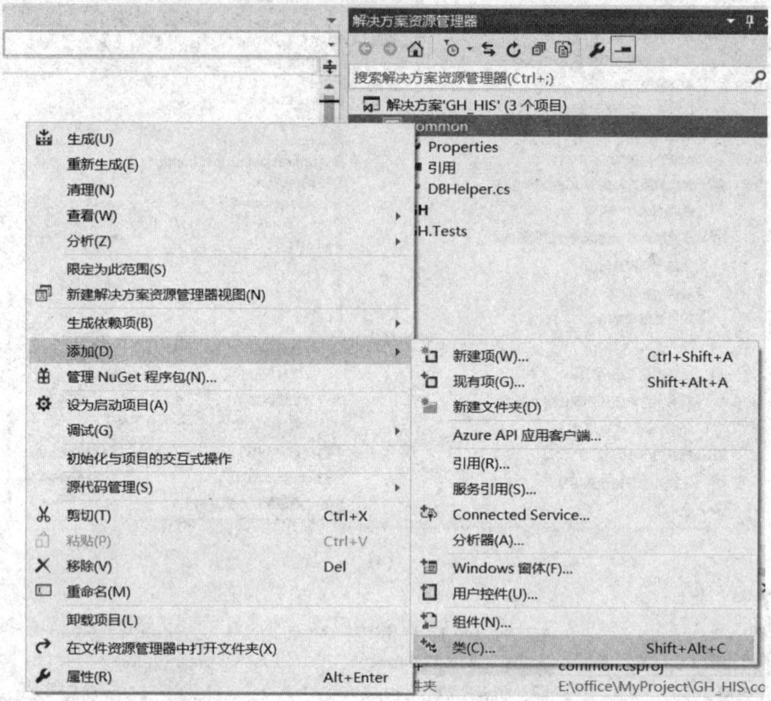

(a)

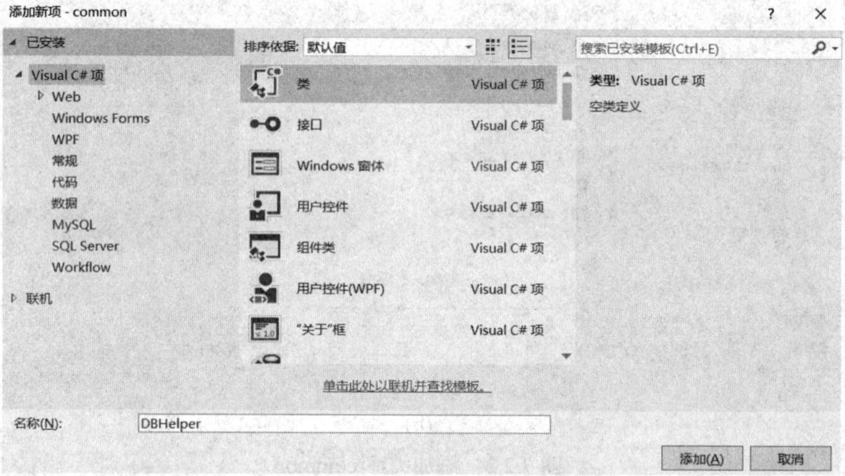

(b)

图 7.2.3　添加类 DBHelper

3) 编写 DBHelper 类测试静态方法 Test

为使其他项目能够访问此类及其方法，需要将 DBHelper 类声明为 public 类，并定义 public static 方法 Test，以实现返回字符串的简单功能，用于在 Login 窗体测试通用类方法的引用效果，如图 7.2.4 所示。

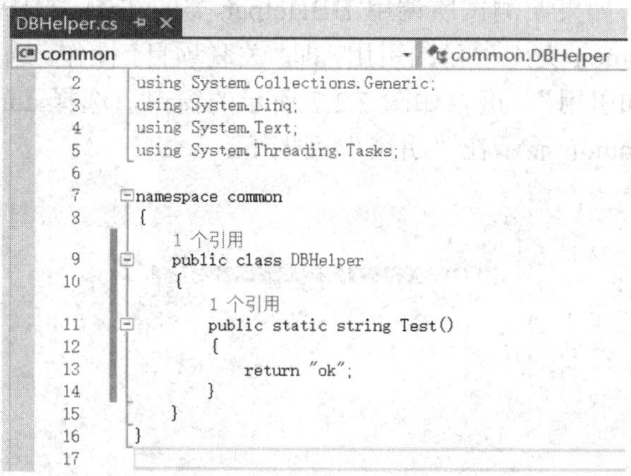

图 7.2.4　添加测试方法 Test

4) 添加 Login 窗体

添加 Login 窗体并测试引用 common 类库的 Test 方法，在此通过简单方法 Test 来测试在 GH 项目中引用 common 类库中 DBHelper 类方法的效果。

首先在 GH 项目上单击右键“添加”→“Web 窗体”，如图 7.2.5 所示，窗体命名为 Login，如图 7.2.6 所示，为 Login 窗体对应的文件资源，然后打开 Login.aspx 文件，修改 title 标签内容为“深职院 GH 登录窗体”。

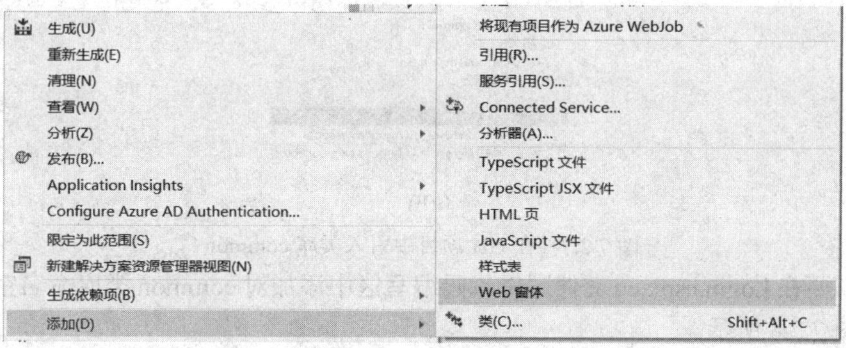

图 7.2.5　添加 Web 窗体 Login

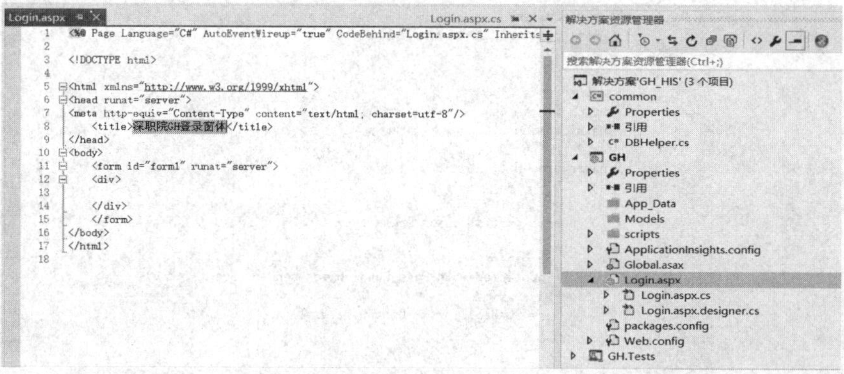

图 7.2.6　修改 Login 窗体的 title

在 Login 窗体中，如果要测试所调用 DBHelper 类的 Test 方法是否成功，首先需要在 GH 项目中添加对 common 类库项目的引用，即“关联项目”操作。选择 GH 项目的“引用”，单击右键，选择“添加引用”，进入如图 7.2.7 所示的窗口，选择 common 类库即可。关联成功后的项目名称 common 显示在“引用”列表下。

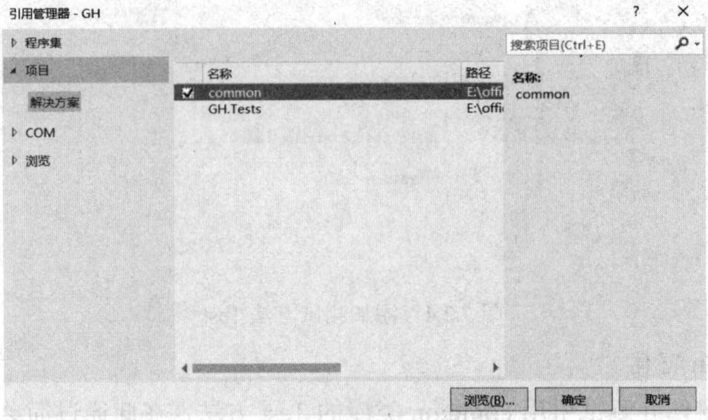

(a)

(b)

图 7.2.7　在 GH 项目中引入类库 common

然后需要在 Login.aspx.cs 文件逻辑代码编写区中添加对 common 类库命名空间的 using 引用，如图 7.2.8 所示。

```
using System;
using System.Collections.Generic;
using System.Linq;
using System.Web;
using System.Web.UI;
using System.Web.UI.WebControls;
using common;

namespace GH
{
    2 个引用
    public partial class Login : System.Web.UI.Page
    {
        0 个引用
        protected void Page_Load(object sender, EventArgs e)
        {
            Label1.Text = DBHelper.Test();
        }
    }
}
```

图 7.2.8　引用命名空间 common

最后需要测试在 Page_Load 页面装载事件中引用 DBHelper 类的 Test 方法，在窗体 div 内添加用于测试显示的 Label 控件，如图 7.2.9 所示，再在 Login.aspx.cs 文件中添加代码，如图 7.2.8 所示。

图 7.2.9　在 Login 窗体中添加 Label 控件

观察运行效果，如图 7.2.10 所示，说明成功引用了 common 类库项目中 DBHelper 类的方法 Test。举一反三，构建数据访问层，也就是使用类库存放数据访问功能的类，可以将数据库访问的相关操作集中在 DBHelper 类定义，然后在业务逻辑层的类或者在各个窗体页面的逻辑代码区完成访问数据库的方法调用，最后通过页面数据显示组件来显示从数据库获取的数据。

图 7.2.10　common 类库功能测试运行效果

举一反三

请在 common 类库中创建一个类 NewClass，并定义实例化方法 Test2，用于返回字符串“Hello”，在工程项目中完成类库的引用，创建实例化对象，调用其方法 Test2，并在窗体中居中显示方法的返回信息。

完整的项目框架包括 GH 项目和 common 类库项目，common 类库项目用来存放一些数据访问层的功能方法，为 GH 项目提供数据访问功能；GH 项目主要用来开发网站的表现层界面以及业务逻辑功能。

2. 构建表现层——Login 窗体表单界面

1) *准备页面资源*

首先将项目需要的图片集中放置在解决方案 GH_HIS 下的项目 GH 下的 Image 目录下，即复制 Image 目录，并在“GH”项目上单击右键，选择“粘贴”，如图 7.2.11 所示。如果因版本问题，复制进来的文件是透明状，就单击右键选择“包括进项目”即可。

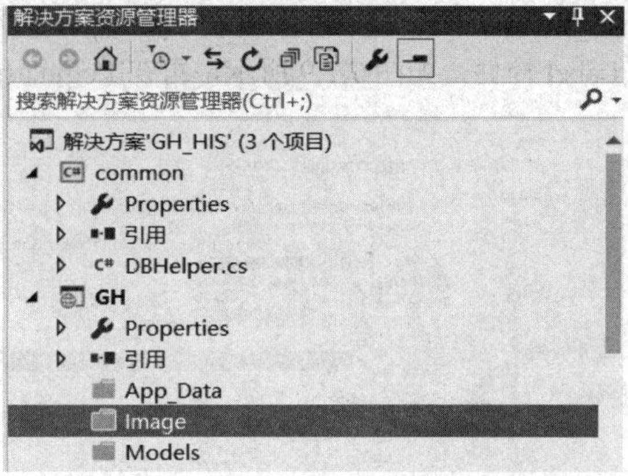

图 7.2.11　添加项目资源

2) 修改标签代码

将子任务 1 中关于 Login 窗体的测试代码删除或注释，并录入如图 7.2.12 所示的<body>…</body>间的标签代码。

```
<body style="background-image: url(Image/2.jpg); width: 100%">
    <form id="Form1" name="form1" runat="server">
        <table style="width: 100%;">
            <tr>
                <td style="text-align: center; vertical-align: middle;">
                    <div style="top: 50%; left: 50%;" id="main">
                        <table width="549" height="287" border="0" align="center" cellpadding="0" cellspacing="0" background="Image/login_bg.jpg">
                            <tr>
                                <%--第一列--%>
                                <td width="23">
                                    <img src="Image/login_leftbg.jpg" width="23" height="287"></td>
                                <%--第二列--%>
                                <td width="503" valign="top">
                                    <table width="100%" border="0" cellspacing="0" cellpadding="0">
                                        <tr>
                                            <%--内部第一列--%>
                                            <td width="38%" valign="bottom">
                                                <table width="90%" border="0" align="center" cellpadding="0" cellspacing="0">
                                                    <tr>
                                                        <td height="100" valign="top" class="login_text">
                                                            <div align="left">
                                                                深职HIS挂号系统
                                                            </div>
                                                        </td>
                                                    </tr>
                                                    <tr>
                                                        <td>
                                                            <div align="right">
                                                                <img src="Image/login_img.jpg" width="104" height="113"></div>
                                                        </td>
                                                    </tr>
                                                </table>
                                            </td>
                                            <%--内部第二列--%>
                                            <td width="2%">
                                                <img src="Image/login_line.jpg" width="6" height="287"></td>
                                            <%--内部第三列--%>
                                            <td width="50%">
                                                <div align="right">
                                                    <table width="100%" border="0" cellspacing="0" cellpadding="0">
```

```
<tbody>
    <%--内部第三列的第一行--%>
    <tr>
        <td>
            <img src="Image/login_tit.jpg" width="223" height="30"></td>
    </tr>
    <%--内部第三列的第二行--%>
    <tr>
        <td>
            <table width="100%" border="0" cellspacing="10" cellpadding="0">
                <tr>
                    <td width="28%">
                        <div align="left">用户名：</div>
                    </td>
                    <td width="72%">
                        <div align="left">
                            <input name="txtClientID" type="text" id="txtClientID" value="" class="form2" style="height: 15px; width: 140px;">
                        </div>
                    </td>
                </tr>
                <tr>
```

```
                <td>
                    <div align="left">密    码：</div>
                </td>
                <td>
                    <div align="left">
                        <input name="txtPassword" type="password" id="txtPassword" value="" class="form2" style="height: 15px; width: 140px;">
                    </div>
                </td>
            </tr>
            <tr>
                <td>
                    <div align="left">验证码：</div>
                </td>
                <td>
                    <div align="left">
                        <a href="javascript:void(0)" id="url">
                            <img id="Image1" src="ValidImage.ashx" style="border-width: 0px;" /></a> 
                    </div>
                </td>

                                        </tr>
                                        <tr>
                                            <td>
                                                <div align="left">验证码：</div>
                                            </td>
                                            <td>
                                                <div align="left">
                                                    <input name="txtCode" type="text" size="8" id="txtCode" class="form2" style="height: 15px;">
                                                </div>
                                            </td>
                                        </tr>
                                    </table>
                                </td>
                            </tr>
                            <%--内部第三列的第三行--%>
                            <tr>
                                <td align="center">
                                    <table width="100%" border="0" cellspacing="0" cellpadding="0">
                                        <tr>
                                            <td>
                                                <div align="center">
                                                    <input type="image" name="btnLogin" id="btnLogin" src="Image/login_menu2.jpg" style="border-width: 0px;">
                                                </div>
                                            </td>
                                        </tr>
                                    </table>
                                    <strong><span style="color: red"></span></strong></td>
                            </tr>
                        </tbody>
                    </table>
                </div>
            </td>
        </tr>
    </table>
</td>
<%--第三列--%>
<td width="23">
    <img src="Image/login_rigbg.jpg" width="23" height="287"></td>
</tr>
</table>

                </div>
            </td>
        </tr>
    </table>
</form>
</body>
```

图 7.2.12　Login 窗体标签代码

观察运行效果，如图 7.2.13 所示，分析标签代码结构。

图 7.2.13　Login 窗体测试运行效果

3) CSS 样式设置

对比图 7.2.25，发现存在如下字体、字号及定位布局的差异：

(1) 通过外链式引入样式表“Image/style.css ”，实现通用初始化样式以及字体、字号控制格式，项目开发中，通常会将共性通用的样式独立编写“.css”文件并进行链接，代码如下：

```
<link href="Image/style.css" rel="stylesheet" type="text/css">
```

(2) 补充水平垂直居中定位的 CSS 样式布局代码，采用内嵌式引入，代码如下：

```
<style type="text/css">
  #main {
      position: absolute;
      width: 400px;
      height: 200px;
      left: 50%;
      top: 50%;
      margin-left: -260px;
      margin-top: -140px;
    }
</style>
```

3. 编写登录验证的一般处理程序

对比图 7.2.25，验证码部分的图片并未装载成功，在此采用一般处理程序进行集中处理。

1) 创建一般处理程序

在 GH 项目上单击右键，选择“添加”→“新建项目”→“一般处理程序”，如图 7.2.14 所示，程序命名为 ValidImage.ashx。

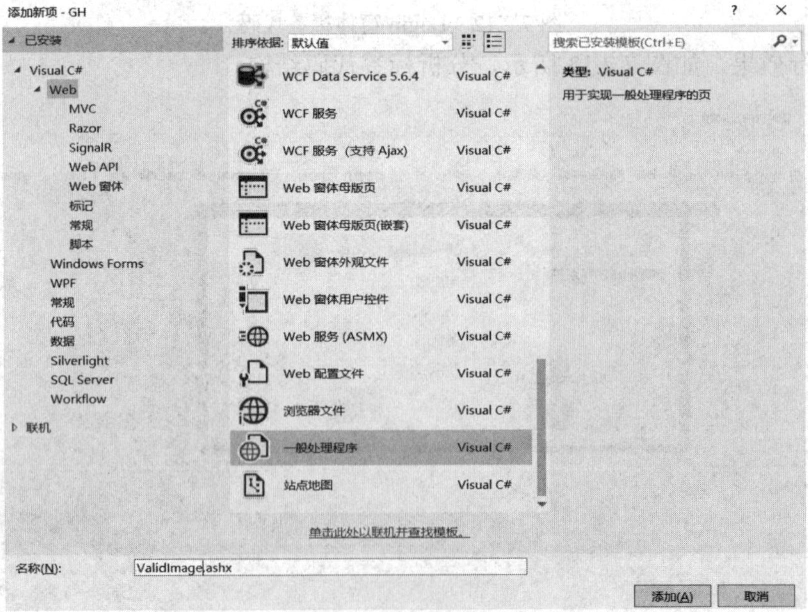

图 7.2.14　添加一般处理程序 ValidImage.ashx

2) 编写一般处理程序 ValidImage.ashx

打开一般处理程序 ValidImage.ashx，用代码段替代默认的 ProcessRequest 方法，并书写自定义方法 DrawBK，实现生成验证码图片的功能，代码如下：

```
public void ProcessRequest(HttpContext context)
{
    context.Response.ContentType = "iamge/jpeg";
    //创建画布
    Bitmap bitmap = new Bitmap(70, 20);
    //为画布创建画板
    Graphics graphics = Graphics.FromImage(bitmap);
    graphics.Clear(Color.White);
    //随机数对象
    Random r = new Random();
    string numstr = "";
    //随机数
    for (int i = 0; i < 4; i++)
    {
        numstr += r.Next(0, 10).ToString();
    }
    Color[] colors = { Color.Gray, Color.DarkBlue, Color.OrangeRed, Color.Purple };
    //循环画出每一个数字
    for (int i = 0; i < numstr.Length; i++)
    {
        graphics.DrawString(
            numstr[i].ToString(),
            new Font("宋体", 15, FontStyle.Bold),
            new SolidBrush(colors[r.Next(0, 4)]),
            new Point(i * 15, 0));
    }
    //划线
    for (int i = 0; i < 40; i++)
    {
        Point p1 = new Point(r.Next(0, bitmap.Width), r.Next(0, bitmap.Width));
        Point p2 = new Point(r.Next(0, bitmap.Width), r.Next(0, bitmap.Width));
        graphics.DrawLine(new Pen(colors[r.Next(0, 4)]), p1, p2);
    }
    //边框
    DrawBK(graphics);
    //设置 session
```

```
            context.Session["validcode"] = numstr;
            //实例化内存流，为输出做准备
            using (MemoryStream ms = new MemoryStream())
            {
                //将图片保存到内存中，以流的形式存储
                bitmap.Save(ms, ImageFormat.Jpeg);
                //context.Response.Clear();
                //将验证码图片流转换成字节数组后传输到客户端输出
                context.Response.BinaryWrite(ms.ToArray());
            }
        }
        /// <summary>
        ///画边框
        /// </summary>
        /// <param name="graphics"></param>
        public void DrawBK(Graphics graphics)
        {
            Point p1 = new Point(0, 0);
            Point p2 = new Point(0, 20);
            graphics.DrawLine(new Pen(Brushes.Black), p1, p2);
            Point p3 = new Point(0, 0);
            Point p4 = new Point(70, 0);
            graphics.DrawLine(new Pen(Brushes.Black), p3, p4);
            Point p5 = new Point(69, 0);
            Point p6 = new Point(69, 20);
            graphics.DrawLine(new Pen(Brushes.Black), p5, p6);
            Point p7 = new Point(0, 19);
            Point p8 = new Point(69, 19);
            graphics.DrawLine(new Pen(Brushes.Black), p7, p8);
        }
```

测试运行之前，可以观察到如图 7.2.15 所示的波浪线标识，用鼠标点击后，左列将会显示可能的错误及修改方案，这是 VS.NET 平台的智能纠错功能。可以看出 ImageFormat 为非法标识符，需要引用相应的命名空间类库才能识别，这里 VS.NET 提示了默认需要的命名空间引用代码“using Syestem.Drawing.Imaging”，此处只需双击，就可以添加引用命名空间的代码到 ValidImage.ashx 文件的起始处。

用同样的方法检查未识别的其他标识符，并分别添加其对应的类库命名空间。同时，通过分析代码发现该一般处理程序中使用了 Session 对象，因此，需要添加“IRequiresSessionState”接口。完整的代码首部如图 7.2.16 所示。

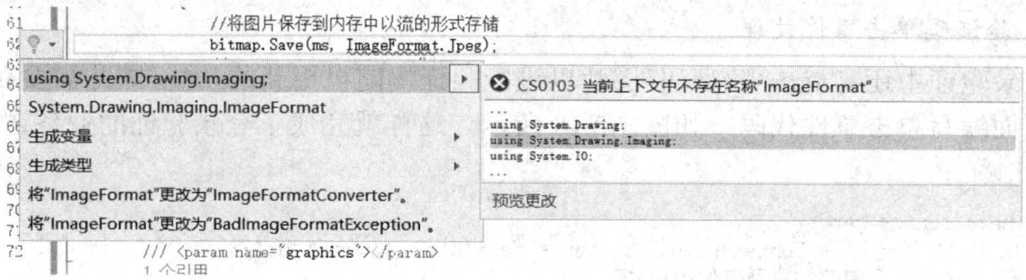

图 7.2.15　添加引用的错误处理

```
using System;
using System.Collections.Generic;
using System.Drawing;
using System.Drawing.Imaging;
using System.IO;
using System.Linq;
using System.Web;

namespace GH
{
    /// <summary>
    /// ValidImage 的摘要说明
    /// </summary>
    0 个引用
    public class ValidImage : IHttpHandler, System.Web.SessionState.IRequiresSessionState
    {

        0 个引用
        public void ProcessRequest(HttpContext context)
        {
            context.Response.ContentType = "iamge/jpeg";
            //创建画布
            Bitmap bitmap = new Bitmap(70, 20);
```

图 7.2.16　一般处理程序 ValidImage 代码首部

此时，预览 Login 窗体页面，就可以看到验证码的图片效果了，如图 7.2.17 所示。

图 7.2.17　装载验证码运行效果

3) 验证码单击事件处理

登录验证中还有点击“验证码”图片以进行验证码随机更新的功能，因此需要在 Login 窗体页面编写单击事件代码，如图 7.2.18 所示。这样就完成了登录验证的业务逻辑处理功能。

```
<head runat="server">
<meta http-equiv="Content-Type" content="text/html; charset=utf-8"/>
    <title>深职院GH登录窗体</title>
     <link href="Image/style.css" rel="stylesheet" type="text/css">
     <style type="text/css">
        #main {
            position: absolute;
            width: 400px;
            height: 200px;
            left: 50%;
            top: 50%;
            margin-left: -260px;
            margin-top: -140px;
        }
    </style>
    <script type="text/javascript">
        window.onload = function () {
            document.getElementById('url').onclick = function () {
                var url = document.getElementById('Image1');
                url.src = 'ValidImage.ashx?ramdom=' + new Date().getMilliseconds();
            }
        }

    </script>
</head>
```

图 7.2.18　单击验证码 JS 代码

举一反三

请修改绘制验证码的代码，使其能够显示 5 个数字的验证码。

4. 编写 Login 窗体逻辑编码

完成上述表现层登录窗体和登录验证子模块的业务逻辑后，需要将登录信息与数据库中的医生用户信息进行比对，如果用户名和密码均符合 YSXXB 表中对应的医生账号信息，就可以进入主页面模块。

1) 添加所需的类库引用代码

这里需要调用数据访问层的方法，首先明确查询数据库的方法，原型如下：

DataTable QuerySQL(string sql)

将查询 SQL 语句作为参数传入时，查询结果以数据表 DataTable 对象的形式呈现，而 DataTable 对象和 DataSet 对象都是封装在 System.Data 类库命名的空间中，另外 QuerySQL 方法是 DBHelper 类的成员方法，需要引用其所在的类库命名空间 common，因此需要添加引入代码，如图 7.2.19 所示。

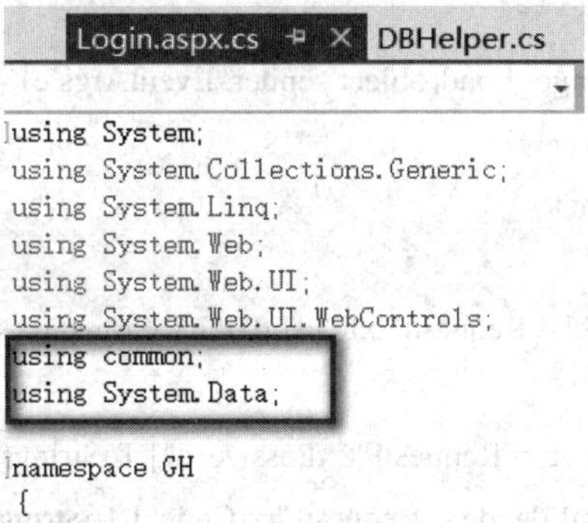

图 7.2.19　Login 窗体引用命名空间

2) 制作测试首页面 index.aspx

参考 Login 窗体页面的添加方法，添加 index.aspx 页面，并设置其 title 为“GH 系统”，如图 7.2.20 所示。

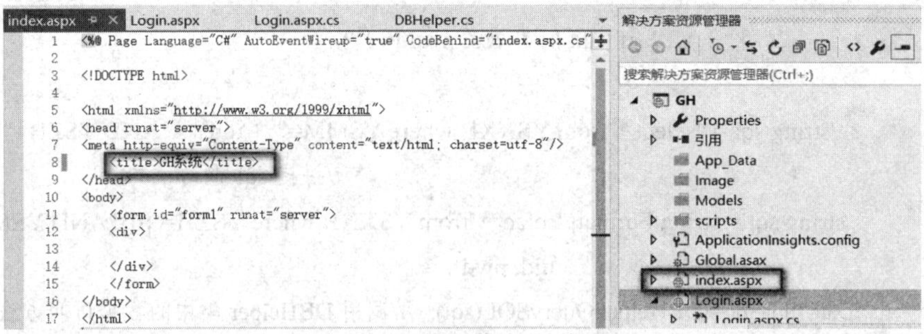

图 7.2.20　添加 Web 窗体 index.aspx

3) 编写 Page_Load 事件方法

在 Page_Load 事件方法中，需要处理提交的登录表单。

由于页面首次装载为 GET 请求，而登录 Form 表单提交的请求为 POST 请求，如果未给出 action 参数即提交的目标服务器地址，则会默认提交到本页面，本页面随即重新被装载。因此在页面装载 Page_Load 事件方法中，需要区分是否首次装载的状态，在此使用 IsPostBack 参数。如果非首次装载，那么 IsPostBack 为 true，这时就需要进行登录的判断逻辑处理。

登录模块的逻辑处理功能主要有：

从 HTTP 请求报文中提取用户名、密码、验证码等信息，验证码需要与服务器 Session 对象中存储的验证码进行比对，如果正确才将用户名和密码信息构造 SQL 查询语句，调用 DBHelper 的成员方法 QuerySQL()来获取查询结果的数据表。

根据用户名和密码的查询结果数据表，判断登录是否成功，数据表为空则说明没有匹配的用户名和密码信息，登录失败，刷新登录页面；否则表明登录成功，需要保存登录状态信息到服务器的 Session 对象，并且跳转到首页面 index.aspx。代码如下：

```
namespace GH
{
    public partial class Login : System.Web.UI.Page
```

```
{
    protected void Page_Load(object sender, EventArgs e)
    {
        if (IsPostBack)
        {
            string uid = Request["txtClientID"].ToString();   //解析请求数据，按 Form 表单中的
                                                               name 识别信息
            string pwd = Request["txtPassword"].ToString();
            string validcode = Request["txtCode"].ToString();

            if (Session["validcode"] != null)     //存在 Session 中的验证码不为空
            {
                if (validcode == Session["validcode"].ToString())     //比较验证码输入正确
                {
                    if (uid != "" && pwd != "")
                    {
    //string sql = "select * from YSXXB where YSMM='" + uid + "' AND YSZH='" + pwd + "'";
                                                            //拼接 sql 查询语句
    string sql = string.Format("select * from YSXXB where YSZH='{0}' AND YSMM='{1}'",
                        uid, pwd);
    DataTable dt = DBHelper.QuerySQL(sql);   //调用 DBHelper 类中的数据访问方法 QuerySQL，
                                               返回数据表
                        if (dt == null)       //数据表为空
                        {
                            Response.Redirect("Login.aspx");      //登录失败，则重新刷
                                                                   新登录页面
                        }

                        if (dt.Rows.Count > 0)       //登录成功
                        {
                            Session["username"] = dt.Rows[0]["YSXM"];
                            Session["userid"] = uid;
                           //在 Session 对象中保存登录信息，以便其他窗体使用
                            Response.Redirect("index.aspx");
                           //登录成功，跳转到主页面 index.aspx
                        }
                    }
                }
            }
```

```
                }
            }
        }
    }
```

5. 构建数据访问层——DBHelper 数据查询方法

common 类库中的 DBHelper 类负责完成数据访问功能，因此位于数据访问层(DAL)，登录模块需要实现查询功能的成员方法 QuerySQL()，使用 ADO.NET 相关对象即可。

1) Web.config 文件中添加连接字符串

使用数据库之前，需要首先在 Web.config 文件中添加连接字符串。连接字符串内容如下：

```
<connectionStrings>
    <add name="con" connectionString="server=.;database=GH;uid=sa;pwd=sa"/>
</connectionStrings>
```

2) 在 DBHelper.cs 中添加相关引用

连接字符串添加完成后，需要应用 ADO.NET 对象实现数据源连接和数据查询操作。由 DBHelper 类完成数据访问层(DAL)的数据查询功能，因此需要在该类文件中添加所需的类库引用代码，如图 7.2.21 所示。

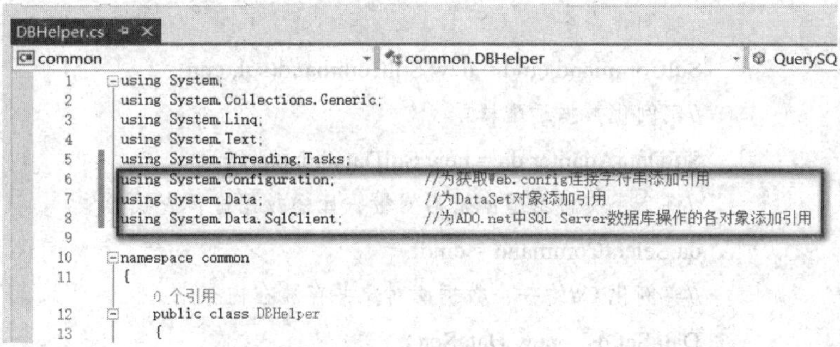

图 7.2.21　引用类 DBHelper 的命名空间

如果出现某一个类库引用失败，即显示灰色，则需要手工添加引用，在“引用”上单击右键选择“添加引用”，如图 7.2.22 所示，选择添加即可。

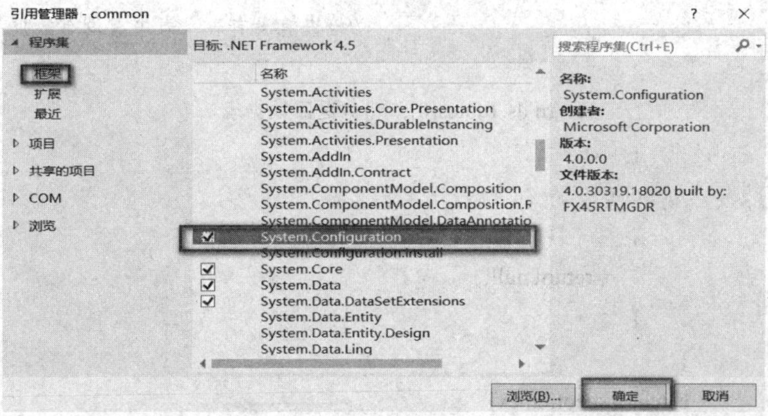

图 7.2.22　添加引用 System.Configuration

3) 添加数据查询成员方法 QuerySQL()

DBHelper 类作为数据访问层(DAL)，主要实现关于数据库增、删、改、查的类成员方法代码。为使各个类成员方法共享数据库的连接字符串变量，需声明类私有字段 ConnStr，以及应用 ADO.NET 的 SqlConnection 对象、SqlCommand 对象、SqlDataAdapter 对象和 DataSet 对象。编写 QuerySQL()成员方法的代码如下：

```
public class DBHelper
{
//数据库的连接字符串变量私有字段 ConnStr
  private static string ConnStr = ConfigurationManager.ConnectionStrings["con"].ConnectionString;
        //查找数据
        public static DataTable QuerySQL(string sql)
        {
            //实例化连接
            SqlConnection cnn = new SqlConnection(ConnStr);
            try
            {
                cnn.Open();
                //实例化命令
                SqlCommand cmd = new SqlCommand(sql, cnn);
                //实例化数据适配器
                SqlDataAdapter da = new SqlDataAdapter();
                //将命令交付给适配器后对数据库的数据进行查找操作
                da.SelectCommand = cmd;
                //实例化 C#的一个数据库对象并存放在内存中
                DataSet ds = new DataSet();
                //接收查找到的内容
                da.Fill(ds);
                if (ds != null && ds.Tables[0].Rows.Count > 0)
                                          //检查有没有表、表中有没有数据
                {
                    return ds.Tables[0];     //返回数据表
                }
                else
                {
                    return null;
                }
            }
            catch (Exception ex)
            {
```

```
                throw ex;         //弹出错误
            }
            finally
            {
                cnn.Close();      //关闭连接
                cnn.Dispose();
            }
        }
    }
```

6. 登录模块测试运行

1) 设置启动项

当解决方案中有多个项目时，需要单击右键选择“GH”→“设为启动项目”，如图 7.2.23 所示。

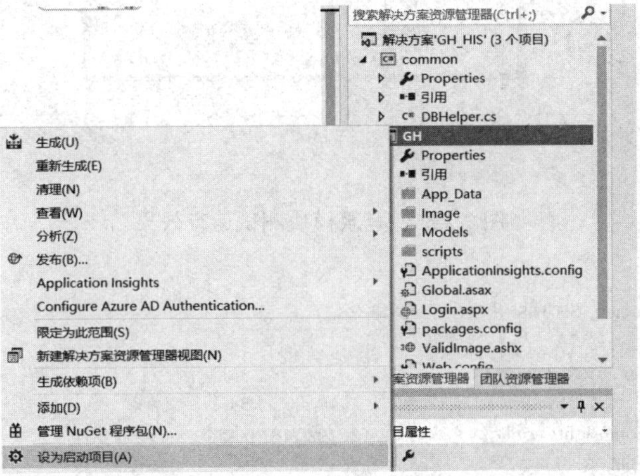

图 7.2.23　设置启动项 GH

2) 设置起始页

在待测试窗体页面 Login.aspx 上单击右键，选择“设为起始页”，如图 7.2.24 所示。

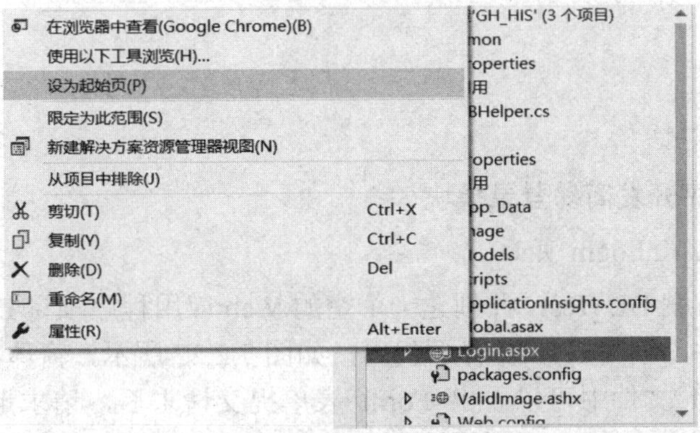

图 7.2.24　设置起始页 Login

3) 测试运行

右键单击 Login.aspx，选择“在浏览器中查看”即可测试登录页面的运行效果，如图 7.2.25 所示。如果有修改 HTML 页面元素代码，则直接保存，在浏览器中刷新页面即可。如果有后端逻辑代码更新，保存后刷新页面没有效果的，则需要右键单击 GH 项目，选择“重新生成”，即强制更新 GH.dll 文件，以满足前端数据请求的需求，如图 7.2.26 所示。

图 7.2.25　登录模块测试运行效果

图 7.2.26　后台 GH.dll

任务拓展

1. 一般处理程序开发简易登录模块

1) 创建项目 DL 及 Login 页面

新建一个解决方案 DL_Test，并创建一个空的 Web 应用程序项目 DL，在该项目中添加一个 Login.html 文件，编写 HTML 界面代码，如图 7.2.27 所示，窗体界面效果如图 7.2.28 所示。从 Login.html 文件中可以看出 Form 表单提交请求后，请求地址为一般处理程序 login.ashx，也就是通过 login.ashx 获取提交的用户名和密码信息，处理后返回响应结果。

图 7.2.27　DL 项目添加 Login 页面

图 7.2.28　简单登录运行效果

2) 创建一般处理程序实现简单登录

在项目中添加一个新项目“一般处理程序”命名为 Login.ashx 文件，如图 7.2.29 所示。该文件有默认生成代码，只需在 ProcessRequest()方法中编写如图 7.2.30 所示的代码，判断用户名为 szpt，密码为 123456，则响应“登录成功”，否则响应“登录失败”。

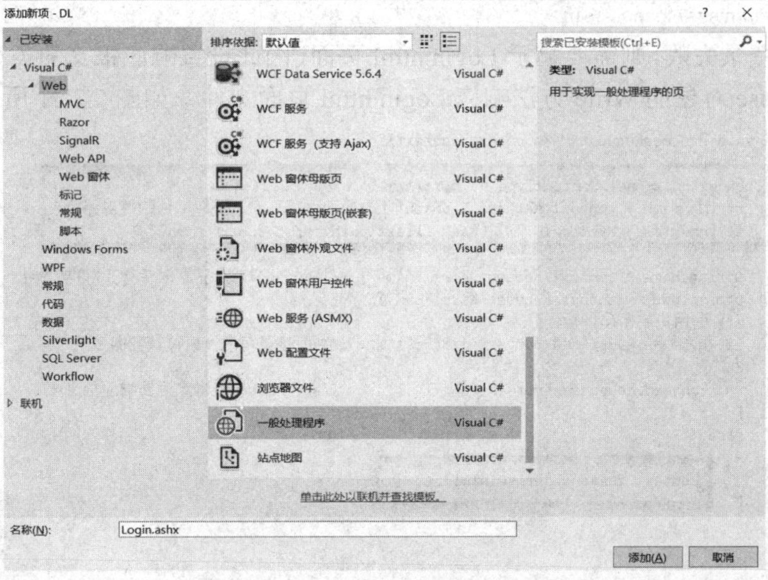

图 7.2.29　添加一般处理程序 Login.ashx

```
namespace DL
{
    /// <summary>
    /// Login 的摘要说明
    /// </summary>
    0 个引用
    public class Login : IHttpHandler
    {

        0 个引用
        public void ProcessRequest(HttpContext context)
        {
            context.Response.ContentType = "text/plain";
             //获取用户名密码
             string name = context.Request.Form["name"];//从Request对象获取表单提交数据，根据name参数
             string pwd = context.Request.Form["pwd"];
             //判断用户名密码是否正确
             if (name == "szpt" && pwd == "123456")      //判断登录信息（模拟从数据库获取）
             {
                 context.Response.Write("登录成功");     //通过Response对象返回响应信息
             }
             else
             {
                  context.Response.Write("登录失败");
             }

        }
```

图 7.2.30　一般处理程序代码

3) 重构“处理登录失败”的一般处理程序

重构使得登录失败时在当前登录界面显示“登录失败”，并提示用户重新登录。

(1) 需要在 Login.html 中添加一行显示提示信息的标签 span，并使用占位符@msg 在代码中进行数据替换；为了能够记住用户名，同样使用占位符@name。

在图 7.2.27 所示 Login.html 代码中，修改第 13 行代码为：

```
<td colspan="2"><input type="text" name ="name" value="@name" ></td>
```

在第 25 行代码后插入：

```
<span>@msg</span>   <br>
```

(2) 如果登录失败，则需要显示 Login.html 页面，因此设置响应报文的类型为 text/html，并通过 Response 对象的 Write 方法响应 Login.html 页面文件，如图 7.2.31 所示。

```
public void ProcessRequest(HttpContext context)
{
    context.Response.ContentType = "text/html";
     string path = context.Request.MapPath("Login.html");  //获取文件的绝对路径
     string html = System.IO.File.ReadAllText(path);//读取Login.html文件
                                                //获取用户名密码
     string name = context.Request.Form["name"];//从Request对象获取表单提交数据，根据name参数
     string pwd = context.Request.Form["pwd"];
     //判断用户名密码是否正确
     if (name == "szpt" && pwd == "123456")      //判断登录信息（模拟从数据库获取）
     {
         context.Response.Write("登录成功");     //通过Response对象返回响应信息
     }
     else
     {
         context.Response.Write(html);
     }

}
```

图 7.2.31　一般处理程序登录失败处理代码

(3) 由于第一次访问页面需要清空显示，因此需要特殊处理，使用 Page 类的 IsPostBack 属性进行判断，同时将占位符进行替换，从而完善重构功能。

为判断是否首次进入 Login.html 页面，在 Form 中添加一个 type 为 hidden 的标签：<input type="hidden" name="_viewstate" value="hidden" >，然后在 Login.ashx 一般处理程序中进行判断。由于页面第一次访问时提交 GET 请求，通过 IsPostBack 属性判断为首次装载时，清空提示信息显示区的文本。具体的判断逻辑如图 7.2.32 代码所示。

```
public void ProcessRequest(HttpContext context)
{
    context.Response.ContentType = "text/html";
    string path = context.Request.MapPath("Login.html");  //获取文件的绝对路径
    string html = System.IO.File.ReadAllText(path);//读取Login.html文件
    string _vs = context.Request.Form["_viewstate"];
    bool ispostback = !string.IsNullOrEmpty(_vs);
    if (ispostback)
    {                                                         //获取用户名密码
      //获取用户名密码
        string name = context.Request.Form["name"];
        string pwd = context.Request.Form["pwd"];
        //判断用户名密码是否正确
        if (name == "szpt" && pwd == "123456")
        {
            context.Response.Write("登录成功");
        }
        else
        {
            html = html.Replace("@name", name).Replace("@msg", "登录失败,请重新登录");
            //登陆失败后返回当前登陆界面
            context.Response.Write(html);
        }
    }
    else  //是首次加载是get请求
    {
        html = html.Replace("@name", "").Replace("@msg", "");
        //返回界面效果
        context.Response.Write(html);
    }
}
```

判断是否第一次登录此页面，首次登录是get请求，_vs是空，ispostback为0

图 7.2.32　一般处理程序简单登录重构代码

小提示

(1) 相对路径转绝对路径的方法：MapPath。

(2) IsPostBack 属性常用来判断页面是否第一次被访问，在 Page 类中已经存在了这个属性，可以直接使用，但是在本拓展任务中不是页面而是一般处理程序，因此没有此默认属性，需要用代码自行实现。

(3) 页面生成可以通过读取模板的方式，在模板中需要动态添加数据的地方使用占位符，然后以文件的方式读取 html 文件中的内容，并使用字符串替换占位符，将内容加入到页面，最终输出页面。此时，需要注意响应页面的类型为“text/html”。

4) 测试运行

由于一般处理程序 Login.ashx 并不能直接在项目中启动运行，因此可以通过运行 Login.html 页面启动 IIS 服务器后，在地址栏将 Login.html 修改为 Login.ashx，如图 7.2.33 所示。

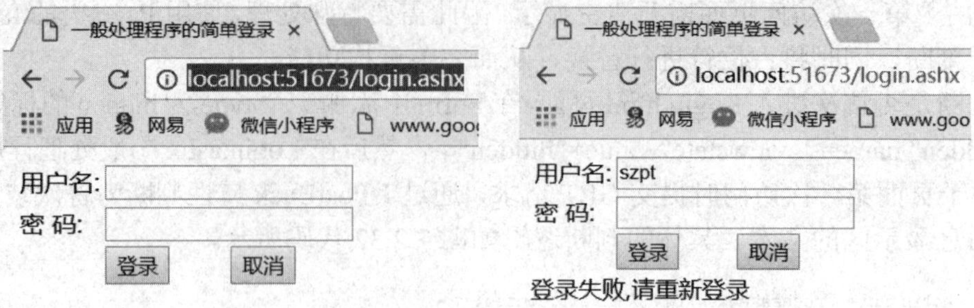

图 7.2.33　简易登录测试运行效果

2. 应用 Cookie 记录密码的简易登录模块

1) 创建项目 DL_Cookie 及 Login_Cookie.html 页面

参考拓展任务 1，在解决方案 DL_Test 下，完成创建项目 DL_Cookie 及 Login_Cookie.html 页面，如图 7.2.34 所示。

```
Login_Cookie.html  ✕  Login_Cookie.ashx.cs
<!DOCTYPE html>
<html>
<head>
<meta http-equiv="Content-Type" content="text/html; charset=utf-8">
    <title>应用Cookie的简单登录</title>
    <meta charset="utf-8" />
</head>
<body>
    <form method="post" action="Login_Cookie.ashx">
        <input type="hidden" name="_viewstate" value="hidden">
        <table>
            <tr>
                <td><label for="username">用户名:</label></td>
                <td colspan="2"><input type="text" name="name" value="@name" ></td>
            </tr>
            <tr>
                <td><label for="pwd">密 码:</label></td>
                <td colspan="2"><input type="password" name="pwd" ></td>
            </tr>
            <tr>
                <td></td>
                <td><input type="submit" value="登录" ></td>
                <td><input type="button" value="取消" ></td>
            </tr>
        </table>
    </form>
    <span>@msg</span>  <br>
  </body>
</html>
```

图 7.2.34　窗体 Login_Cookie 代码修正

2) 创建一般处理程序实现 Cookie 简单登录

参考拓展任务 1，完成 Login_Cookie.ashx 的一般处理程序。代码如图 7.2.35 所示。

```
public void ProcessRequest(HttpContext context)
{
    context.Response.ContentType = "text/html";
    //将Login.html文件的相对路径转换为绝对路径
    string path = context.Request.MapPath("Login_Cookie.html");
    //读取该文件内容
    string html = System.IO.File.ReadAllText(path);
    string s = context.Request.Form["isRemeber"];

    //判断页面是否首次加载get
    string _vs = context.Request.Form["_viewstate"];
    bool ispostback = !string.IsNullOrEmpty(_vs);
```

图 7.2.35　一般处理程序 Login_Cookie 路径代码修正

3) 使用 Cookie 对象实现记住密码的功能

实际应用中，常使用 Cookie 在浏览器端保存一些用户状态信息，如用户名和密码，当用户下次登录时就不用填写登录信息了，具体实现代码段如图 7.2.36 所示。当用户名和密码都正确时，将用户名和密码保存到 Cookie 对象中，当下次再访问该页面时，先判断 Cookie 值是否为空，不为空则获取 Cookie 中的用户名和密码，再拼接到字符串中输出到页面。

```
if (ispostback)
{
    string name = context.Request.Form["name"];//获取用户名密码
    string pwd = context.Request.Form["pwd"];
    //判断用户名密码是否正确
    if (name=="szpt" && pwd=="123456")
    {
        context.Response.Write("登录成功");
        //如果登录成功就写入到Cookie中
        HttpCookie cookies = new HttpCookie("Login");
        cookies.Values.Add("Name", name);
        cookies.Values.Add("Pwd", pwd);
        cookies.Expires = System.DateTime.Now.AddYears(1);
        HttpContext.Current.Response.Cookies.Add(cookies);
        context.Response.Cookies.Add(cookies);
    }
    else
    {
        html = html.Replace("@name", name).Replace("@msg", "登录失败").Replace("@pwd", "");
        //登陆失败后返回当前登陆界面
        context.Response.Write(html);
    }
}
else  //是首次加载是get请求
{
    HttpCookie cookies = context.Request.Cookies["Login"];
    if (cookies != null && cookies.HasKeys)
    {
        string name1 = cookies["Name"];
        string pwd1 = cookies["Pwd"];
        html = html.Replace("@name", name1).Replace("@msg", "已自动登录，欢迎访问").Replace("@pwd", pwd1);
        //登陆失败后返回当前登陆界面
        context.Response.Write(html);
    }
    else
    {
        html = html.Replace("@name", "").Replace("@msg", "").Replace("@pwd", "");
        //返回界面效果
        context.Response.Write(html);
    }
```

图 7.2.36　一般处理程序 Login_Cookie 的登录逻辑处理

3. 应用 ADO.NET 对象实现简易登录模块的数据库访问

1) 创建项目 DL_ADO 及 Login_ADO.html 页面

参考拓展任务 1，在解决方案 DL_Test 下，完成创建项目 DL_ADO 及 Login_ADO.html 页面，如图 7.2.37 所示。

```
<!DOCTYPE html>
<html>
<head>
    <meta http-equiv="Content-Type" content="text/html; charset=utf-8">
    <title>应用ADO的简单登录</title>
    <meta charset="utf-8">
</head>
<body>
    <form method="post" action="DL_ADO.ashx">
        <input type="hidden" name="_viewstate" value="hidden">
        <table>
            <tr>
                <td><label for="username">用户名:</label></td>
                <td colspan="2"><input type="text" name="name" value="@name"></td>
            </tr>
            <tr>
                <td><label for="pwd">密 码:</label></td>
                <td colspan="2"><input type="password" name="pwd"></td>
            </tr>
            <tr>
                <td></td>
                <td><input type="submit" value="登录"></td>
                <td><input type="button" value="取消"></td>
            </tr>
        </table>
    </form>
    <span>@msg</span>  <br>
</body>
</html>
```

图 7.2.37　窗体 Login_ADO 代码修正

2) 创建一般处理程序 Login_ADO.ashx

参考拓展任务 1，完成 Login_ADO.ashx 的一般处理程序。代码如图 7.2.38 所示。

```
namespace DL_ADO
{
    /// <summary>
    /// DL_ADO 的摘要说明
    /// </summary>
    0 个引用
    public class DL_ADO : IHttpHandler
    {

        2 个引用
        public void ProcessRequest(HttpContext context)
        {
            context.Response.ContentType = "text/html";
            //将Login.html文件的相对路径转换为绝对路径
            string path = context.Request.MapPath("DL_ADO.html");
            //读取该文件内容
            string html = System.IO.File.ReadAllText(path);
            string s = context.Request.Form["isRemeber"];

            //判断页面是否首次加载get
            string _vs = context.Request.Form["_viewstate"];
            bool ispostback = !string.IsNullOrEmpty(_vs);
            if (ispostback)
            {
                //获取用户名密码
                string name = context.Request.Form["name"];
                string pwd = context.Request.Form["pwd"];
```

图 7.2.38　一般处理程序 Login_ADO 路径代码修正

3) ADO.NET 实现 Login 类数据访问功能

完成用户的登录和 Cookie 存储密码功能后，需要将登录信息与数据库中的用户信息进行比对，如果用户名和密码符合 YSXXB 中对应的账号信息，就进行用户登录成功操作。

(1) 使用数据库之前，需要在 Web.config 文件中添加连接字符串，内容如下：

```
<connectionStrings>
    <add name="con" connectionString="server=.;database=GH;uid=sa;pwd=sa"/>
</connectionStrings>
```

(2) 添加连接字符串后，需要应用 ADO.NET 对象完成数据源连接和数据查询操作，为使项目逻辑更加清晰，在此可以添加一个 Login 类负责数据访问层 DAL 的工作，由其静态成员方法 Login_Data 完成查找 YXXXB 的账号信息，并进行比对的操作。这样可以尽可能减小对 Login_ADO.ashx 一般处理程序即应用逻辑层 BLL 的代码影响，也可以清晰地理解三层架构模式。

在项目 DL_ADO 上单击右键，选择“添加”→“新建项”→“代码”→“类”，保存为 Login.cs 即可，如图 7.2.39 所示。

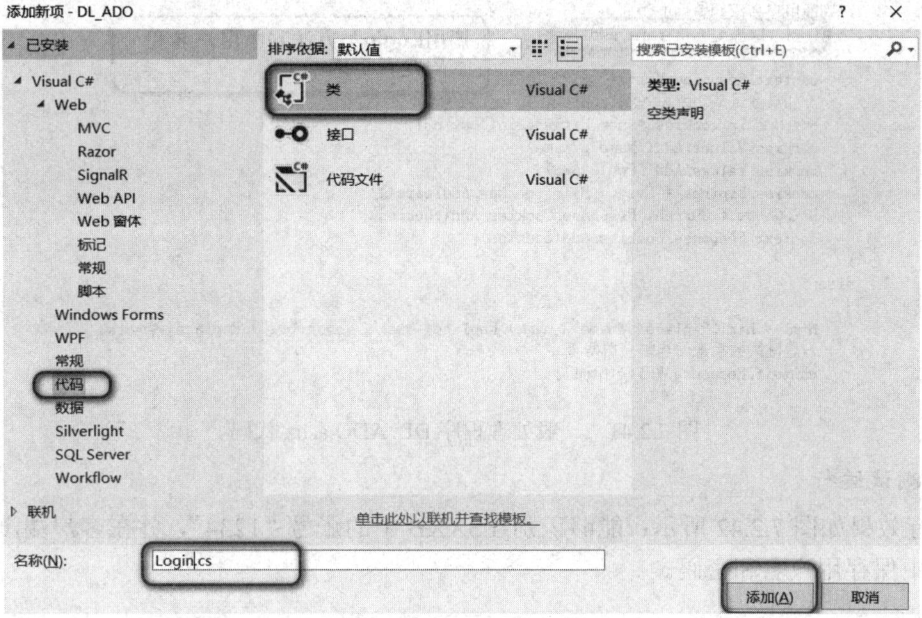

图 7.2.39　添加类 Login

在 Login 类中添加静态成员方法 Login_Data，应用 ADO.NET 的 SqlConnection 对象、SqlCommand 对象、SqlDataAdapter 对象和 DataSet 对象，如图 7.2.40 所示，实现查找用户名和密码的功能，如果能匹配成功，则返回 true，否则返回 false。

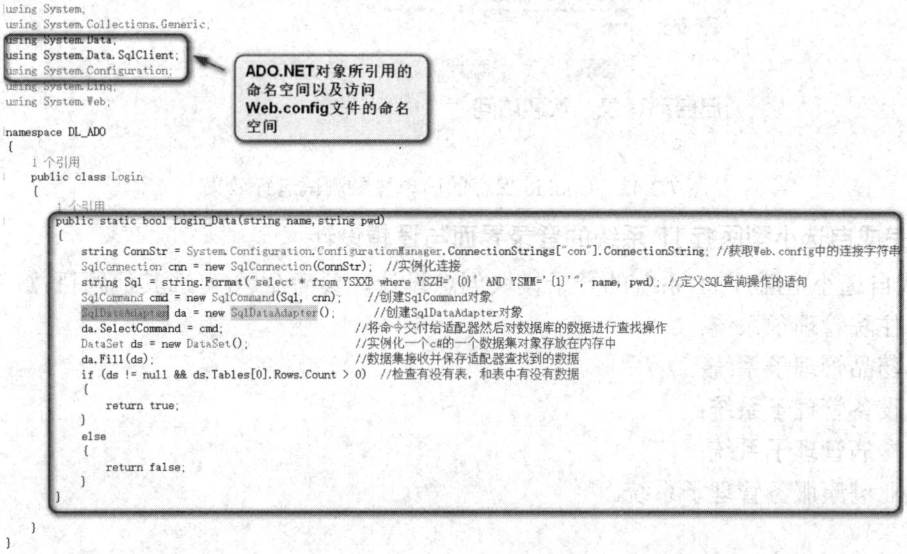

```
using System;
using System.Collections.Generic;
using System.Data;
using System.Data.SqlClient;
using System.Configuration;
using System.Linq;
using System.Web;

namespace DL_ADO
{
    1 个引用
    public class Login
    {
        1 个引用
        public static bool Login_Data(string name,string pwd)
        {
            string ConnStr = System.Configuration.ConfigurationManager.ConnectionStrings["con"].ConnectionString; //获取Web.config中的连接字符串
            SqlConnection cnn = new SqlConnection(ConnStr);  //实例化连接
            string Sql = string.Format("select * from YSXXB where YSZH='{0}' AND YSMM='{1}'", name, pwd); //定义SQL查询操作的语句
            SqlCommand cmd = new SqlCommand(Sql, cnn);     //创建SqlCommand对象
            SqlDataAdapter da = new SqlDataAdapter();      //创建SqlDataAdapter对象
            da.SelectCommand = cmd;                        //将命令交付给适配器然后对数据库的数据进行查找操作
            DataSet ds = new DataSet();                    //实例化一个c#的一个数据集对象存放在内存中
            da.Fill(ds);                                   //数据集接收并保存适配器查找到的数据
            if (ds != null && ds.Tables[0].Rows.Count > 0)  //检查有没有表，和表中有没有数据
            {
                return true;
            }
            else
            {
                return false;
            }
        }
    }
}
```


图 7.2.40　数据访问层类 Login 类代码

4) 实现一般处理程序登录逻辑功能

如图 7.2.41 所示，在 DL_ADO.ashx 一般处理程序(BLL 层)中调用 Login 类(DAL 层)的 Login_Data 方法，实现登录判断功能。

```
//判断用户名密码是否正确
if (Login.Login_Data(name,pwd))
{
    context.Response.Write("登录成功");
    //如果登录成功就写入到Cookie中
    HttpCookie cookies = new HttpCookie("Login");
    cookies.Values.Add("Name", name);
    cookies.Values.Add("Pwd", pwd);
    cookies.Expires = System.DateTime.Now.AddYears(1);
    HttpContext.Current.Response.Cookies.Add(cookies);
    context.Response.Cookies.Add(cookies);
}
else
{
    html = html.Replace("@name", name).Replace("@msg", "登录失败").Replace("@pwd", "");
    //登陆失败后返回当前登陆界面
    context.Response.Write(html);
}
```

调用Login类方法判断用户名和密码是否正确

图 7.2.41　一般处理程序 DL_ADO.ashx 代码

5) 测试运行

运行效果如图 7.2.42 所示：能够识别 YSXXB 中的账号“1234”，并在客户端浏览器的 Cookie 中保存用户名和密码。

图 7.2.42　Cookie 保存的简单登录测试运行效果

4. 完成自选小型医疗 IT 系统的登录界面与逻辑设计

完成自选小型医疗 IT 系统的登录模块创意设计，参考命题(可选其他题目)如下：

(1) 住院管理子系统；

(2) 药品管理子系统；

(3) 设备管理子系统；

(4) 慢病管理子系统；

(5) 亚健康服务管理子系统。

任务 7.3　GH 子系统主页面模块实现

任务描述

主页面模块是信息系统的事务处理主框架页面，登录成功后载入，一般会根据业务需求进行功能区域的划分和布局，多采用超级链接 a 标签等标准 HTML 页面标签。为了简化事件响应等逻辑处理开发，可根据需要选用 ASP.NET 封装的按钮控件等服务器控件。同时也会有少量的数据库访问逻辑或者 Session 访问逻辑，来展现登录成功的用户信息。

(1) 页面整体布局；
(2) 左侧栏窗体设计；
(3) 右侧栏窗体设计；
(4) 首部栏窗体设计；
(5) 主页面模块测试运行。

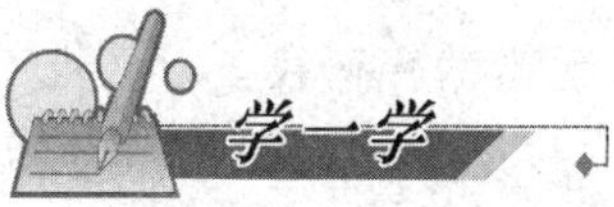

7.3.1　服务器控件 1

1. 服务器控件概述

ASP.NET Web 应用开发非常方便和快捷，一个重要的因素在于它所特有的强大的内置控件库。ASP.NET 服务器控件也称为 Web 服务器控件，是 Web Form 编程的基本元素，也是一种可以用在 ASP.NET 网页上的服务器端组件。

Web 服务器控件在服务器上运行，既包括像按钮和文本框一类的窗体控件，也包括一些具有特殊用途的控件，用编程的方式可以控制这些元素。按功能类别划分，服务器控件包括标准控件(按钮、文本框等)、验证控件、数据控件等。可以通过工具箱窗口选用这些控件。

2. 输入、输出标准控件

Label 标签控件是在网页上显示文本的标准输出控件。TextBox 文本框控件用于向用户提供网页输入文本信息的功能。代码如下：

```
<asp:Label ID="控件 ID" runat="server" Text="显示文本"></asp:Label>
<asp:TextBox ID="控件 ID" runat="server" Text="默认输入的文本" ></asp:TextBox>
```

3. 按钮控件

使用按钮控件可以从网页发送命令，将网页及其事件代码一起提交给服务器处理。按钮控件包括 Button、LinkButton 和 ImageButton 控件三种类型，这三种按钮的功能类似，外观不同。代码如下：

```
<asp:Button ID="控件 ID" runat="server" Text="按钮上的文本" />
<asp:LinkButton ID="控件 ID " runat="server" Text="链接上的文本">LinkButton</asp:LinkButton>
<asp:ImageButton ID="控件 ID " runat="server"   ImageUrl="图像路径"/>
```

7.3.2　简单数据绑定

1. 数据绑定到变量

后台逻辑的计算结果、数据库查询结果等信息如何在前端页面显示呢？

ASP.NET 提供了数据绑定来实现此功能。数据绑定技术也常作为访问数据库的一种方法，可以让程序员不关注数据库连接、数据库命令以及如何显示数据的环节，而是直接简单地将数据绑定到 HTML 元素或 Web 控件。通常前端页面通过绑定获得后置代码文件中定义的变量，方法有两种：<%=变量名%>和<%#变量名%>。

<%=变量名%>：在程序执行时被调用，可以显示后台变量值。

<%#变量名%>：控件的数据绑定，且必须要调用该控件的 DataBind()方法 (或者整个页面 Page.DataBind()，也就是对所有控件都调用 DataBind()方法)。

1) 前端页面 HTML 元素绑定到变量

练一练

请在新建项目的 Web 窗体 BD_demo1 中测试数据绑定 HTML 元素的代码段。

前端页面 BD_demo1.aspx 中的代码段如下：

```
<div>
    <span><%=str1 %></span>
</div>
```

后置代码 BD_demo1.aspx.cs 中的代码段如下：

```
public partial class BD_demo1 : System.Web.UI.Page
{
    public string str1;
    protected void Page_Load(object sender, EventArgs e)
    {
        str1 = "hello world";
    }
}
```

练一练

请将 Web 窗体 BD_demo1 中的数据绑定修改为<%#变量名%>格式。提示：添加 this.DataBind()。

2) 前端服务器控件绑定到变量

练一练

在上述 Web 窗体 BD_demo1 中添加服务器控件 Label，以<%#变量名%>格式数据绑定 str2 变量，显示“welcome”。

前端页面 BD_demo1.aspx 中的代码段如下：

```
<body>
    <form id="form1" runat="server">
    <div>
        <span><%#str1 %>
        </span>
```

```
            <asp:Label ID="Label1" runat="server" Text="<%#str2 %>"></asp:Label>

        </div>
        </form>
    </body>
```

后置代码 BD_demo1.aspx.cs 中的代码段如下：

```
    namespace BD_SX
    {
        public partial class BD_demo1 : System.Web.UI.Page
        {
            public string str1,str2;
            protected void Page_Load(object sender, EventArgs e)
            {
                str1 = "hello world";
                str2 = "Welcome";
               this.DataBind();
            }
        }
    }
```

2. 数据绑定到方法

后置代码文件中通常由方法返回计算结果，也可以通过数据绑定的方法将调用方法的返回值传递到前端页面的标签或服务器控件。

练一练

请在新建 Web 窗体 BD_demo2 中测试如下代码段的运行效果。

前端页面 BD_demo2.aspx 中的代码段如下：

```
    <body>
        <form id="form1" runat="server">
        <div>
            <span><%#Func1() %>
            </span>
           <asp:TextBox ID="TextBox1" runat="server" Text="1" AutoPostBack="true"> </asp:TextBox>
           <asp:Label   ID="Label2"   runat="server"   Text="<%#EvenOrOdd(TextBox1.Text)   %>">
</asp:Label>
        </div>
        </form>
    </body>
```

后置代码 BD_demo2.aspx.cs 中的代码段如下：

```
namespace BD_SX
{
    public partial class BD_demo2 : System.Web.UI.Page
    {
        protected void Page_Load(object sender, EventArgs e)
        {
            this.DataBind();
        }
        protected string Func1()
        {
            return "绑定方法";
        }
        protected string EvenOrOdd(string strNum)
        {
            int iNum = int.Parse(strNum);
            if (iNum % 2 == 0)
                return "偶数";
            else
                return "奇数";
        }
    }
}
```

以上两种数据绑定都属于单值数据绑定，是实现动态文本的方式。数据绑定表达式可以放置在网页的任意位置，也可以放置在服务器控件中。

任务实现

1. 页面整体布局

1) 分别添加 4 个 Web 窗体

添加 4 个 Web 窗体，包括主页面窗体 index.aspx、页面三个区域对应的首部栏页面 Top.aspx、左侧栏菜单页 Left.aspx，以及右侧栏主功能区 GH.aspx。在 GH 项目上单击右键，选择“添加”→“Web 窗体”，参考图 7.2.5，对窗体分别命名。

2) 首页页面布局设计

将首页划分为三个区域，应用 frame 标签实现页面布局，先删除“body”标签组，再加入如下代码：

```
<frameset rows="9%,*">
```

```
            <frame src="Top.aspx">
            </frame>
            <frameset cols="12%,*">
                <frame src="Left.aspx"    noresize="noresize"></frame>
                <frame src="GH.aspx" name="right"></frame>
            </frameset>
    </frameset>
```

3) 测试运行

测试index页面整体布局效果，如图7.3.1所示。

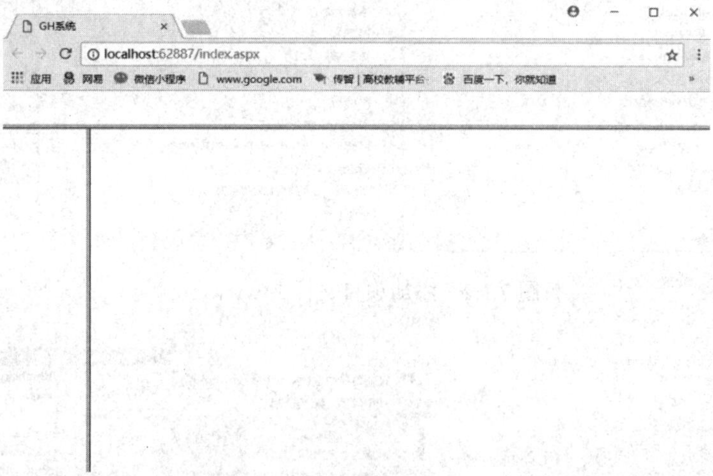

图7.3.1　index页面整体布局效果

2. 左侧栏窗体设计

1) 链接菜单标签设计

左侧栏主要实现链接菜单的功能，因此按照如下代码完成添加页面标签(其中a标签的链接目标地址为任务7.3和任务7.4待实现的页面窗体，在此先用窗体名称替代即可)：

```
    <div class="leftmenu">
            <a href="GH.aspx" target="rgiht">挂号</a>
            <br />
            <a href="GHCX.aspx" target="right">挂号查询</a>
            <br />
            <a href="GHLBGL.aspx" target="right ">挂号类别管理</a>
            <br />
            <a href="KSGL.aspx" target="right ">科室管理</a>
            <br />
            <a href="YHGL.aspx" target="right ">用户管理</a>
            <br />
    </div>
```

2) 外链式引入左侧栏窗体的背景图通用样式

由于左侧栏、右侧栏等窗体页面都需要使用相同的背景图，因此可以将设置背景图的样式代码封装成通用样式文件 main.css，并添加到项目文件夹 wwwroot 中，分别如图 7.3.2 和图 7.3.3 所示。

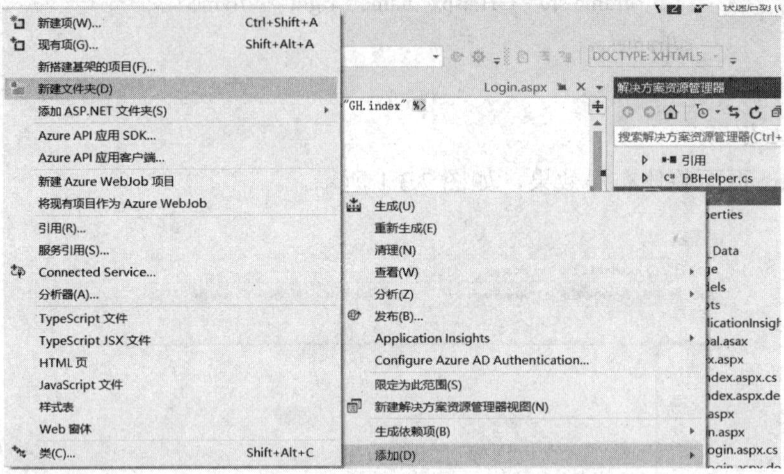

图 7.3.2　添加项目文件夹 wwwroot

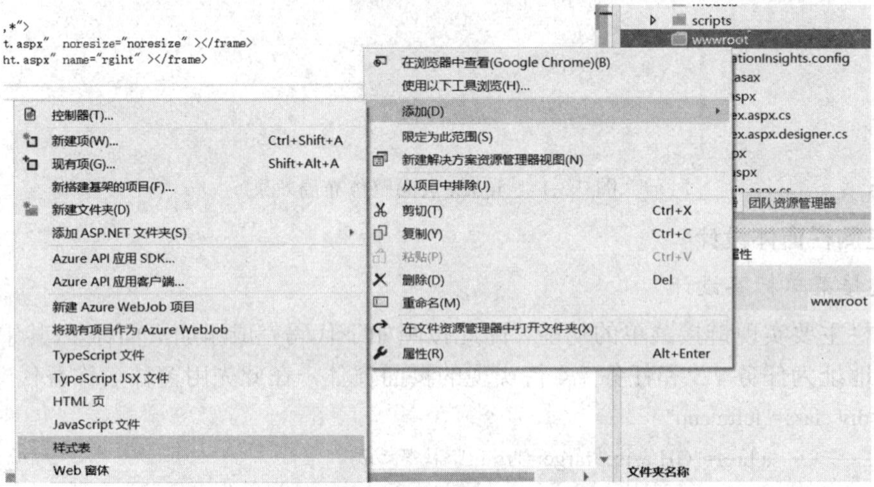

图 7.3.3　添加 main.css 样式表文件

在 main.css 样式表文件中录入设置背景图片的代码：

```
body {
    background-image: url(/Image/2.jpg);
}
```

在 Left.aspx 窗体中录入如下代码，用来引入外链式 main.css 样式表文件：

```
<link href="wwwroot/main.css" rel="stylesheet" type="text/css" />
```

3) 设置 a 链接标签的样式

设置导航菜单的列宽、a 链接标签的基础样式以及 hover 链接为类选择器样式，代码如下：

```
<style type="text/css">
        .leftmenu {
            width: 150px;
        }
            .leftmenu a:active,
            .leftmenu a:visited,
            .leftmenu a:link {
                display: block;
                text-decoration: none;
                margin: 6px 10px 6px 0px;
                padding: 6px 6px 6px 6px;
                color: #00527f;
                background-color: #d9e8f3;
                border: 1px solid #dcddc0;
            }
            .leftmenu a:hover {
                color: white;
                background-color: #8cbbda;
            }
    </style>
```

4) 测试运行

测试 Left.aspx 窗体页面运行效果，如图 7.3.4 所示。

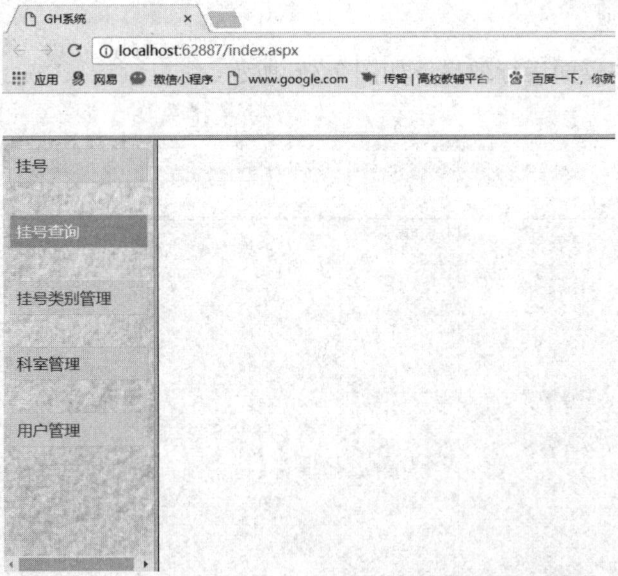

图 7.3.4　Left.aspx 窗体页面运行效果

3. 右侧栏窗体设计

1) 添加各功能窗体页面

单击左侧栏导航菜单后即可在右侧栏进入相应的业务处理或系统维护等功能窗体，因此，需要分别添加相应的 Web 页面窗体，参考图 7.2.5，分别设置窗体名称为：GH、GHCX、GHLBGL、KSGL、YHGL，如图 7.3.5 所示。

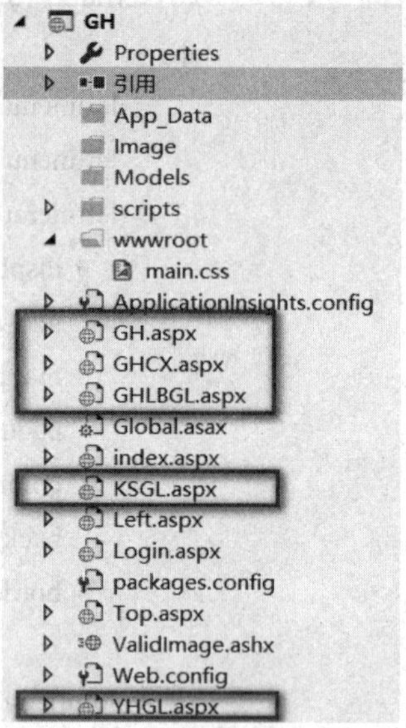

图 7.3.5　右侧栏多窗体

2) 分别链入背景图通用样式

在上述新添加的右侧栏窗体中，分别录入如下代码，用来引入外链式 main.css 样式表文件：

```
<link href="wwwroot/main.css" rel="stylesheet" type="text/css" />
```

3) 分别设置页面测试内容

为 GH.aspx 页面添加如下代码：

```
<body>
    <form id="form1" runat="server">
    <div>
        挂号页面
    </div>
    </form>
</body>
```

分别为 GHCX.aspx 添加文本内容“挂号查询页面”，GHLBGL.aspx 添加文本内容“挂号类别管理页面”，KSGL.aspx 添加文本内容“科室管理页面”，YHGL.aspx 添加文本内容“用户管理页面”。

4) 测试运行

测试右侧栏窗体页面运行效果，如图 7.3.6 所示。

图 7.3.6　右侧栏窗体页面运行效果

4. 首部栏窗体设计

1) Top.aspx 窗体页面添加 span 标签

在 Top.aspx 窗体页面添加 span 标签以显示登录用户信息。通过单值数据绑定来显示登录用户的用户名信息，用户名在后台从 Session 对象获取并存入 UserName 变量中，在前端页面添加<%=变量名%>格式的数据绑定，编写如下代码：

```
<body>
    <form id="form1" runat="server">
    <div>
        <span>欢迎 "<%=UserName %>" 使用挂号系统</span>
    </div>
    </form>
</body>
```

2) Top.aspx 窗体页面添加“按钮”控件

如图 7.3.7 所示，在 Top.aspx 窗体页面添加服务器控件“按钮”以实现退出系统功能。添加“按钮”控件后，修改控件属性 ID 为“btn_out”，Text 为“退出系统”。

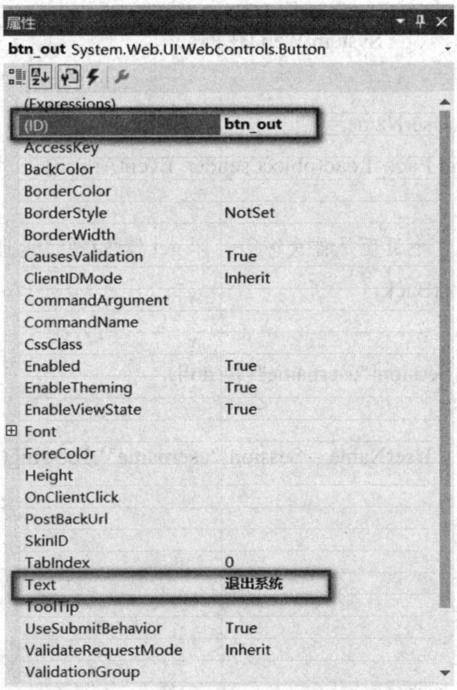

图 7.3.7　按钮控件属性设置

3) Top.aspx 窗体页面设置样式

引入外链式背景图通用样式，即设置按钮控件右浮动并设置 span 标签的字体样式，参考代码如下：

```
<link href="wwwroot/main.css" rel="stylesheet" type="text/css" />
<style type="text/css">
```

```
        #btn_out {
            float: right;
            margin-right: 20px;
        }
        span {
            display: inline;
            font-family: 微软雅黑;
            font-size: 16px;
            font-weight: bold;
        }
    </style>
```

4) Top.aspx 窗体页面显示用户名功能设计

在 Top.aspx.cs 逻辑文件中编写如下代码，从服务器 Session 对象中获取登录用户的用户名并存入 UserName 变量中，然后通过数据绑定的方式在页面进行显示：

```
namespace GH
{
    public partial class Top : System.Web.UI.Page
    {
        public string UserName = "";
        protected void Page_Load(object sender, EventArgs e)
        {
            // 如果这个页面是首次访问，即 get 请求(通过地址栏请求)
            if (!IsPostBack)
            {
                if (Session["username"] != null)
                {
                    UserName = Session["username"].ToString();
                }
            }
        }


    }
}
```

5) Top.aspx 窗体页面退出系统功能设计

在 Top.aspx 前端窗体页面的“设计”视图中，双击“退出系统”按钮，添加按钮的单击事件，则自动生成如下控件属性代码段：

```
<asp:Button ID="btn_out" runat="server" Text="退出系统" OnClick="btn_out_Click"  />
```

同时在 Top.aspx.cs 逻辑文件中生成如下代码框架：

```
protected void btn_out_Click(object sender, EventArgs e)
        {


        }
```

由于 Top.aspx.cs 逻辑文件是 Top.aspx 前端窗体页面的父页面，首先执行 Top.aspx.cs 文件的方法和事件，之后再执行 Top.aspx 进行页面渲染。因此在 btn_out_Click 单击事件中设置标志变量 Redirect 为 OK，然后在 JavaScript 代码中添加判断处理代码，如果 Redirect 为 OK，则认为已单击“退出系统”按钮，即通过窗体对象的父窗体进行窗体定位到 Login.aspx。

Top.aspx.cs 逻辑文件参考代码如下：

```
namespace GH
{
    public partial class Top : System.Web.UI.Page
    {
        public string UserName = "";
        public string Redirect = "";
        protected void Page_Load(object sender, EventArgs e)
        {
            // 如果这个页面不是 get 请求(通过地址栏请求) 则是 Post 请求
            if (!IsPostBack)
            {
                if (Session["username"] != null)
                {
                    UserName = Session["username"].ToString();
                }
            }
        }

        protected void btn_out_Click(object sender, EventArgs e)
        {
            // todo: 退出系统
            // 清除 session
            Session.Clear();
            Redirect = "ok";
        }
    }
}
```

Top.aspx 前端文件参考代码如下(这里再次使用单值数据绑定的方式来进行前端和后端逻辑文件间的数据传递)：

```
<script type="text/javascript">
```

```
        if ("<%=Redirect %>" == "ok") {
            window.parent.location = 'Login.aspx';
        }
    </script>
```

5. 主页面模块测试运行

参考图 7.2.23 和图 7.2.24，设置 GH 为起始项目，设置 index.aspx 为起始页，点击调试运行菜单，即可得到如图 7.3.8 所示的运行效果。

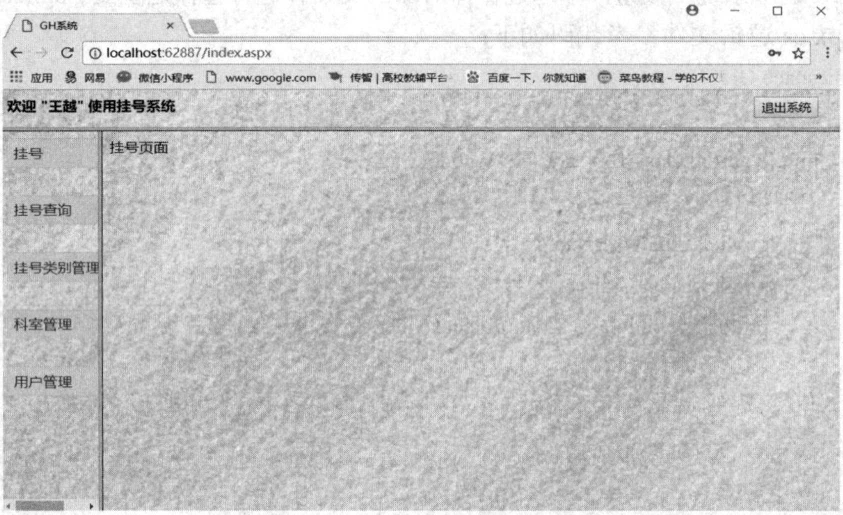

图 7.3.8　主页面模块测试运行效果

任务拓展

完成自选小型医疗 IT 系统的主页面模块创意设计，参考命题(可选其他题目)如下：

(1) 住院管理子系统；

(2) 药品管理子系统；

(3) 设备管理子系统；

(4) 慢病管理子系统；

(5) 亚健康服务管理子系统。

任务 7.4　GH 子系统系统管理模块实现

任务描述

系统管理模块作为信息系统的数据字典等信息维护页面，包括用户管理、科室信息、业务数据字典等基础信息的增加、删除、修改和查询基本操作。前端页面通过数据绑定来展现数据，应用 ADO.NET 数据访问对象来获取数据，以及采用字符串拼接的方式来构造展示查询信息。灵活应用 Request 对象传递的参数进行逻辑判断处理，通过 Response 对象实现页面的跳转重定向。

(1) 挂号类别管理前端页面构建；

(2) 挂号类别管理后端数据查询设计；

(3) 编辑页功能设计；

(4) 新增页功能设计；

(5) 删除功能设计。

学一学

7.4.1　C#字符串拼接

1. 简单“+=”拼接法

“+=”拼接法是简单的字符串拼接方法。

练一练

用“+=”拼接法实现字符串变量 str1 为“hello：张三，2019”的拼接效果，其中“张三”为字符串变量 str1 的初值。

```
string str1="张三";
str1="hello: "+str1+",2019";
```

“+=”拼接法虽然使用方便，但是内存消耗比较大。string 类型是引用类型，保留在堆上，而不是栈中，使用时需要传递内存地址，每次修改就会重新创建一个新的 string 对象来存储字符串，原有的堆空间会被自动回收。简单的几步拼接一般不会存在太大的问题，但如果需要循环拼接，就会造成不断创建新对象，从而降低内存使用性能。

2.“String.Format”拼接法

String.Format()是将指定的 String 类型对象的数据中每个格式项替换为相应对象的值的文本等效项。

练一练

用“String.Format”拼接法实现“hello：张三，2019”的拼接效果，其中“张三”为字符串变量 str1 的初值。

```
string str1= "张三";
str1=String.Format("hello:{0},2019",str1);
```

这种方式的字符串拼接代码看起来比较整洁，可读性强，效率也比“+=”拼接法高很多，因此对于有变量参与的字符串拼接场合较常使用。

3. “StringBuilder.Append”拼接法

StringBuilder 是预先创建一个比较大的内存，以后每次操作时判断容量上限是否够用，如果不够用就自动把容量扩大一倍，修改的还是第一次创建的对象的值。

练一练

用“StringBuilder.Append”拼接法实现“hello：张三，2019”的拼接效果，其中张三为字符串变量 str1 的初值。

```
StringBuilder builder = new StringBuilder();
builder.Append("hello:");
builder.Append(str1);
builder.Append(",2019");
str1 = builder.ToString();
```

注意：如果使用“StringBuilder.Append”拼接法，则必须先添加字符串拼接对象相关命名空间的引用：

```
using System.Text;
```

可以看出，对于拼接较长的字符串或者循环构造拼接字符串，可以使用 StringBuilder 来节省内存，提高可读性。

7.4.2　服务器控件 2

1. RadioButton 控件

RadioButton(单选框)控件提供了一组相互排斥的预定义选项，用户能够从中选择其中一个。RadioButton 控件可以单独使用，但通常是将两个或多个按钮组合在一起使用，在一个组内只能选择一个。

```
<asp:RadioButton ID="控件 ID" runat="server" Text="提示文本" GroupName="组合名称"
Checked="True" />
```

控件有多个常用属性，如显示文本的 Text、所属组名 GroupName(具有相同组名的所有单选按钮互斥)、表示默认选中状态的 Checked 等。当其选中状态发生改变后会触发 CheckedChanged 事件。

2. CheckBox 控件

CheckBox(复选框)控件允许用户选中或不选中某个列表项，可以实现多选功能。CheckBox 是一个独立控件，一个 CheckBox 控件代表一个选项，语句如下：

```
<asp:CheckBox ID="控件 ID" runat="server" />
```

控件常用属性为 Checked 表示是否被选中，值为 True 或 False；Text 属性用于显示文本信息。

7.4.3　ASP.NET 多值数据绑定

多值数据绑定技术是将一组值绑定到指定的控件上，这些控件被称为数据绑定控件，如 DropDownList 控件、ListBox 控件、RadioButtonList 控件、CheckBoxList 控件等。

DropDownList 控件是包含一组列表项的集合控件，允许用户从下拉列表中选择单个选项。该控件由一个显示选中项的文本框和一个下拉按钮组成，当用户单击下拉按钮时，DropDownList 控件将展开显示所有项的列表。

```
<asp:DropDownList ID="DropDownList1" runat="server">
        <asp:ListItem/>
        <asp:ListItem/>
        …
</asp:DropDownList>
```

DropDownList 控件常用属性有 SelectedItem(选中的列表项)、SelectedValue(选中列表项的值)、SelectedIndex(选中列表项的索引号)、Text(某个列表项的文本)。

DropDownList 控件用于数据绑定的属性有 DataSource(数据源)、DataValueField(数据项值对应的数据源字段)、DataTextField(数据项显示文本对应的数据源字段)。

练一练

用多值绑定到数组的方式，在动态数组 list 中用代码的方式加入数据，并将 DropDownList 控件绑定到 list 动态数组中。完成如图 7.4.1 所示的测试例。

图 7.4.1　DropDownList 控件绑定示例

(1) 创建 Web 窗体 BD_demo3，放置 Label 控件、Button 控件和 DropDownList 控件，修改 Label 控件的 Text 属性为“选择城市”，修改 Button 控件的 Text 属性为“选择”，修改 DropDownList 控件的 DataSource 属性为“<%#list%>”。

(2) 在 BD_demo3.aspx.cs 中，引用命名空间“using System.Collections;”并定义动态数组“protected ArrayList list = new ArrayList();”。

(3) 在 Page_Load 事件中为 list 数组添加数据项，并绑定 DropDownList 控件到数组 list：

```
protected void Page_Load(object sender, EventArgs e)
{
    if(!IsPostBack)
    {
```

```
        list.Add("深圳");
        list.Add("广州");
        list.Add("北京");
        list.Add("上海");
        this.DropDownList1.DataBind();
    }
}
```

(4) 在按钮的单击事件中编写如下代码，在 Label 标签中显示选择结果：

```
protected void Button1_Click(object sender, EventArgs e)
{
    Label1.Text = "选中的城市为:" + DropDownList1.Text;
}
```

任务实现

1. 挂号类别管理前端页面构建

1) 添加前端页面标签元素

挂号类别管理页面包括查询、编辑、删除、新增等功能，由于编辑和删除是针对某条记录进行的，因此每行信息的编辑和删除按钮以超级链接标签的形式分布在每行，而新增功能则采用独立的超级链接标签。

因此页面整体布局由上下两个 div 构成，分别展现新增功能链接和挂号类别信息表格，信息表格则包含表头标题以及由查询记录拼接的行信息字符串 Rows。GHLBGL.aspx 前端页面代码如下：

```
<body>
    <form id="form1" runat="server">
        <div class="alink">
            <a href="GHLBGL_EDIT.aspx?add=1">新增类别</a>
        </div>
        <div>
            <table class="imagetable">
                <tr>
                    <td>挂号类别编号</td>
                    <td>挂号类别名称</td>
                    <td>挂号类别费用</td>
                    <td>操作</td>
                </tr>
                <%=Rows %>
            </table>
```

```
        </div>
    </form>
</body>
```

其中 Rows 为字符串，由数据访问结果进行单值数据绑定，后续完成具体数值处理逻辑功能，这里只需在 GHLBGL.aspx.cs 后端逻辑代码中定义 Rows 为空字符串即可，代码如下：

```
public partial class GHLBGL : System.Web.UI.Page
{
    public string Rows = "";
    protected void Page_Load(object sender, EventArgs e)
    {

    }
}
```

运行效果如图 7.4.2 所示。

图 7.4.2　挂号类别管理前端页面元素运行效果

2) 添加样式

上述前端页面代码可以实现显示新增类别的超级链接和表格标题，还需设置样式效果。为使项目各链接按钮和表格样式统一，可将样式封装到 wwwroot 目录下的样式表文件中统一通过外链式引入。

超级链接按钮样式保存为 LinkCss.css，代码如下：

```
.alink a {
    background-color: #d9e8f3;
}
    .alink a:active,
    .alink a:visited,
    .alink a:link {
        display: block;
        text-decoration: none;
        margin: 6px 10px 6px 0px;
```

```
        padding: 6px 6px 6px 6px;
        color: #00527f;
        background-color: #d9e8f3;
        border: 1px solid #dcddc0;
        width: 100px;
    }
    .alink a:hover {
        color: white;
        background-color: #8cbbda;
    }
```

表格样式保存为 TableCss.css，代码如下：

```
table.imagetable {
    font-family: verdana,arial,sans-serif;
    font-size: 18px;
    color: #333333;
    border-width: 1px;
    border-color: #999999;
    border-collapse: collapse;
}
    table.imagetable th {
        background: #b5cfd2 url('/Image/cell-blue.jpg');
        border-width: 1px;
        padding: 13px;
        border-style: solid;
        border-color: #999999;
    }
    table.imagetable td {
        background: #dcddc0 url('/Image/cell-grey.jpg');
        border-width: 1px;
        padding: 13px;
        border-style: solid;
        border-color: #999999;
    }
```

在 GHLBGL.aspx 前端页面<head>标签内添加如下代码，用于引入样式表：

```
<link href="wwwroot/LinkCss.css" rel="stylesheet" type="text/css" />
<link href="wwwroot/TableCss.css" rel="stylesheet" type="text/css" />
```

3) 测试运行

链接标签和表格分别具有了背景色和边框样式，如图 7.4.3 所示。

图 7.4.3　挂号类别管理前端页面测试效果

2. 挂号类别管理后端数据查询设计

1) 构建挂号类别数据 Rows

挂号类别信息的查询结果也是以表格的形式展现的，包含编辑和删除两项操作的超级链接项如下：

```
<tr>
    <td>1</td>
    <td>普通</td>
    <td>1.0000</td>
    <td><a href="#">编辑</a> | <a href="#">删除</a></td>
</tr>
```

由于数据内容是访问数据库查询的结果，因此此处需要使用 ADO.NET 对象完成对挂号类别表进行数据访问查询操作，然后将查询结果拼接到上述表格元素的字符串中。

查询操作的代码已经封装在 DBHelper 类中的 QuerySQL()方法中，此处调用即可，代码如下：

```
protected void Page_Load(object sender, EventArgs e)
{
    StringBuilder builder = new StringBuilder();//定义拼接字符串
    // 数据库读取
    string sql = "select * from GHLBB";
    DataTable dt = DBHelper.QuerySQL(sql);
    if (dt != null && dt.Rows.Count > 0)
    {
        foreach (DataRow row in dt.Rows)
        {
            builder.Append("<tr>");
            builder.Append(string.Format("<td>{0}</td>", row["GHLBBH"]));
            builder.Append(string.Format("<td>{0}</td>", row["GHLBMC"]));
            builder.Append(string.Format("<td>{0}</td>", row["GHFY"]));
            builder.Append(string.Format("<td><a href=\"GHLBGL_EDIT.aspx?bh={0}\">编辑</a>
| <a href=\"GHLBGL.aspx?delete={0}\">删除</a></td>"
```

```
                , row["GHLBBH"]));
                builder.Append("</tr>");
            }
        }
        Rows = builder.ToString();
    }
```

当然，这段代码用到了数据类库、字符串拼接、Common 类库等，需要进行命名空间的引用：

```
using common;
using System.Data;
using System.Text;
```

查询数据和拼接字符串是一段功能较独立的代码段，因此建议进行函数封装，以提高代码的可读性，优化后的代码如下：

```
protected void Page_Load(object sender, EventArgs e)
{
    BuilderData();
}
private void BuilderData()
{
    StringBuilder builder = new StringBuilder();//定义拼接字符串
    // 数据库读取
    string sql = "select * from GHLBB";
    DataTable dt = DBHelper.QuerySQL(sql);
    if (dt != null && dt.Rows.Count > 0)
    {
        foreach (DataRow row in dt.Rows)
        {
            builder.Append("<tr>");
            builder.Append(string.Format("<td>{0}</td>", row["GHLBBH"]));
            builder.Append(string.Format("<td>{0}</td>", row["GHLBMC"]));
            builder.Append(string.Format("<td>{0}</td>", row["GHFY"]));
            builder.Append(string.Format("<td><a  href=\"GHLBGL_EDIT.aspx?bh={0}\">编辑</a> |
<a href=\"GHLBGL.aspx?delete={0}\">删除</a></td>"
                , row["GHLBBH"]));
            builder.Append("</tr>");
        }
    }
    Rows = builder.ToString();
}
```

2) 测试运行

挂号类别信息查询页运行效果如图 7.4.4 所示。

图 7.4.4　挂号类别信息查询页运行效果

3. 编辑页功能设计

1) 创建 GHLBGL_EDIT 窗体并添加页面标签元素

右键单击项目“GH”，选择“添加”→“Web 窗体”，录入窗体名称 GHLBGL_EDIT，该窗体通过表格、文本框、按钮等元素实现一条挂号类别信息的编辑功能。具体的前端标签 HTML 代码如下所示，其中使用了在 table 标签内设置文本框和按钮服务器控件的混合模式，另外使用 a 标签实现“返回”链接功能。

```
<body>
    <form id="form1" runat="server">
        <div>
            <table class="imagetable">
                <tr>
                    <th>挂号类别编号</th>
                    <td>
                    <asp:TextBox ID="txt_bh" runat="server" Enabled="false"></asp:TextBox></td>
                </tr>
                <tr>
                    <th>挂号类别名称</th>
                    <td>
                        <asp:TextBox ID="txt_mc" runat="server"></asp:TextBox></td>
                </tr>
                <tr>
                    <th>挂号类别费用</th>
                    <td>
                        <asp:TextBox ID="txt_fy" runat="server"></asp:TextBox>
                    </td>
                </tr>
```

```
                <tr>
                    <th colspan="2">
                        <asp:Button ID="btn_update" runat="server" Text="修改" /></th>
                </tr>
            </table>
            <div class="alink">
                <a href="GHLBGL.aspx">返回</a>
            </div>
        </div>
    </form>
</body>
```

运行效果如图 7.4.5 所示。

图 7.4.5　新增页面元素运行效果

2) 设置样式

由于整个项目的样式风格一致，因此需要设置背景图、table 元素样式、链接按钮样式。这些设置与 GHLB 页面设置基本一致，采用外链式分别引入 main.css、TableCss.css、LinkCss.css 样式表文件即可，代码如下：

```
<link href="wwwroot/main.css" rel="stylesheet" type="text/css" />
<link href="wwwroot/LinkCss.css" rel="stylesheet" type="text/css" />
<link href="wwwroot/TableCss.css" rel="stylesheet" type="text/css" />
```

运行效果如图 7.4.6 所示。

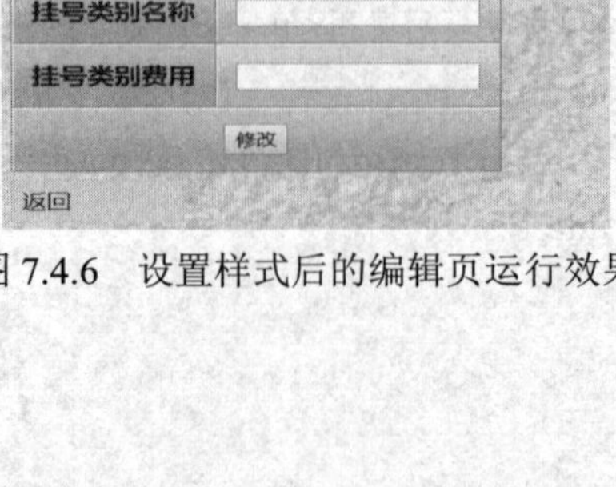

图 7.4.6　设置样式后的编辑页运行效果

3) 窗体装载时显示原始挂号类别信息

在 GHLBGL_EDIT.aspx.cs 文件的 Page_Load 事件中添加如下代码，实现在 GHLBGL 页面点击“编辑”链接，将当前记录 bh 作为 GET 请求参数传递到 GHLBGL_EDIT 页面，并根据 bh 信息构造查询 SQL 语句，实现挂号类别信息的显示。

```
protected void Page_Load(object sender, EventArgs e)
{
    if (!IsPostBack)  //页面首次加载，get 请求
    {
        string bh = Request["bh"].ToString();      //从请求报文中获取参数 bh
        string sql = "    select * from GHLBB where GHLBBH=" + bh;
                                                    //构建查询 sql 语句
        DataTable dt = DBHelper.QuerySQL(sql);
                                //调用 DBHelper 类方法，通过 ADO.NET 对象查询数据
        if(dt!=null)
        {
            txt_bh.Text = dt.Rows[0]["GHLBBH"].ToString();
            //将查询结果赋值给控件属性，显示相关挂号类别信息
            txt_mc.Text = dt.Rows[0]["GHLBMC"].ToString();
            txt_fy.Text = dt.Rows[0]["GHFY"].ToString();
        }
        else
        {
            throw new Exception("非法参数");
        }
    }
}
```

由于涉及数据表对象的操作以及 DBHelper 类成员方法的调用，因此需要添加如下的命名空间引用代码：

```
using System.Data;
using common;
```

运行效果如图 7.4.7 所示。

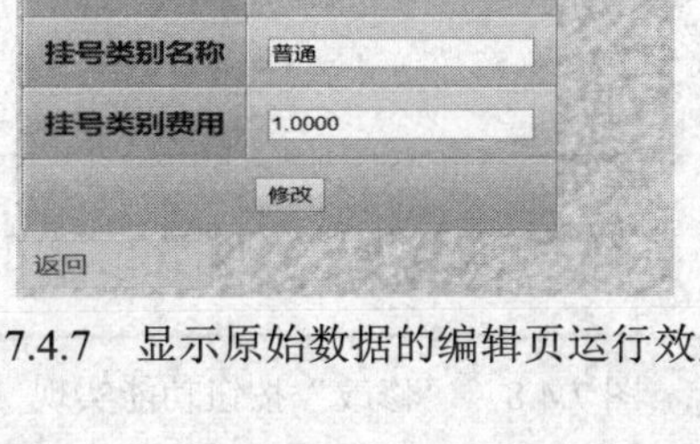

图 7.4.7　显示原始数据的编辑页运行效果

4) 编写执行命令的 DBHelper 类方法 ExecSQL()

编写“修改”按钮的数据访问功能代码，实质上就是执行 UPDATE 数据访问命令。在三层架构设计中通过 ADO.NET 对象操作数据库的代码统一放置在 common 类库的 DBHelper 类中，因此需要在 DBHelper 类中添加一个执行 SQL 命令的数据访问方法 ExecSQL()，代码如下：

```
public static int ExecSQL(string sql) {
    //实例化连接
    SqlConnection cnn = new SqlConnection(ConnStr);
    try {
        //打开连接
        cnn.Open();
        //实例化命令
        SqlCommand cmd = new SqlCommand(sql, cnn);
        //执行命令
        int result = cmd.ExecuteNonQuery();
        return result;
    }
    catch (Exception ex) {
        //HttpContext.Current.Response.Write("sql 语句执行失败！");
        throw ex;
    }
    finally {
        cnn.Close();
        cnn.Dispose();
    }
}
```

5) 实现“修改”按钮的编辑功能

修改 GHLBGL_EDIT.aspx.cs 文件 Page_Load 事件代码，添加“修改”按钮按下后的 UPDATE 命令执行调用，完成后返回 GHLBGL 窗体。参考代码如图 7.4.8 所示。

```
if (!IsPostBack)  //get请求
{
        string bh = Request["bh"].ToString();                                   //从请求报文中获取参数bh
        string sql = "  select * from GHLBB where GHLBBH=" + bh;  //构建查询sql语句
        DataTable dt = DBHelper.QuerySQL(sql);                              //调用DBHelper类方法，通过ADO.NET对象查询数据
        if(dt!=null)
        {
            txt_bh.Text = dt.Rows[0]["GHLBBH"].ToString();               //将查询结果赋值给控件属性，显示相关挂号类别信息
            txt_mc.Text = dt.Rows[0]["GHLBMC"].ToString();
            txt_fy.Text = dt.Rows[0]["GHFY"].ToString();
        }
        else
        {
            throw new Exception("非法参数");
        }
}
else
{
    string sql = string.Format("  update GHLBB set GHLBMC='{0}',GHFY={1} where GHLBBH={2}", txt_mc.Text, txt_fy.Text, txt_bh.Text);
    DBHelper.ExecSQL(sql);
    Response.Redirect("GHLBGL.aspx");
}
```

图 7.4.8　“修改”按钮功能实现

4. 新增页功能设计

1) 复用编辑页页面元素

由于新增一项记录和修改一项记录使用的控件界面类似，仅逻辑代码功能有所差异，因此这里新增页窗体与编辑页 GHLBGL_EDIT 窗体复用。

通过设置 get 请求参数 add 作为区分，如果 add=1 则说明是新增页功能，否则为编辑页功能，按此逻辑修改上述编辑页的逻辑代码。

按下数据提交按钮后，可以通过按钮的 Text 属性来区分新增页功能和编辑页功能。参考代码如图 7.4.9 所示。

```
protected void Page_Load(object sender, EventArgs e)
{
    if (!IsPostBack)  //get请求
    {
        if (Request["add"] != null)
        {
            btn_update.Text = "新增";
            //添加新增页装载数据的功能：显示最大编号
        }
        else
        {
            string bh = Request["bh"].ToString();                              //从请求报文中获取参数bh
            string sql = "  select * from GHLBB where GHLBBH=" + bh;   //构建查询sql语句
            DataTable dt = DBHelper.QuerySQL(sql);                          //调用DBHelper类方法，通过ADO.NET对象查询数据

            txt_bh.Text = dt.Rows[0]["GHLBBH"].ToString();                //将查询结果赋值给控件属性，显示相关挂号类别信息
            txt_mc.Text = dt.Rows[0]["GHLBMC"].ToString();
            txt_fy.Text = dt.Rows[0]["GHFY"].ToString();
        }
    }
    else
    {
        if (btn_update.Text == "新增")
        {
            //添加新增功能：执行insert命令
        }
        else
        {
            string sql = string.Format("  update GHLBB set GHLBMC='{0}',GHFY={1} where GHLBBH={2}", txt_mc.Text, txt_fy.Text, txt_bh.Text);
            DBHelper.ExecSQL(sql);
            Response.Redirect("GHLBGL.aspx");
        }

    }
}
```

图 7.4.9　复用 GHLBGL_EDIT 窗体的逻辑判断

2) 加载时显示当前最大编号功能

在图 7.4.9 所示的代码中，首次加载 get 请求时，判断如果请求参数 add 不空，则说明需要处理新增页功能。

新增页面装载时需要自动显示下一条记录的编号，可以通过聚合函数 max 实现，涉及功能差异的数据访问操作，则需要在 DBHelper 中定义不同的方法。在此需定义一个执行聚合函数查询命令的方法 Scalar()，代码如下：

```
public static object Scalar(string sql)
{
    SqlConnection cnn = new SqlConnection(ConnStr);
    try
    {
        cnn.Open();
        SqlCommand sqlCommand = new SqlCommand(sql, cnn);
        return sqlCommand.ExecuteScalar();  //聚合函数查询，返回单行单列查询结果
```

```
        }
        catch (Exception ex)
        {
            throw ex;
        }
        finally
        {
            cnn.Dispose();
        }
    }
```

实现了数据访问层的 DBHelper 类方法 Scalar()之后，就可以在 GHLBGL_EDIT 窗体的后端逻辑代码中进行调用，参考代码段如下：

```
//添加新增页装载数据的功能：显示最大编号
string sql = "select max(GHLBBH)+1 from GHLBB";
txt_bh.Text = DBHelper.Scalar(sql).ToString();
```

运行效果如图 7.4.10 所示。

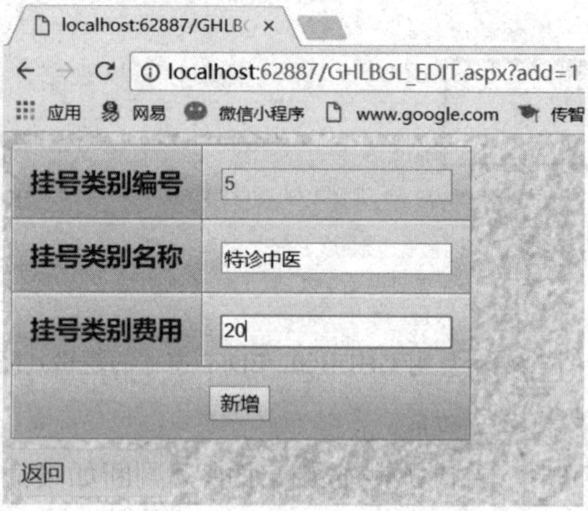

图 7.4.10　新增页自动显示编号运行效果

3) 实现“新增”按钮的插入功能

在 DBHelper 类中已经添加一个执行 sql 命令的数据访问方法 ExecSQL()，在此 INSERT 命令的数据访问操作只需要调用此方法即可，完成新增功能后就可以返回 GHLBGL 页面了。参考代码如下：

```
if (btn_update.Text == "新增")
{
    //添加新增功能：执行 insert 命令
    string sql = string.Format("insert into GHLBB values('{0}',{1})", txt_mc.Text, txt_fy.Text);
    DBHelper.ExecSQL(sql);
}
```

```
else
{
  string sql = string.Format("  update GHLBB set GHLBMC='{0}',GHFY={1} where GHLBBH={2}",
txt_mc. Text, txt_fy.Text, txt_bh.Text);
  DBHelper.ExecSQL(sql);
}
Response.Redirect("GHLBGL.aspx");
```

运行效果如图 7.4.11 所示。

挂号类别编号	挂号类别名称	挂号类别费用	操作
1	普通	2.0000	编辑 | 删除
2	急诊	5.0000	编辑 | 删除
3	特诊	11.0000	编辑 | 删除
4	专家	11.0000	编辑 | 删除
6	特诊中医	20.0000	编辑 | 删除

图 7.4.11　新增页新增功能运行效果

5. 删除功能设计

通过 get 请求参数 delete 来进行逻辑判断。通过调用 DBHelper 类中已经添加的数据访问方法 ExecSQL()，执行 delete 命令即可。需要修改 GHLBGL 窗体的 Page_Load()事件代码如下：

```
protected void Page_Load(object sender, EventArgs e)
{
    if (Request["delete"] != null)
    {
        // 删除
        string bh = Request["delete"].ToString();
        string sql = string.Format("  delete from GHLBB where  GHLBBH={0}", bh);
        DBHelper.ExecSQL(sql);
    }
    BuilderData();
}
```

6. 挂号类别管理模块测试运行

将 Login 窗体设置为起始页，联调主页面及挂号类别管理页面各功能，如图 7.4.12 所示。

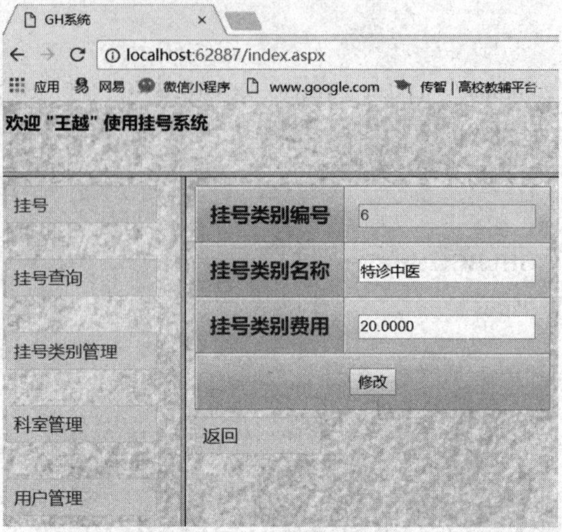

图 7.4.12　挂号类别管理模块功能联调效果

任务拓展

1. 科室管理模块设计与测试

1) 科室管理前端页面构建

(1) 在 KSGL.aspx 前端页面中添加如下代码的页面元素：

```
<body>
    <form id="form1" runat="server">
        <div class="alink">
            <a href="KSGL_EDIT.aspx?add=1">新增科室</a>
        </div>
        <div>
            <table class="imagetable">
                <tr>
                    <th>科室编号</th>
                    <th>科室名称</th>
                    <th>科室地址</th>
                    <th>科室简码</th>
                    <th>操作</th>
                </tr>
                <%=Rows%>
            </table>
        </div>
    </form>
```

```
</body>
```

(2) 在 KSGL.aspx.cs 后端逻辑代码中添加 Rows 字符串的定义：

```
public partial class KSGL : System.Web.UI.Page
{
    public string Rows="";
    protected void Page_Load(object sender, EventArgs e)
    {
    }
}
```

(3) 在 KSGL.aspx 前端页面添加样式表的链入代码：

```
<link href="wwwroot/main.css" rel="stylesheet" type="text/css" />
<link href="wwwroot/LinkCss.css" rel="stylesheet" type="text/css" />
<link href="wwwroot/TableCss.css" rel="stylesheet" type="text/css" />
```

2) 科室管理后端逻辑(含删除功能)

(1) 在 KSGL.aspx.cs 后端逻辑代码中添加必要的命名空间引用：

```
using common;
using System.Data;
using System.Text;
```

(2) 编写 Page_Load 事件方法：

```
protected void Page_Load(object sender, EventArgs e)
{
    if (Request["delete"] != null)
    {
        // 删除
        string bh = Request["delete"].ToString();
        string deleteSql = string.Format("    delete from KSXXB where    KSBH={0}", bh);
        DBHelper.ExecSQL(deleteSql);
    }
    BuilderData();
}
```

(3) 编写自定义方法 BuilderData()：

```
private void BuilderData()
{
    StringBuilder builder = new StringBuilder();//定义拼接字符串
    // 数据库读取
    string sql = "select * from KSXXB";
    DataTable dt = DBHelper.QuerySQL(sql);
    if (dt != null && dt.Rows.Count > 0)
```

```
        {
            foreach (DataRow row in dt.Rows)
            {
                builder.Append("<tr>");
                builder.Append(string.Format("<td>{0}</td>", row["KSBH"]));
                builder.Append(string.Format("<td>{0}</td>", row["KSMC"]));
                builder.Append(string.Format("<td>{0}</td>", row["DZ"]));
                builder.Append(string.Format("<td>{0}</td>", row["KSJM"]));
                builder.Append("<td>");
                builder.Append(string.Format("<a href='KSGL_EDIT.aspx?bh={0}'>编辑</a> | ",
                                row ["KSBH"]));
                builder.Append(string.Format("<a href='KSGL.aspx?delete={0}'>删除</a>", row ["KSBH"]));
                builder.Append("</td>");
                builder.Append("</tr>");
            }
        }
        Rows = builder.ToString();
    }
```

(4) 测试运行效果如图 7.4.13。

新增科室

科室编号	科室名称	科室地址	科室简码	操作
001	内科	1楼尽头	NK	编辑 | 删除
002	外科	2楼尽头	WK	编辑 | 删除
003	妇科	3楼第一个房间	FK	编辑 | 删除
004	检验科	5楼进去左边倒数第5个房间	JYK	编辑 | 删除
005	中医科	2楼1室	ZYK	编辑 | 删除
006	急诊科	1楼1室	JZK	编辑 | 删除
007	产科	2楼3室	CK	编辑 | 删除
008	儿科	3楼3室	EK	编辑 | 删除

图 7.4.13　查询显示科室信息运行效果

3) 科室编辑页功能设计(含新增功能)

(1) 添加 KSGL_EDIT 窗体，并在 KSGL_EDIT.aspx 前端页面中添加如下代码的页面元素：

```
<body>
    <form id="form1" runat="server">
        <div>
            <table class="imagetable">
```

```
            <tr>
                <th>科室编号</th>
                <td>
                 <asp:TextBox ID="txt_bh" runat="server" Enabled="false"> </asp:TextBox>
                </td>
            </tr>
            <tr>
                <th>科室名称</th>
                <td>
                    <asp:TextBox ID="txt_mc" runat="server"></asp:TextBox>
                </td>
            </tr>
            <tr>
                <th>地址</th>
                <td>
                    <asp:TextBox ID="txt_dz" runat="server"></asp:TextBox>
                </td>
            </tr>
            <tr>
                <th>科室简码</th>
                <td>
                    <asp:TextBox ID="txt_jm" runat="server"></asp:TextBox>
                </td>
            </tr>
            <tr>
                <th colspan="2">
                    <asp:Button ID="btn_update" runat="server" Text="修改" />
                </th>
            </tr>
        </table>
        <div class="alink">
            <a href="KSGL.aspx">返回</a>
        </div>
    </div>
  </form>
</body>
```

(2) 在 KSGL_EDIT.aspx 前端页面添加样式表的链入代码：

```
<link href="wwwroot/main.css" rel="stylesheet" type="text/css" />
<link href="wwwroot/LinkCss.css" rel="stylesheet" type="text/css" />
```

```
<link href="wwwroot/TableCss.css" rel="stylesheet" type="text/css" />
```

(3) 在 KSGL_EDIT.aspx.cs 后端逻辑代码添加必要的命名空间引用：

```
using common;
using System.Data;
```

(4) 编写 Page_Load 事件方法，通过 get 请求参数 add 区分新增或编辑功能，与 GHLBGL_EDIT.aspx.cs 后端逻辑代码逻辑基本一致，代码如下：

```
protected void Page_Load(object sender, EventArgs e)
{
    if (!IsPostBack)  //首次加载 get 请求
    {
        if (Request["add"] != null)
        {
            btn_update.Text = "新增";
            //添加新增页装载数据的功能：显示最大编号
            string sql = " select max(KSBH)+1 from KSXXB";
            txt_bh.Text = ((int)DBHelper.Scalar(sql)).ToString("000");
        }
        else
        {
            string bh = Request["bh"].ToString();
            //从请求报文中获取参数 bh
            string sql = "    select * from KSXXB where KSBH=" + bh;
            //构建查询 sql 语句
            DataTable dt = DBHelper.QuerySQL(sql);
            //调用 DBHelper 类方法，通过 ADO.NET 对象查询数据
            if (dt != null)
            {
                txt_bh.Text = dt.Rows[0]["KSBH"].ToString();
                txt_mc.Text = dt.Rows[0]["KSMC"].ToString();
                txt_dz.Text = dt.Rows[0]["DZ"].ToString();
                txt_jm.Text = dt.Rows[0]["KSJM"].ToString();
            }
            else
            {
                throw new Exception("非法参数");
                // 自定义错误页面跳转
            }
        }
    }
```

```
        else
        {
            if (btn_update.Text == "新增")
            {
                //添加新增功能：执行 insert 命令
                string sql = string.Format("insert into KSXXB values ('{0}','{1}','{2}','{3}')",
txt_bh.Text, txt_mc.Text, txt_dz.Text, txt_jm.Text);
                DBHelper.ExecSQL(sql);
            }
            else
            {
                string sql = string.Format("update  KSXXB set KSMC='{1}',DZ='{2}',
KSJM='{3}' where KSBH='{0}'", txt_bh.Text, txt_mc.Text, txt_dz.Text, txt_jm.Text);
                DBHelper.ExecSQL(sql);
            }
            Response.Redirect("KSGL.aspx");
        }
    }
```

(5) 测试运行，修改内科资料和新增内科 2 资料，运行效果分别如图 7.4.14(a)和图 7.4.14(b)所示。

(a)　　　　　　　　　　(b)

图 7.4.14　修改和新增科室信息测试运行效果

2. 用户管理模块设计与测试

1) 用户管理前端页面构建

参考挂号类别管理和科室管理，这里需要添加页面元素、设置 CSS 样式、定义字符串

Rows，代码如下：

```
<body>
    <form id="form1" runat="server">
        <div class="alink">
            <a href="YHGL_EDIT.aspx?add=1">新增用户</a>
        </div>
        <div>
            <table class="imagetable">
                <tr>
                    <th>用户账号</th>
                    <th>姓名</th>
                    <th>性别</th>
                    <th>出生日期</th>
                    <th>职称</th>
                    <th>所属科室</th>
                    <th>入职日期</th>
                    <th>是否管理员</th>
                    <th>用户密码</th>
                    <th>操作</th>
                </tr>
                <%=Rows%>
            </table>
        </div>
    </form>
</body>
```

2) 用户管理后端逻辑(含删除功能)

(1) 在 YHGL.aspx.cs 后端代码中添加必要的命名空间引用：

```
using common;
using System.Data;
using System.Text;
```

(2) 编写 Page_Load 事件方法：

```
protected void Page_Load(object sender, EventArgs e)
{
    if (Request["delete"] != null)
    {
        // 删除
        string bh = Request["delete"].ToString();
        string deleteSql = string.Format("    delete from YSXXB where    YSZH='{0}'", bh);
```

```
            DBHelper.ExecSQL(deleteSql);
        }
        BuilderData();
    }
```

(3) 编写自定义方法 BuilderData()：

```
    private void BuilderData()
    {
        StringBuilder builder = new StringBuilder();//定义拼接字符串
        // 数据库读取
        string sql = @"select * from YSXXB t1 left
                              join KSXXB t2 on t1.KSBH = t2.KSBH order by rzrq desc";
        DataTable dt = DBHelper.QuerySQL(sql);
        if (dt != null && dt.Rows.Count > 0)
        {
            foreach (DataRow row in dt.Rows)
            {
              builder.Append("<tr>");
              builder.Append(string.Format("<td>{0}</td>", row["YSZH"]));
              builder.Append(string.Format("<td>{0}</td>", row["YSXM"]));
             builder.Append(string.Format("<td>{0}</td>", row["YSXB"].ToString() == "0" ? "女" : "男"));
              builder.Append(string.Format("<td>{0}</td>", row["CSRQ"]));
              builder.Append(string.Format("<td>{0}</td>", row["ZC"]));
              builder.Append(string.Format("<td>{0}</td>", row["KSMC"]));
              builder.Append(string.Format("<td>{0}</td>", row["RZRQ"]));
             builder.Append(string.Format("<td>{0}</td>", row["GLYBZ"].ToString() == "1" ? "是" : "否"));
              builder.Append(string.Format("<td>{0}</td>", row["YSMM"]));
              builder.Append("<td>");
             builder.Append(string.Format("<a href='YHGL_EDIT.aspx?bh={0}'>编辑</a>|",
             row ["YSZH"]));
             builder.Append(string.Format("<a href='YHGL.aspx?delete={0}'>删除</a>", row["YSZH"]));
              builder.Append("</td>");
              builder.Append("</tr>");
            }
        }

        Rows = builder.ToString();
    }
```

(4) 测试运行效果如图 7.4.15 所示。

新增用户

用户账号	姓名	性别	出生日期	职称	所属科室	入职日期	是否管理员	用户密码	操作
ly	李月	女	1997/12/12 0:00:00	主治医师	内科	2019/4/28 11:51:27	是	1234	编辑 | 删除
lm	李萌	女	1967/8/8 0:00:00	主任医师	妇科	2017/8/15 21:22:45	是	1234	编辑 | 删除
wg3	王刚	男	1977/9/8 0:00:00	副主任医师	外科	2017/7/15 21:22:45	否	1234	编辑 | 删除
wy123	李梅	女	1997/8/8 0:00:00	主任医师	外科	2017/7/10 21:22:45	否	wy123	编辑 | 删除
1234	王越	男	1983/8/8 0:00:00	主治医师	内科	2017/7/10 14:48:58	是	1234	编辑 | 删除
1235	王梅	女	1993/3/3 0:00:00	主治医师	外科	2017/7/10 9:33:58	是	123	编辑 | 删除
lj	李杰	女	1977/8/8 0:00:00	副主任医师	检验科	2010/8/1 21:22:45	是	1234	编辑 | 删除
999999	李红	女	1994/7/24 0:00:00	主任医师	妇科	2007/7/10 22:44:20	是	999999	编辑 | 删除

图 7.4.15　查询显示医生账户信息运行效果

3) 用户编辑页功能设计(含新增功能)

(1) 添加 YHGL_EDIT 窗体，并在 YHGL_EDIT.aspx 前端页面中添加如下代码的页面元素，并添加 CSS 样式：

```
<body>
    <form id="form1" runat="server">
        <span style="color: red;"><%=ErrorMsg %></span>
        <div>
            <table class="imagetable">
                <asp:HiddenField ID="hiddenYSZH" runat="server" />
                <tr>
                    <th>用户名</th>
                    <td>
                        <asp:TextBox ID="txt_xm" runat="server"></asp:TextBox>
                        </td>
                </tr>
                <%if (Request["add"] != null)
                    { %>
                    <tr>
                    <th>用户账号</th>
                    <td>
                        <asp:TextBox ID="TextBox1" runat="server"></asp:TextBox>
                        </td>
                    </tr>
                <%} %>
                <tr>
                    <th>用户密码</th>
                    <td>
```

```
                <asp:TextBox ID="txt_mm" runat="server"></asp:TextBox>
                </td>
        </tr>
        <tr>
            <th>职称</th>
            <td>
                <asp:TextBox ID="txt_zc" runat="server"></asp:TextBox>
            </td>
        </tr>
        <tr>
            <th>性别</th>
            <td>
<asp:RadioButton ID="RadioButton1" runat="server" Checked="true" Text="男" GroupName="sex" />
<asp:RadioButton ID="RadioButton2" runat="server" Text="女" GroupName="sex" />
            </td>
        </tr>
        <tr>
            <th>出生日期</th>
            <td>
                <asp:TextBox ID="txt_csrq" runat="server"></asp:TextBox></td>
        </tr>
        <tr>
            <th>入职日期</th>
            <td>
            <asp:TextBox ID="txt_rzrq" runat="server" Enabled="false"></asp:TextBox>
            </td>
        </tr>
        <tr>
            <th>科室</th>
            <td>
                <asp:DropDownList ID="DropDownList1" runat="server">
                </asp:DropDownList>
            </td>
        </tr>
        <tr>
            <th>是否管理员</th>
            <td>
                <asp:CheckBox ID="CheckBox1" runat="server" /></td>
```

```
                </tr>
                <tr>
                    <th colspan="2">
                        <asp:Button ID="btn_update" runat="server" Text="修改" /></th>
                </tr>
            </table>
            <div class="alink">
                <a href="YHGL.aspx">返回</a>
            </div>
        </div>
    </form>
</body>
```

从代码中可以看出，页面前端元素中使用了 span 标签来显示“账号重复”等录入数据失败的提示信息，因此使用了数据绑定的方法将 ErrorMsg 变量绑定到 span 标签。另外还应用了“<%if (Request["add"] != null) { %>…<%} %>”的前端页面选择结构并根据特殊情况来灵活显示标签或控件。

此页面由于输入信息较多，分别使用了显示性别的“单选 RadioButton 控件”、是否管理员的“复选 CheckBox 控件”、从科室表关联显示的“DropdownList 控件”，以及隐藏显示用户账户信息的“HiddenField 控件”。这些控件的灵活使用是本拓展子任务的重点。用户编辑页窗体的运行效果如图 7.4.16 所示。

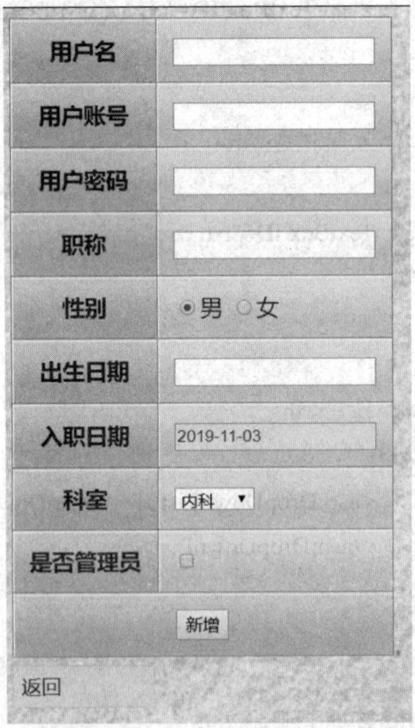

图 7.4.16　用户编辑页窗体运行效果

(2) 在引用必要命名空间后，编写 Page_Load 事件方法，由于在页面装载时需要关联 KSXXB 来显示科室名称，作为下拉列表的选项，因此通过 ADO.NET 对象查询数据，并将查询结果作为数据源赋值给数据绑定控件 DropDownList 即可，代码如下：

```
protected string ErrorMsg;
protected void Page_Load(object sender, EventArgs e)
{
    if (!IsPostBack)
    {
        string ksListSql = "select * from ksxxb";      //初始化科室关联数据
                                                       //配置数据绑定控件 DropDownList 的数据源属性
        DropDownList1.DataSource = DBHelper.QuerySQL(ksListSql);
        DropDownList1.DataValueField = "KSBH";      //Value 是程序中使用的值
        DropDownList1.DataTextField = "KSMC";      //Text 是用户显示文本
        DropDownList1.DataBind();          //实现数据绑定控件的数据绑定
        GetAddOrUpdate();                  //get 请求下新增或修改功能逻辑处理
    }
    else
    {
        PostAddOrUpdate();  //提交表单后 post 请求下新增或修改功能逻辑处理
    }
}
```

(3) 编写 GetAddOrUpdate()方法，通过 get 请求参数 add 区分新增或编辑功能，与 GHLBGL_EDIT.aspx.cs 后端逻辑代码逻辑基本一致，差别在于显示控件的多样性，代码如下：

```
private void GetAddOrUpdate()
{
    if (Request["add"] != null)
    {
        btn_update.Text = "新增";
        //新增页面，只需初始化时间
        txt_rzrq.Text = DateTime.Now.ToString("yyyy-MM-dd");
    }
    else
    {
        //编辑页面，需要显示原始 YSXXB 的记录
        string bh = Request["bh"].ToString();
        hiddenYSZH.Value = bh;            //YSZH 信息是隐藏显示的
        string yhSql = "select * from YSXXB where YSZH='" + bh + "'";
        DataTable dt = DBHelper.QuerySQL(yhSql);
```

```
                                    //根据 YSZH 查询该记录信息并显示在各控件
    if (dt != null)
    {
        txt_xm.Text = dt.Rows[0]["YSXM"].ToString();
        txt_mm.Text = dt.Rows[0]["YSMM"].ToString();
        txt_zc.Text = dt.Rows[0]["ZC"].ToString();

    if (dt.Rows[0]["YSXB"].ToString() == "0")
    {
        RadioButton2.Checked = true;
    }
    else
    {
        RadioButton1.Checked = true;
    }
    txt_csrq.Text = Convert.ToDateTime(dt.Rows[0]["CSRQ"]). ToString("yyyy/ MM/dd");
    txt_rzrq.Text = dt.Rows[0]["RZRQ"].ToString();
    if (dt.Rows[0]["GLYBZ"].ToString() == "1")
    {
        CheckBox1.Checked = true;
    }
    DropDownList1.SelectedValue = dt.Rows[0]["KSBH"].ToString();
    }
    else
    {
        throw new Exception("非法的 YSZH ");
    }
  }
}
```

(4) 编写 PostAddOrUpdate ( )方法，通过按钮文本区分新增或编辑功能，与 GHLBGL_EDIT.aspx.cs 后端逻辑代码逻辑基本一致。这里重点学习如何从各种控件中获得数据拼接 UPDATE 命令，代码如下：

```
private void PostAddOrUpdate( )
{
    if (btn_update.Text == "新增")
    {
        // 判断是否账号已经存在
        string existsSql = " select count(1) from YSXXB where YSZH='" +
                TextBox1. Text + "'";
```

```
            if (Convert.ToInt32(DBHelper.Scalar(existsSql)) > 0)
            {
                ErrorMsg = "账号已经存在";
                return;
            }
            //YSXXB 新增一条记录
            string addSql = string.Format("insert into YSXXB values('{0}','{1}','{2}','{3}','
                        {4}','{5}','{6}','{7}','{8}')"
                , txt_xm.Text
                , RadioButton1.Checked ? "1" : "0"
                , txt_csrq.Text
                , txt_zc.Text
                , DropDownList1.SelectedValue
                , DateTime.Now.ToString()
                , CheckBox1.Checked ? "1" : "0"
                , txt_mm.Text
                , TextBox1.Text);
            DBHelper.ExecSQL(addSql);
        }
        else
        {
            //YSXXB 修改一条记录
            string updateSql = string.Format("update YSXXB set YSXM='{1}',YSMM='{2}', ZC='{3}',
YSXB='{4}',CSRQ='{5}',KSBH='{6}',GLYBZ='{7}' where YSZH='{0}'"
                , hiddenYSZH.Value
                , txt_xm.Text
                , txt_mm.Text
                , txt_zc.Text
                , RadioButton1.Checked ? "1" : "0"
                , txt_csrq.Text
                , DropDownList1.SelectedValue
                , CheckBox1.Checked ? "1" : "0");
            DBHelper.ExecSQL(updateSql);
        }
        Response.Redirect("YHGL.aspx");
    }
```

(5) 测试运行，可以看到页面中新增李月医生，修改李萌医生的职称为“主任医师”，如图 7.4.17 所示。

新增用户

用户账号	姓名	性别	出生日期	职称	所属科室	入职日期	是否管理员	用户密码	操作
ly	李月	女	1997/12/12 0:00:00	主治医师	内科	2019/4/28 11:51:27	是	1234	编辑 | 删除
lm	李萌	女	1967/8/8 0:00:00	主任医师	妇科	2017/8/15 21:22:45	是	1234	编辑 | 删除
wg3	王刚	男	1977/9/8 0:00:00	副主任医师	外科	2017/7/15 21:22:45	否	1234	编辑 | 删除
wy123	李梅	女	1997/8/8 0:00:00	主任医师	外科	2017/7/10 21:22:45	否	wy123	编辑 | 删除
1234	王越	男	1983/8/8 0:00:00	主治医师	内科	2017/7/10 14:48:58	是	1234	编辑 | 删除
1235	王梅	女	1993/3/3 0:00:00	主治医师	外科	2017/7/10 9:33:58	是	123	编辑 | 删除
lj	李杰	女	1977/8/8 0:00:00	副主任医师	检验科	2010/8/1 21:22:45	是	1234	编辑 | 删除
999999	李红	女	1994/7/24 0:00:00	主任医师	妇科	2007/7/10 22:44:20	是	999999	编辑 | 删除

图 7.4.17　用户新增与修改测试效果

3. 完成自选小型医疗 IT 系统的系统管理界面与逻辑设计

完成自选小型医疗 IT 系统的各系统管理模块创意设计，参考命题(可选其他题目)如下：

(1) 住院管理子系统；
(2) 药品管理子系统；
(3) 设备管理子系统；
(4) 慢病管理子系统；
(5) 亚健康服务管理子系统。

任务 7.5　GH 子系统挂号登记及查询模块实现

任务描述

挂号登记模块是 GH 子系统的主要业务处理模块，涉及多张数据表的操作和访问，以及多类型服务器控件的应用，包括 RadioButton 控件、CheckBox 控件、DropdownList 控件、GridView 控件等综合应用。本任务学习应用 ADO.NET 对象和数据绑定控件来展现数据的应用模式，同时也可了解数据源控件与数据绑定控件相结合的快速开发方法，具体如下：

(1) 挂号页面前端构建；
(2) 挂号页面数据绑定控件初始化设计；
(3) 挂号页面快捷查询功能设计；
(4) 挂号页面挂号登记功能设计；
(5) 挂号查询页面设计；
(6) 挂号登记及查询模块测试运行。

学一学

7.5.1　数据源控件 SqlDataSource

数据源是在应用程序中使用的数据的来源，可以是数据库、服务以及对象。ASP.NET

提供了专门的数据源控件，封装了一些针对数据访问、数据操作的代码，用于实现网页对数据源的访问。通过使用此类控件，网页上的数据控件无需代码也可快速连接到数据源，并实现查询、修改等数据操作。

ASP.NET 针对不同的数据源提供了不同的数据源控件，在此重点讲述 SqlDataSource 数据源控件及其对 SQL Server 数据库的访问。

SqlDataSource 数据源控件支持连接 SQL 关系数据库，使用 SQL 命令来检索和修改数据，可用于 Microsoft SQL Server、OLE DB、ODBC 和 Oracle 数据库。将 SqlDataSource 数据源控件与数据绑定控件一起使用，可以编写尽可能少的代码来实现从关系数据库中检索、编辑和排序数据等功能。

```
<asp:SqlDataSource ID="控件 ID" runat="server"></asp:SqlDataSource>
```

1. 常用属性

ConnectionString：数据库连接字符串；
SelectCommand：查询数据 SQL 语句；
InsertCommand：增加数据 SQL 语句；
DeleteCommand：删除数据 SQL 语句；
UpdateCommand：更新数据 SQL 语句。

2. 常用方法

DataBind()：将数据源控件绑定到数据绑定控件等其他服务器控件；
Select()：执行查询操作；
Insert()：执行增加操作；
Delete()：执行删除操作；
Update()：执行更新操作。

3. 常用事件

DataBinding：将数据源控件绑定到数据绑定控件等其他服务器控件时触发；
Selecting 和 Selected：数据查询操作之前触发；数据查询操作之后触发；
Inserting 和 Inserted：新增操作之前触发；新增操作之后触发；
Deleting 和 Deleted：数据删除操作之前触发；数据删除操作之后触发；
Updating 和 Updated：数据更新操作之前触发；数据更新操作之后触发。

练一练

使用 SqlDataSource 控件连接到 GH 数据库的 BRJBXXB。

(1) 新建 Web 项目 GridView，添加 Web 窗体 PatientInfo.aspx。

(2) 从“数据”组中拖放添加一个 SqlDataSource 控件，设置其 ID 属性为 sdsPatient。

(3) 单击 SqlDataSource 控件右上角的任务按钮，如图 7.5.1 所示，单击“配置数据源”命令。

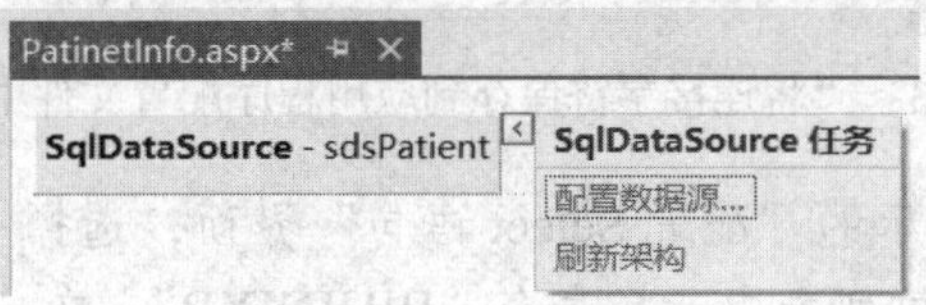

图 7.5.1　配置数据源

(4) 在“配置数据源”窗体中，单击下拉按钮，选择数据库 GH，然后单击“下一步”按钮，如图 7.5.2 所示。

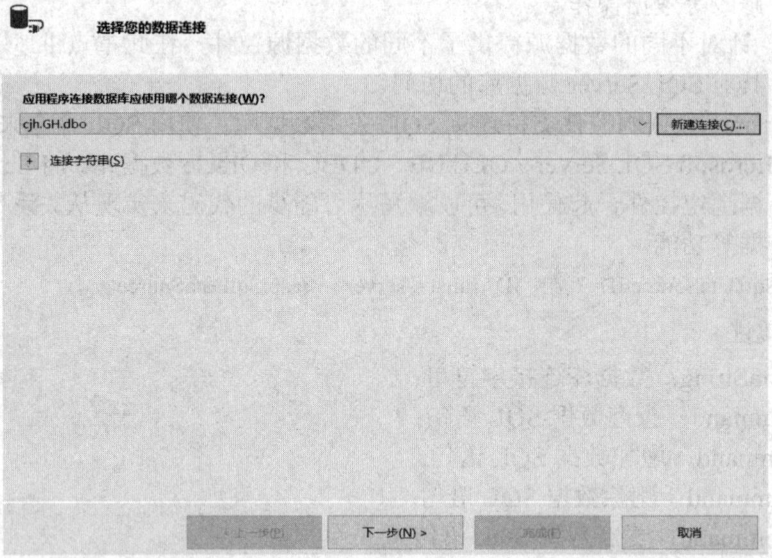

图 7.5.2　配置数据源数据库

(5) 出现如图 7.5.3 所示的“将连接字符串保存到应用程序配置文件中”界面，勾选“是，将此连接另存为”复选框，并在下面的文本框中输入“cnHISGH”，然后单击“下一步”按钮。

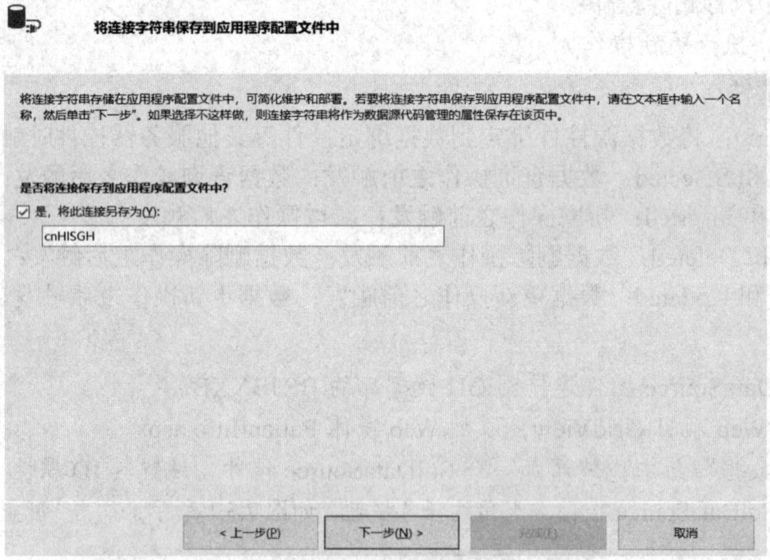

图 7.5.3　“将连接字符保存到应用程序配置文件中”界面

(6) 出现如图 7.5.4 所示的“配置 Select 语句”界面，选择“指定来自表或视图的列”单选按钮，在“名称”下拉列表中选择表名“BRJBXXB”，在“列”列表框中勾选“*”复选框，表示查询 BRJBXXB 表中所有的列，然后单击“下一步”按钮。

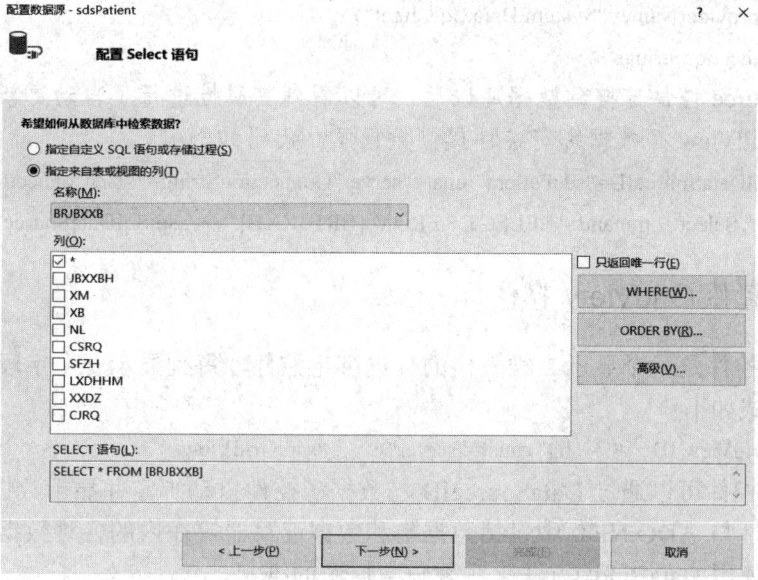

图 7.5.4　配置 Select 语句界面

(7) 点击“测试查询”按钮，显示框中出现查询结果，表明已经成功连接数据库，单击“完成”按钮即可，如图 7.5.5 所示。

图 7.5.5　测试数据源

在第(5)步中设置了将数据库连接字符串保存到应用程序配置文件中，并将其命名为 cnHISGH，因此在完成 SqlDataSource 控件的数据库连接后，打开应用程序配置文件 Web.config，即可看到以下连接字符串语句，这样项目中其他页面需要连接到同一个数据库时，就无需创建新的连接，直接选用即可，在多个页面可以重复使用同一个连接字符串。

```
<connectionStrings>
    <add name="cnHISGH" connectionString="Data Source=.;Initial Catalog=GH;User ID=sa;
Password=sa"
```

```
providerName="System.Data.SqlClient" />
</connectionStrings>
```

SqlDataSource 控件连接到数据库以后，可以看到其属性进行了自动更新，接下来就能够使用它为 GridView 等数据绑定控件提供数据了，代码如下：

```
<asp:SqlDataSourceID="sdsPatient"runat="server"ConnectionString="<%$Connection Strings:cn
HISGH % > " SelectCommand="SELECT * FROM [BRJBXXB]"> </asp:SqlDataSource>
```

7.5.2　数据控件 GridView 控件

GridView 控件是一个显示二维表格的数据绑定控件，每列显示一个字段，每行表示一条记录。其格式如下：

```
<asp:GridView ID="控件 ID" runat="server">    </asp:GridView>
```

GridView 控件可以通过 DataSourceID 与数据源控件自动绑定并显示数据，也可以通过 DataSource 属性与 ADO.NET 中包括数据集和数据读写器等在内的各种数据源对象进行数据绑定，通常使用 DataBind()方法来实现与数据源的绑定。

GridView 控件与数据源控件绑定时，在不编写代码的情况下支持实现对数据的编辑、删除、选择、排序和分页等功能，还可以指定自定义列和样式。常用的属性有 DataSourceID(绑定数据源控件的 ID)、DataSource(绑定的 ADO.NET 数据对象)、AllowPaging(是否启用分页功能)、PageSize(每页显示的记录数)、AllowSortng(是否启用排序功能)、DataKeys(数据对象中每行的键值)、EmptyDataText(数据源不含任何记录时控件显示的文本)等。

1. 绑定数据源控件 SqlDataSource

练一练

使用 GridView 控件绑定 SqlDataSource 控件来显示病人基本信息。

(1) 在 Web 窗体 PatientInfo.aspx 中添加 GridView 控件，设置 ID 属性为“gvPatient”。

(2) 设置控件外观。单击 GridView 控件右上角的任务按钮，选择“自动套用格式”命令，选择“传统型”，单击确定。

(3) 绑定数据源。单击 GridView 控件右上角的任务按钮，在出现的快捷菜单中选择“选择数据源”下拉列表中的“sdsPatient”数据源控件，如图 7.5.6 所示，这样 GridView 控件将显示数据源控件 sdsPatient 所返回的数据。

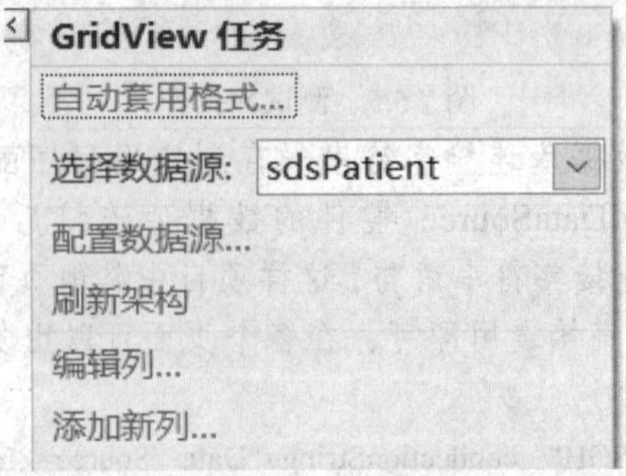

图 7.5.6　GridView 控件绑定数据源

(4) 编辑列。在“GridView 任务”菜单中选择“编辑列”命令，进入“字段”对话框，依次选择“选定的字段”中的各字段，并修改其显示标题“HeaderText”属性，如图 7.5.7 所示。

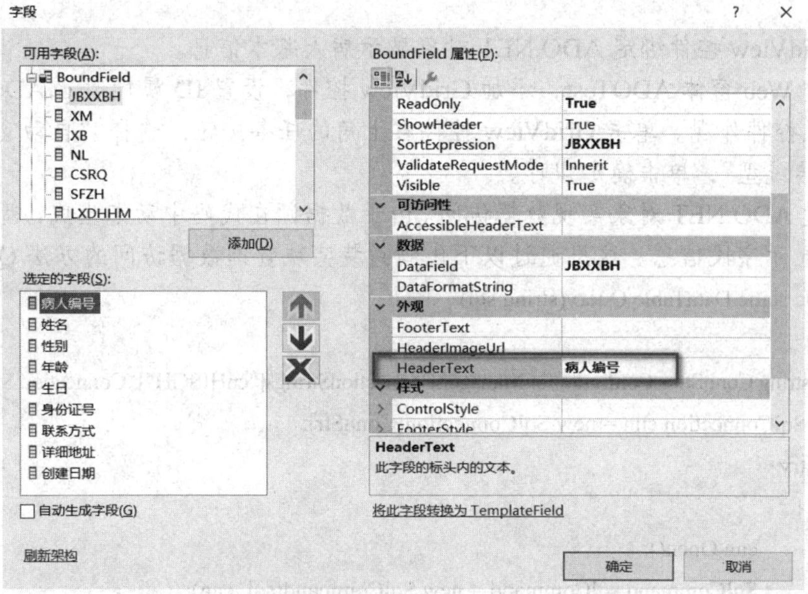

图 7.5.7　GridView 控件编辑列

(5) 排序。在“GridView 任务”菜单中选择“启用排序”复选框，然后选择“编辑列”命令进入“字段”对话框，依次选择“性别”“联系方式”“详细地址”等无需排序的字段，在右侧属性栏中选择“SortExpression”并清空其内容，即可实现取消这几个字段的排序功能。

(6) 测试运行。运行页面，观察病人信息表信息，单击“病人编号”“姓名”等标题链接，如图 7.5.8 所示，实现字段排序。

病人编号	姓名	性别	年龄	生日	身份证号	联系方式	详细地址	创建日期
201807100001	黎明	1	51	1967/9/9 0:00:00	43434354657892343	13631534438	南山二路	2018/7/10 21:54:18
201807100002	张军	1	25	1993/8/7 0:00:00	43434354657892555	13631534439	深圳天方达2	2018/7/10 21:21:56
201807100003	王越	1	40	1978/1/5 0:00:00	4311154657892342	13631114234	深职院	2018/7/10 22:45:42
201807110004	李鹏	1	29	1989/1/1 0:00:00	43433334657892342	13631534222	南山	2018/7/12 20:00:00
201807110005	王娜	0	37	1981/1/1 0:00:00	43434354634292342	13643234234	南山一路	2018/7/11 21:00:00
201808030001	吴英	0	26	1992/10/10 0:00:00	43434354657892342	13631534437	龙华一路	2018/8/3 21:54:18
201808030002	王佳	0	21	1997/12/12 0:00:00	3456782345213456 7	18543567890	罗湖2路	2018/8/3 22:27:00
201808030003	王颖	0	28	1990/12/12 0:00:00	34567823452135467	18543567889	福田2路	2018/8/4 22:27:00
201808090003	张强	1	25	1993/12/12 0:00:00	34568723452135467	18543567999	福田3路	2018/8/9 22:27:00

图 7.5.8　测试运行 GridView 显示数据源

2. 绑定 ADO.NET 对象

在数据访问和处理过程中，SQL 语句的应用更加灵活，并能够有效地提高系统的性能，因此工程应用中常使用 ADO.NET 对象来实现数据访问层的功能，同时结合 GridView 数据绑定控件来实现快速显示数据。

练一练

使用 GridView 控件绑定 ADO.NET 对象显示病人基本信息。

(1) 新建 Web 窗体 ADOTest，添加 GridView 控件，设置 ID 属性为 gvADO。

(2) 设置控件外观。单击 GridView 控件右上角的任务按钮，选择“自动套用格式”命令，选择“传统型”，单击确定即可。

(3) 通过 ADO.NET 对象实现数据访问。由于数据源在代码中动态生成，因此“编辑列”命令中并未显示字段信息。这里通过以下代码封装实现查询数据访问的方法 Query()：

```
public static DataTable Query(string sql)
{
    string ConnStr = ConfigurationManager.ConnectionStrings["cnHISGH"]. Connection String;
    SqlConnection cnn = new SqlConnection(ConnStr);
    try
    {
        cnn.Open();
        SqlCommand sqlCommand = new SqlCommand(sql, cnn);
        SqlDataAdapter adapter = new SqlDataAdapter();
        adapter.SelectCommand = sqlCommand;
        DataSet dataSet = new DataSet();
        adapter.Fill(dataSet);
        DataTable dt = null;
        if (dataSet != null && dataSet.Tables.Count > 0 && dataSet.Tables[0].Rows. Count > 0)
        {
            dt = dataSet.Tables[0];
        }
        return dt;
    }
    catch (Exception ex)
    {
        // log 日志，记录在文件，或者记录在数据库的日志表
        throw ex;
    }
    finally
    {
        cnn.Dispose();
    }
}
```

同样，需要先引用 ADO.NET 对象以及访问 Web.Config 文件的命名空间：

```
using System.Configuration;
using System.Data;
using System.Data.SqlClient;
```

(4) GridView 控件绑定 ADO.NET 对象。在 Page_Load 事件中调用 Query()方法获得数据表对象，将数据表对象设置为 GridView 控件的数据源，通过执行 DataBind()方法实现数据绑定，代码如下：

```
protected void Page_Load(object sender, EventArgs e)
{
    string sql = @"select JBXXBH 病人基本信息编号，XM 姓名，
                case xb when 1 then '男' else '女' end 性别, NL 年龄，
                CSRQ 生日，SFZH 身份证号，LXDHHM 联系电话，XXDZ
                详细地址，CJRQ 创建日期
                from BRJBXXB";
    var dt =Query(sql);
    gvADO.DataSource = dt;
    gvADO.DataBind();
}
```

运行效果如图 7.5.9 所示。

病人基本信息编号	姓名	性别	年龄	生日	身份证号	联系电话	详细地址	创建日期
201807100001	黎明	男	51	1967/9/9 0:00:00	43434354657892343	13631534438	南山二路	2018/7/10 21:54:18
201807100002	张军	男	25	1993/8/7 0:00:00	43434354657892555	13631534439	深圳天方达2	2018/7/10 21:21:56
201807100003	王越	男	40	1978/1/5 0:00:00	4311154657892342	13631114234	深职院	2018/7/10 22:45:42
201807110004	李鹏	男	29	1989/1/1 0:00:00	43433334657892342	13631534222	南山	2018/7/12 20:00:00
201807110005	王娜	女	37	1981/1/1 0:00:00	43434354634292342	13643234234	南山一路	2018/7/11 21:00:00
201808030001	吴英	女	26	1992/10/10 0:00:00	43434354657892342	13631534437	龙华一路	2018/8/3 21:54:18
201808030002	王佳	女	21	1997/12/12 0:00:00	34567823452134567	18543567890	罗湖2路	2018/8/3 22:27:00
201808030003	王颖	女	28	1990/12/12 0:00:00	34567823452135467	18543567889	福田2路	2018/8/4 22:27:00
201808090003	张强	男	25	1993/12/12 0:00:00	34568723452135467	18543567999	福田3路	2018/8/9 22:27:00

图 7.5.9　测试运行 GridView 绑定 ADO.NET 对象数据源效果

7.5.3　数据详情控件

GridView 控件功能强大，可以用表格的形式实现数据的排序、分页等多功能显示，也自带编辑和删除功能，但没有提供新增功能。

在项目开发中，对于数据访问和数据展现通常有两种模式，一是通过 ADO.NET 对象编码实现复杂灵活的增、删、改、查的数据操作，以代码逻辑为主、控件应用为辅；二是通过控件集成的方式尽可能少编码来实现功能，例如使用 GridView 控件实现编辑、查询、删除等

功能，通过 DetailsView 或者 FormView 控件来实现新增数据的功能。类似的数据控件还有 DataList、ListView、DataPager 等，使用方法都大同小异，读者可自学完成。

本书项目的任务实现采用模式一，应用 ADO.NET 对象编码为主，同时也较系统地介绍了如何使用模式二通过数据控件实现简单功能，并通过拓展任务进行实践训练。一般地，为提高系统性能考虑，采用模式一的情况居多，读者可根据情况自由选择。

1. DetailsView 控件

DetailsView 控件以表格的形式一次呈现一条数据记录，默认情况下，DetailsView 控件用来在一行显示记录中的一个字段信息，不支持排序，可以通过分页提供多条记录的翻阅。DetailsView 控件还提供插入、更新、删除记录的功能，操作方法与 GridView 控件类似。代码如下：

```
<asp:DetailsView ID="DetailsView1" runat="server">          </asp:DetailsView>
```

1) 常用属性

DataSourceID：绑定的数据源控件 ID；

DataSource：绑定的数据对象；

AllowPaging：是否启用分页功能；

DataKey：信息记录的主键；

DefaultMode：控件的默认数据输入模式，ReadOnly 表示只读模式，Insert 表示新增模式，Edit 表示编辑模式；

EmptyDataText：数据源不包含任何记录时控件所显示的文本。

2) 常用方法

DataBind ()：将数据源绑定到控件。

3) 常用事件

DataBinding：控件绑定到数据源时触发；

DataBind：控件绑定到数据源后触发；

ItemCommand：单击控件中任一按钮时触发；

ItemCreated：控件创建记录时触发；

ItemInserting(ItemInserted)：控件新增记录前触发(新增记录后触发)；

ItemDeleting(ItemDeleted)：控件删除记录前触发(删除记录后触发)；

ItemUpdating(ItemUpdated)：控件更新记录前触发(更新记录后触发)。

练一练

使用 DetailsView 控件实现病人信息的编辑、增加、删除功能。

(1) 新建 Web 窗体 DetailsViewTest.aspx。

(2) 添加一个 SqlDataSource 控件，设置其 ID 属性为“sdsPatient”，单击 SqlDataSource 控件右上角的“任务”按钮，单击“配置数据源”命令，选择“cnHISGH”连接，在“配置 Select 语句”界面，选择“指定来自表或视图的列”单选按钮，在“名称”下拉列表中选择表名“BRJBXXB”，在“列”列表框中勾选“*”复选框，表示查询 BRJBXXB 表中所有的列，单击“高级”按钮，在“高级 SQL 生成选型”页面勾选“生成 INSERT、UPDATE

和 DELETE 语句”复选框，然后单击“确定”按钮、“下一步”按钮直至“完成”。此时 sdsPatient 控件将生成 Insert、Update 和 Delete 语句。新增数据源控件的完整操作请参考 7.5.1 节。

(3) 添加一个 DetailsView 控件，设置 ID 属性为“dvPatient”，设置控件外观即单击 GridView 控件右上角的“任务”按钮，选择“自动套用格式”命令，选择“传统型”。

(4) 绑定数据源。单击 DetailsView 控件右上角的“任务”按钮，在出现的快捷菜单中选择“选择数据源”下拉列表中的“sdsPatient”数据源控件，这样 DetailsView 控件将显示数据源控件 sdsPatient 所返回的数据。

(5) 启用新增、编辑等功能。选中 DetailsView 控件右侧任务菜单中的“启用插入”“用编辑”“用删除”“用分页”复选框。

(6) 测试运行即可获得如图 7.5.10 的运行效果。

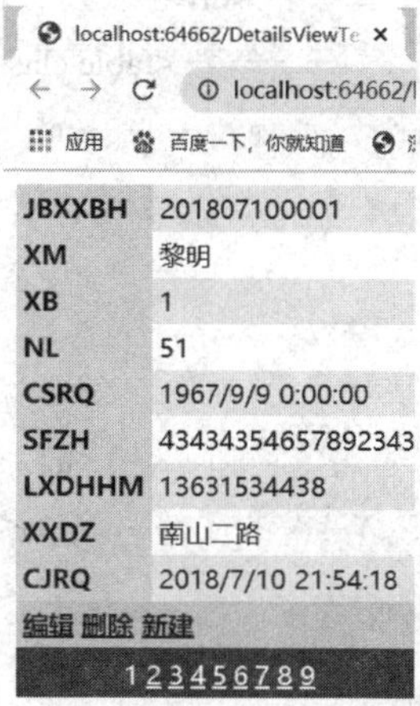

图 7.5.10　测试运行 DetailsView 控件效果

这里是 DetailsView 控件最基本的功能展示，对于更高级操作应用与 GridView 控件基本一致，请读者自行完成。如果需要将字段提示信息用中文表示，则可以参考 GridView 控件的“编辑列”操作，依次设置各字段的“HeaderText”属性。如果需要在编辑功能下使用高级控件实现用户交互功能，则可以参考拓展任务 2 的 GridView 控件的“编辑模板”操作，首先“编辑字段”中设置相应字段为“TemplateField”，然后在相应字段的“编辑模板”界面选择“EditItemTemplate”设置控件即可。

2. FormView 控件

FormView 控件在功能上与 DetailsView 控件类似，一次仅显示数据源中的一条记录，并提供翻阅多条记录，以及插入、更新和删除记录的功能。但 FormView 控件并没有指定用于显示记录的预定义布局，而是允许开发人员通过定义模板自行创建界面布局，通过使用模板可以完全控制数据的布局和外观。其操作过程与 GridView 控件的“编辑模板”操作类似，读者可参考拓展任务 2 自行学习。

任务实现

1. 挂号页面前端构建

1) 添加 GH 窗体前端页面标签元素

该窗体通过 table 标签元素、TextBox 控件、RadioButton 控件、CheckBox 控件、DropdownList 控件等实现用户挂号登记时所需的信息录入界面。具体的前端标签 HTML 代码如下：

```
<body>
    <form id="form1" runat="server">
        <div>
            <table class="imagetable">
                <tr>
                    <th>基本信息编号/身份证号</th>
                    <td>
                        <asp:TextBox ID="txt_jbxxbh" runat="server" ></asp:TextBox></td>
                </tr>
                <tr>
                    <th>姓名
                    </th>
                    <td>
                        <asp:TextBox ID="txt_xm" runat="server"></asp:TextBox>
                    </td>
                    <th>性别
                    </th>
                    <td>
                    <asp:RadioButton ID="RadioButton1" runat="server" Checked="true" Text="
男" GroupName="xb" TabIndex="1" />
                <asp:RadioButton ID="RadioButton2" runat="server" Text="女" GroupName="xb" />
                    </td>
                    <th>年龄
                    </th>
                    <td>
                        <asp:TextBox ID="txt_nl" runat="server"></asp:TextBox>
                    </td>
                </tr>
                <tr>
                    <th>出生日期
                    </th>
                    <td>
                        <asp:TextBox ID="txt_csrq" runat="server"></asp:TextBox>
                    </td>
                    <th>身份证号
                    </th>
                    <td>
                        <asp:TextBox ID="txt_sfzh" runat="server"></asp:TextBox>
                    </td>
```

```
        <th>联系电话
        </th>
        <td>
            <asp:TextBox ID="txt_lxdh" runat="server"></asp:TextBox>
        </td>
    </tr>
    <tr>
        <th>详细地址
        </th>
        <td colspan='5'>
      <asp:TextBox ID="txt_xxdz" runat="server" Width="578px"></asp: TextBox>
        </td>
    </tr>
    <tr>
        <th>科室
        </th>
        <td colspan="2">
            <asp:DropDownList ID="ddl_ks" runat="server">
            </asp:DropDownList>
        </td>
        <th>挂号类别
        </th>
        <td colspan="2">
            <asp:DropDownList ID="ddl_ghlb" runat="server" >
            </asp:DropDownList>
        </td>
    </tr>
    <tr>
        <th>应收金额
        </th>
        <td colspan="2">
       <asp:TextBox ID="txt_ysje" runat="server" Text="1.0000" Enabled="false">
       </asp:TextBox>
        </td>
        <th>实收金额
        </th>
        <td colspan="2">
       <asp:TextBox ID="txt_ssje" runat="server" Text="1.0000"> </asp:TextBox>
        </td>
```

```
                </tr>
                <tr>
                    <td colspan="6" style="text-align: center;">
                        <asp:Button ID="btn_sent" runat="server" Text="确定" />
                        <asp:Button ID="btn_reset" runat="server" Text="重置" />
                    </td>
                </tr>
            </table>
        </div>
    </form>
</body>
```

2) 设置样式

由于整个项目的样式风格一致，需要设置背景图、table 元素样式、链接按钮样式。这些设置与 GHLBGL 页面设置基本一致，采用外链式分别引入 main.css、TableCss.css、LinkCss.css 样式表文件即可，代码如下：

```
<link href="wwwroot/main.css" rel="stylesheet" type="text/css" />
<link href="wwwroot/LinkCss.css" rel="stylesheet" type="text/css" />
<link href="wwwroot/TableCss.css" rel="stylesheet" type="text/css" />
```

3）测试运行

运行效果如图 7.5.11 所示。

图 7.5.11　挂号页面运行效果

2. 挂号页面数据绑定控件初始化设计

1) 窗体装载时页面数据初始化

科室和挂号类别采用 DropDownList 控件展现，下拉列表的数据需要分别初始化为 KSXXB 中的科室名称和 GHLBB 中的挂号类别名称。因此，需要在页面装载时绑定 DropDownList 控件的数据源，这里选择 ADO.NET 对象来实现多值数据源的绑定。由于应收金额和实收金额信息取决于挂号类别，初始化时将使用 GHLBB 中首行挂号类别的应收金额信息进行默认填充，代码如下：

```
using common;
```

```
using System.Data;
namespace GH
{
    public partial class GH : System.Web.UI.Page
    {
        protected void Page_Load(object sender, EventArgs e)
        {
            // 页面首次加载 get 请求
            if (!IsPostBack)
            {
                string ksSql = "select * from KSXXB";
                ddl_ks.DataSource = DBHelper.QuerySQL(ksSql);
                                                    //数据源为 KSXXB 查询结果
                ddl_ks.DataValueField = "KSBH";      //列表数据项对应 KSBH 字段
                ddl_ks.DataTextField = "KSMC";       //列表文本显示项对应 KSMC 字段
                ddl_ks.DataBind();      //将数据源绑定到 DropDownList 控件

                string ghSql = "select * from GHLBB";
                DataTable dt = DBHelper.QuerySQL(ghSql);
                if (dt != null)
                        //为避免下文对数据表 Rows 对象操作有误，要求查询结果不为空
                {
                    ddl_ghlb.DataSource = dt;    //数据源为 GHLBB 查询结果
                    ddl_ghlb.DataValueField = "GHLBBH"; //列表数据项对应 GHLBBH 字段
                    ddl_ghlb.DataTextField = "GHLBMC";
                                                //列表文本显示项对应 GHLBMC 字段
                    ddl_ghlb.DataBind();

                txt_ysje.Text = dt.Rows[0]["GHFY"].ToString();
                                                //将列表项首项的 GHFY 字段赋值给应收金额
                    txt_ssje.Text = dt.Rows[0]["GHFY"].ToString();
                }
            }
            else    // 数据回发后加载
            {
            }
        }
    }
}
```

2) 挂号类别与金额数据的联动初始化

用户选择不同的挂号类别，需要对应收金额和实收金额进行联动更新显示，因此首先为 DropDownList 控件添加“SelectedIndexChanged”事件处理方法，在用户选项改变时触发该事件并进行联动更新处理。添加事件完成后，在属性栏双击该事件，如图 7.5.12 所示，即可进入 GH.aspx.cs 后端逻辑代码中，并自动生成该事件处理方法的代码框架。

图 7.5.12　添加 DropDownList 控件的 SelectedIndexChanged 事件

另外，下拉列表框选项改变后，需要发送请求到后端，重新加载整个挂号页，因此需要添加 AutoPostBack="True"，如图 7.5.13 所示。

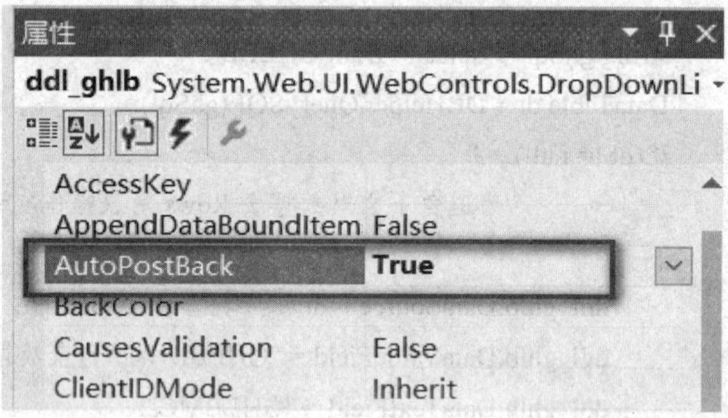

图 7.5.13　添加 DropDownList 控件的 AutoPostBack 属性

DropDownList 控件完整的前端代码如下：

```
<asp:DropDownList ID="ddl_ghlb" runat="server" AutoPostBack="True" OnSelectedIndexChanged
="ddl_ghlb_SelectedIndexChanged" >
</asp:DropDownList>
```

后端逻辑文件中，SelectedIndexChanged 事件处理方法编码如下，用来实现按挂号类别编号查询挂号费用，并填充到文本框显示的功能。

```
protected void ddl_ghlb_SelectedIndexChanged(object sender, EventArgs e)
{
    string ghlbBH = ddl_ghlb.SelectedValue;
    string ghlbSql = "select * from GHLBB where ghlbBH=" + ghlbBH;
    var dt = DBHelper.Query(ghlbSql);
    if (dt != null)
    {
```

```
            txt_ysje.Text = dt.Rows[0]["GHFY"].ToString();
            txt_ssje.Text = dt.Rows[0]["GHFY"].ToString();
        }
    }
```

3) 测试运行

运行效果如图 7.5.14 所示。

图 7.5.14　初始化数据绑定运行效果

3. 挂号页面快捷查询功能设计

1) 添加 TextBox 控件的事件和属性

添加 TextBox 控件的事件处理方法和属性，使用 ID 为 txt_jbxxbh 的 TextBox 控件来录入病人的基本信息编号或身份证号，如果病人之前有挂号记录，则可以通过此文本框来快速调出其基本信息资料，避免重复录入，只需后续完成新的挂号即可。

此功能需要添加 TextBox 控件的 Text_Changed 事件及“AutoPostBack="True"”，具体操作参考图 7.5.12、图 7.5.13。完整的文本框前端代码如下：

```
<asp:TextBox ID="txt_jbxxbh" runat="server" AutoPostBack="True" OnTextChanged= "txt_jbxxbh_
TextChanged" ></asp:TextBox>
```

2) 添加 TextBox 控件 Text_Changed 事件代码

在属性栏双击 Text_Changed 事件，进入后端逻辑代码中，并自动生成该事件处理方法的代码框架，参考如下代码，以实现通过病人编号或身份证号的快捷信息检索及显示：

```
protected void txt_jbxxbh_TextChanged(object sender, EventArgs e)
{
    string existsSql = string.Format("select * from BRJBXXB where JBXXBH='{0}' or
(SFZH='{1}' and SFZH is not null and SFZH<>'')", txt_jbxxbh.Text, txt_jbxxbh.Text);
    DataTable dt = DBHelper.QuerySQL(existsSql);
    if (dt != null)
    {
        //通过编号或身份证号找到 BRJBXXB 中的某病人基本信息，则将其数据显示在各控件中
        txt_xm.Text = dt.Rows[0]["XM"].ToString();
        if (dt.Rows[0]["XB"].ToString() == "1")
```

```
        {
            RadioButton1.Checked = true;
        }
        else
        {
            RadioButton2.Checked = true;
        }
        txt_nl.Text = dt.Rows[0]["NL"].ToString();
        txt_csrq.Text = dt.Rows[0]["CSRQ"].ToString();
        txt_sfzh.Text = dt.Rows[0]["SFZH"].ToString();
        txt_sfzh.Enabled = false;
                    //由于已录入的信息，身份证号不允许更改
        txt_lxdh.Text = dt.Rows[0]["LXDHHM"].ToString();
        txt_xxdz.Text = dt.Rows[0]["XXDZ"].ToString();
    }
    else
    {
        //对于新病人，开放身份证录入文本框
        txt_sfzh.Enabled = true;
    }
}
```

4. 挂号页面的挂号登记功能设计

1) 添加 Button 控件的单击事件

添加 Button 控件的单击事件，单击“确定”按钮，就可以提交数据并完成病人基本信息录入和挂号登记功能。在窗体设计页面双击 Button 控件，添加其 Click 事件处理方法，完整的 Button 控件前端代码如下：

```
<asp:Button ID="btn_sent" runat="server" Text="确定" OnClick="btn_sent_Click" />
```

2) 保存病人信息

在 btn_sent_Click 事件处理方法代码框架中编写代码，判断病人是否已经在 BRJBXXB 中存在，如果已经存在，则挂号登记时只需修改部分信息；如果原先不存在该病人，则需在 BRJBXXB 中新增病人信息。新增记录编号 brjbxxbh 的生成方法需要拼接字符串，因此由 DBHelper 类方法 GetMaxBH 来生成。代码段如下：

```
protected void btn_sent_Click(object sender, EventArgs e)
{
    string brjbxxbh = string.Empty;          //定义新增 BRJBXXB 记录的编号变量
    // 记录病人信息(判断是否已经存在有该病人，如果没有则新增)/ 身份证号码
    string existsSql = string.Format("select * from BRJBXXB where SFZH='{0}'", txt_sfzh.Text);
    DataTable existsBRJBXX = DBHelper.QuerySQL(existsSql);
```

```
//记录病人信息
if (existsBRJBXX != null)
{
    brjbxxbh = existsBRJBXX.Rows[0]["JBXXBH"].ToString();
    // 修改病人基本信息(将控件的文本信息更新到 BRJBXXB 表中)
    string updateSql = string.Format("update BRJBXXB set XM='{1}',NL='{2}', CSRQ = '{3}',
LXDHHM='{4}',XXDZ='{5}' where SFZH='{0}'"
        , txt_sfzh.Text
        , txt_xm.Text
        , txt_nl.Text
        , txt_csrq.Text
        , txt_lxdh.Text
        , txt_xxdz.Text);
        DBHelper.ExecSQL(updateSql);
}
else
{
    brjbxxbh = DBHelper.GetMaxBH("select max(JBXXBH) from BRJBXXB");
                    //生成 BRJBXXB 新记录的编号
    // 新增病人基本信息 [JBXXBH], [XM], [XB], [NL], [CSRQ], [SFZH], [LXDHHM],
    [XXDZ], [CJRQ]
    string addBRJBXXSql = string.Format("insert into BRJBXXB values('{0}','{1}',
        '{2}','{3}', '{4}','{5}','{6}','{7}','{8}')"
        , brjbxxbh
        , txt_xm.Text
        , RadioButton1.Checked ? "1" : "0"
        , txt_nl.Text
        , txt_csrq.Text
        , txt_sfzh.Text
        , txt_lxdh.Text
        , txt_xxdz.Text
        , DateTime.Now.ToString());
        DBHelper.ExecSQL(addBRJBXXSql);
}
}
```

3) 保存挂号信息

此功能代码段与上文病人基本信息表的操作类似，且略微简单，只需将各控件的文本信息通过 insert 语句插入到 GHDJB 中即可。其新增记录的 GHDJBH 字段由类方法

GetMaxBH 自动生成，BRJBXXBH 则是上文插入 BRJBXXB 时产生的，在此直接使用，代码如下：

```
string ghdjbh = string.Empty;                    //定义新增 GHDJB 记录的编号变量
// 记录挂号信息
ghdjbh = DBHelper.GetMaxBH("select max(GHDJBH) from GHDJB"); //生成 GHDJB 新记录的编号
string addDJXXSql = string.Format("insert into GHDJB values('{0}','{1}','{2}','{3}','{4}','{5}',
'{6}','{7}')"
        , ghdjbh
        , brjbxxbh
        , ddl_ks.SelectedValue
        , Session["userid"].ToString()
        , ddl_ghlb.SelectedValue
        , txt_ysje.Text
        , txt_ssje.Text
        , "");
DBHelper.ExecSQL(addDJXXSql);
```

4) GetMaxBH 方法自动生成编号

在 DBHelper 类中添加方法 GetMaxBH()，用以拼接 12 位的编号字段信息，编号信息组成“年+月+日+4 位编号”。首先查询记录表中的最大编号，如果有则判断此编号的日期部分是否为当天，如果是当天则只需将四位编号加 1 操作，否则需要构造“当天日期+0001”的第一条记录编号；如果空表则直接用“当天日期+0001”确定编号，代码如下：

```
public static string GetMaxBH(string sql)
{
    string BH = Scalar(sql).ToString();
    if (!string.IsNullOrEmpty(BH))
    {
        string lastDate = BH.Substring(0, 8);
        if (lastDate == DateTime.Now.ToString("yyyyMMdd"))
        {
            // 当天
            int bh = Convert.ToInt32(BH.Substring(BH.Length - 4, 4)) + 1;
            BH = DateTime.Now.ToString("yyyyMMdd") + bh.ToString("0000");
        }
        else
        {
            // 非当天
            BH = DateTime.Now.ToString("yyyyMMdd") + "0001";
        }
```

```
        }
        else
        {
            // 表的第一条
            BH = DateTime.Now.ToString("yyyyMMdd") + "0001";
        }

        return BH;
    }
```

5) 完善确认功能并测试运行

完善确认按钮的单击事件处理方法代码，即挂号登记的主业务代码，还需补充未登录情况的处理，以及挂号完成后的页面跳转，代码如下：

```
protected void btn_sent_Click(object sender, EventArgs e)
{
    //如果未登录，则退出返回到登录页
    if (Session["userid"] == null)
    {
        return;
    }
    //保存病人信息代码段
    //保存挂号登记信息代码段
    // 挂号登记结束
    Response.Redirect("GH.aspx");
}
```

运行效果如图 7.5.15 所示。

图 7.5.15　挂号登记功能测试运行效果

5. 挂号查询页面设计

1) 添加 GHCX 窗体 GridView 控件

添加 GHCX 窗体 GridView 控件，使用 GridView 列表数据控件显示挂号信息列表，代码如下：

```
<body>
    <form id="form1" runat="server">
        <div>
            <asp:GridView ID="GridView1" runat="server" class="imagetable">
            </asp:GridView>
        </div>
    </form>
</body>
```

2) 设置样式

由于整个项目的样式风格一致，采用外链式分别引入 main.css、TableCss.css、LinkCss.css 样式表文件即可，代码如下：

```
<link href="wwwroot/main.css" rel="stylesheet" type="text/css" />
<link href="wwwroot/LinkCss.css" rel="stylesheet" type="text/css" />
<link href="wwwroot/TableCss.css" rel="stylesheet" type="text/css" />
```

3) 添加 GHCX.aspx.cs 后端查询逻辑

在 Page_Load 事件方法中添加查询挂号信息的数据源，应用 ADO.NET 对象模式绑定 GridView，代码如下：

```
protected void Page_Load(object sender, EventArgs e)
{
    string sql = @"select t1.GHDJBH 挂号编号,t2.JBXXBH 病人基本信息编号,t2.XM 姓名,
        case t2.xb when 1 then '男' else '女' end 性别,
        t2.NL 年龄 ,t1.GHRQ 挂号日期,t3.KSMC 科室名称,
        t4.YSXM 医生姓名,t5.GHLBMC 挂号类别 ,t1.SSJE 挂号金额
        from GHDJB t1
        inner join BRJBXXB t2 on t1.JBXXBH=t2.JBXXBH
        left join KSXXB t3 on t1.KSBH=t3.KSBH
        left join YSXXB t4 on t1.YSXXBH=t4.YSZH
        left join GHLBB t5 on t1.GHLBBH=t5.GHLBBH";
    var dt= DBHelper. QuerySQL (sql);
    GridView1.DataSource = dt;
    GridView1.DataBind();
}
```

4) 测试运行

运行效果如图 7.5.16 所示。

图 7.5.16　挂号查询功能测试运行效果

任务拓展

1. 使用 GridView 控件和 SqlDataSource 控件实现由病人记录展开挂号详情的功能

1) 每行信息添加一个"查看信息"链接

打开病人信息页窗体 PatientInfo.aspx，选中"GridView 任务"快捷菜单中的"编辑列"命令，弹出"字段"对话框，在"可用字段"列表框中选择"HyperLinkField"节点，然后单击"添加"按钮将其添加到"选定的字段"列表中。单击"选定的字段"列表框中的"HyperLinkField"字段，然后在右侧的属性窗格中，属性"DataNavigateUrlFormatString"为超级链接添加参数用占位符{0}和{1}，并在属性"DataNavigateUrlFields"中依次录入字段名与之对应，设置属性"Text"用以显示该超级链接的文本信息，最后点击"确定"按钮，即成功添加了"查看挂号信息"的超级链接列，如图 7.5.17 所示。

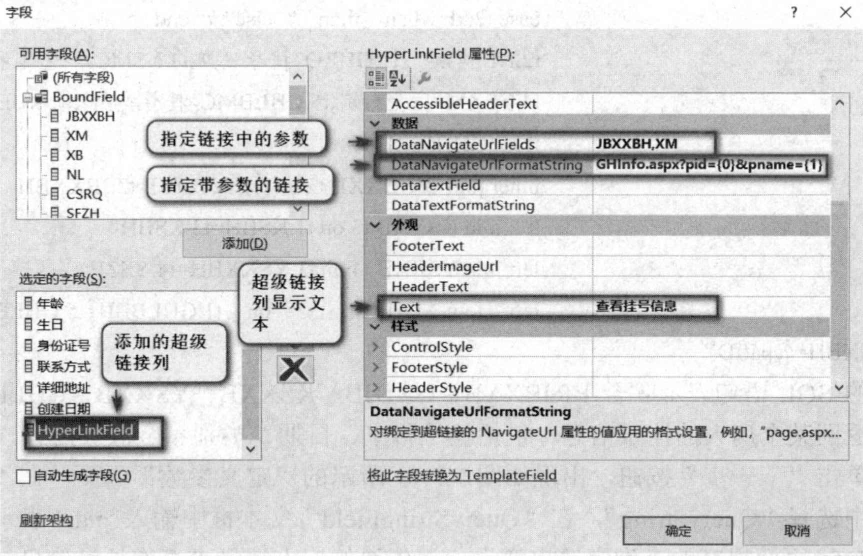

图 7.5.17　添加超级链接列

2) 添加 Web 窗体 GHInfo.aspx 并设置页面标题

添加 Web 窗体 GHInfo.aspx，在 GHInfo.aspx 页面顶部放入一个 Label 控件显示标题文字，设置其 ID 属性为 lblTitle，Text 属性为空。

页面标题显示格式为“编号+姓名+挂号信息”，其中编号和姓名信息由 PatientInfo 页面进行参数传递，GHInfo 页面可以通过 Request 对象获取页面的请求参数，并在页面装载事件中完成文本显示功能，代码如下：

```
protected void Page_Load(object sender, EventArgs e)
{
    if(!IsPostBack)
    {
        if(Request["pid"]!=null)
        {
            lblTitle.Text = Request["pid"] + Request["pname"] + "挂号信息";
        }
    }
}
```

3) 窗体 GHInfo.aspx 添加并配置数据源控件

在 GHInfo.aspx 页面拖放一个 SqlDataSource 控件，设置 ID 属性为 sdsGH，打开“SqlDataSource 控件任务”快捷菜单，选择“配置数据源”命令，在下拉列表中选择数据库连接“cnHISGH”，点击“下一步”按钮，出现“配置 Select 语句”界面，选择“自定义 SQL 语句或存储过程”，然后单击“下一步”按钮，在如图 7.5.18 所示的窗口中输入 SQL 语句代码段：

```
select t1.GHDJBH 挂号编号,t2.JBXXBH 病人基本信息编号,t2.XM 姓名,
        case t2.xb when 1 then '男' else '女' end 性别,
        t2.NL 年龄 , t1.GHRQ 挂号日期,t3.KSMC 科室名称,
        t4.YSXM 医生姓名,t5.GHLBMC 挂号类别 ,t1.SSJE 挂号金额
        from GHDJB t1
        inner join BRJBXXB t2 on t1.JBXXBH=t2.JBXXBH
        left join KSXXB t3 on t1.KSBH=t3.KSBH
        left join YSXXB t4 on t1.YSXXBH=t4.YSZH
        left join GHLBB t5 on t1.GHLBBH=t5.GHLBBH where
t1.JBXXBH=@patID
```

上面的 SQL 语句表示联合 BRJBXXB、GHDJB、KSXXB、YSXXB、GHLBB 进行多表查询，返回某个病人的挂号信息，包括挂号科室、日期、类别、金额等信息。

然后单击“下一步”按钮，出现如图 7.5.19 所示的“定义参数”界面，在“参数源”下拉列表中选择“QueryString”，在“QueryStringField”文本框中输入 pid，表示数据源按照 PatientInfo 页面提交的查询字符串变量 pid 传递的病人编号来查询挂号信息。然后单击“下一步”按钮，并在打开的“测试查询”界面中单击“完成”按钮关闭对话框。

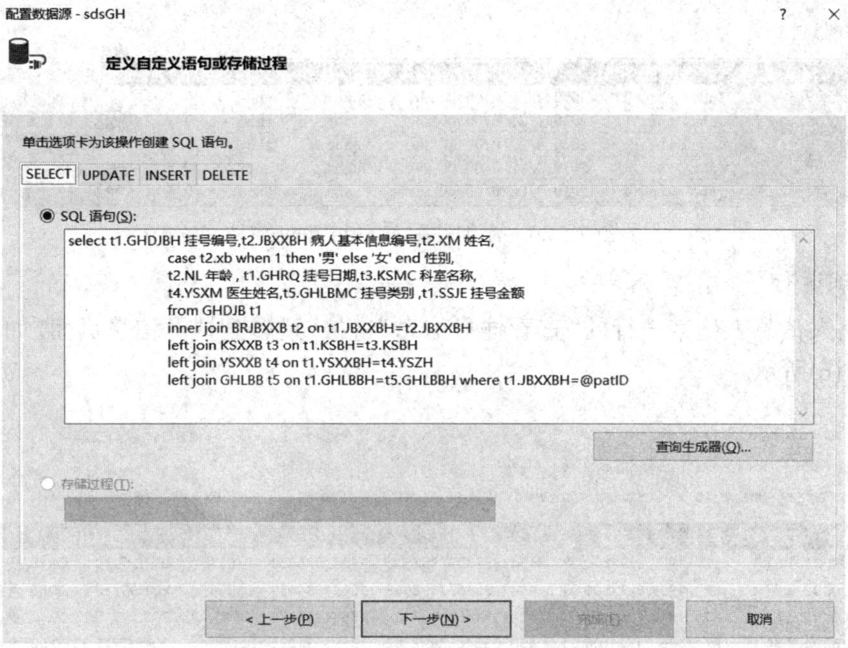

图 7.5.18　自定义 sql 语句配置数据源

图 7.5.19　定义参数设置界面

4) 窗体 GHInfo.aspx 添加并配置 GridView 数据控件

在窗体页面 GHInfo.aspx 上拖放一个 GridView 控件设置 ID 属性为 gvGH。打开“GridView 任务”快捷菜单，选择数据源为 sdsGH。选择“自动套用格式”命令中的“雪松”样式。打开“GridView 任务”快捷菜单选择“编辑列”命令，打开“字段”对话框，确认要显示的字段信息即可点击“确定”按钮，如图 7.5.20 所示。

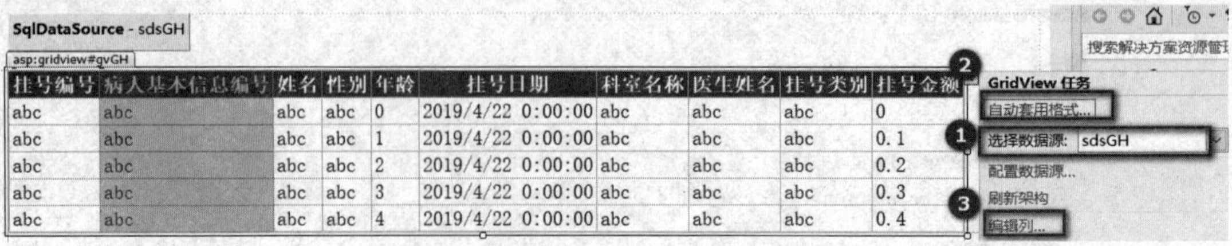

图 7.5.20　添加并配置 GridView 控件

5) 测试运行

单击病人信息表格某一行的“查看挂号信息”链接，跳转到挂号信息页面，如图 7.5.21(a)和图 7.5.21(b)所示。

(a)

(b)

图 7.5.21　测试运行“查看挂号信息”页面

2. 使用 GridView 控件和 SqlDataSource 控件实现病人信息编辑功能

1) 设置 SqlDataSource 控件的高级编辑功能

打开病人信息页面 patientInfo.aspx，选中 SqlDataSource 控件 sdsPatient，单击其右侧的任务快捷菜单，选择“配置数据源”命令，单击“下一步”按钮，在“配置 Select 语句”页面单击右侧的“高级”按钮，在“高级 SQL 生成选型”页面勾选“生成 INSERT、UPDATE 和 DELETE 语句”复选框，然后单击“确定”按钮、“下一步”按钮直至“完成”。此时 sdsPatient 控件将生成 INSERT、UPDATE 和 DELETE 语句，如图 7.5.22 所示。

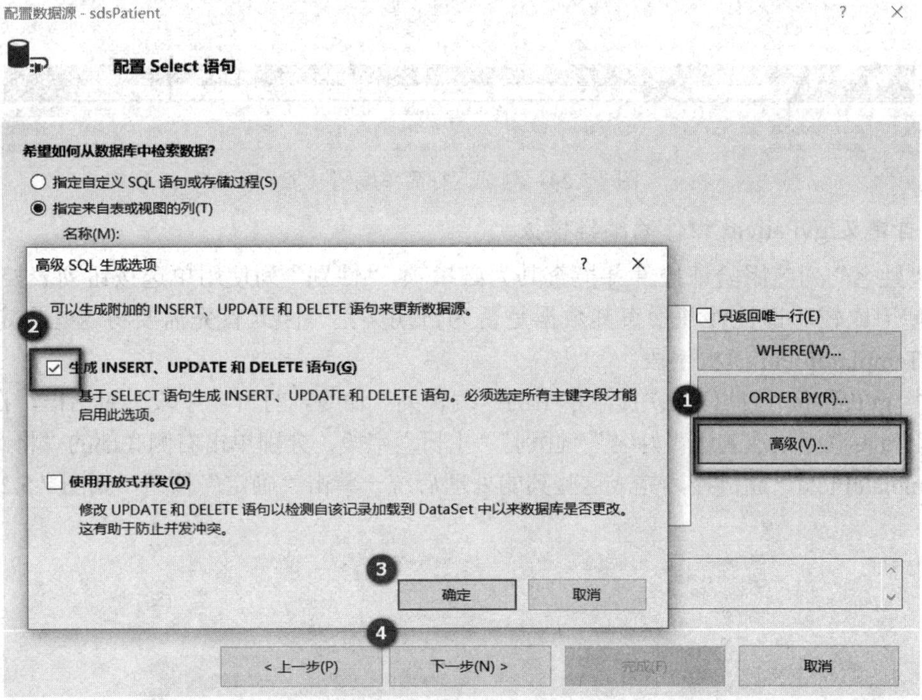

图 7.5.22　配置 SqlDataSource 控件高级编辑功能

2) GridView 控件启用编辑

选中 gvPatient 控件，单击右侧任务快捷菜单，勾选“启用编辑”复选框，可以看到，控件左侧第一列前面插入了“编辑”超级链接列，如图 7.5.23 所示。

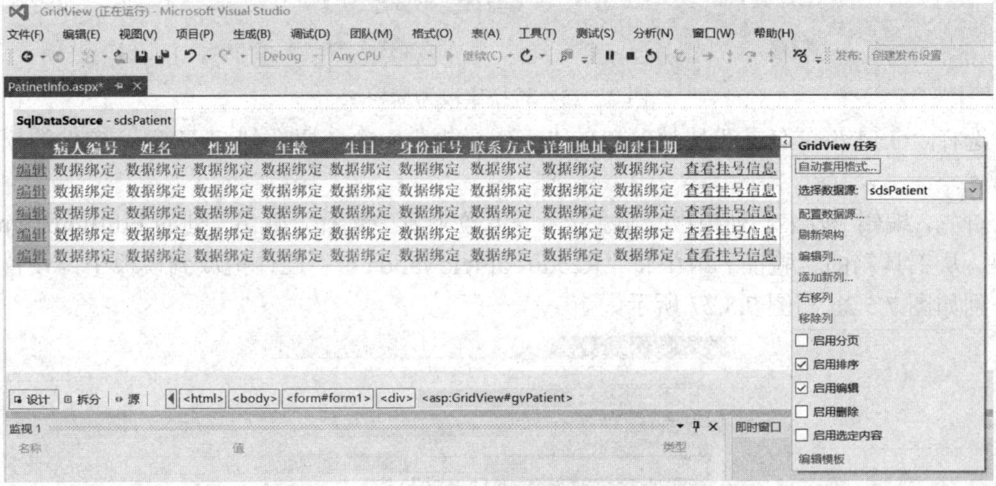

图 7.5.23　为 GridView 控件启用编辑功能

3) 测试运行简单编辑功能

单击任意一行的“编辑”超链接，进入编辑视图。如图 7.5.24 所示，该行除了“病人编号”信息列外，其他列的数据都用文本框或复选框显示，为用户进行简单编辑，完成后可点击“更新”按钮进行保存，更新数据。

图 7.5.24　测试运行简单编辑功能

4) 自定义 gvPatient 控件的编辑模板

将“姓名”列应用验证控件并检查其为必填项，“性别”列使用单选按钮列表控件，“生日”列使用比较验证控件并检查其数据是否为日期类型。因此首先需要将这些自定义的列转换为 TemplateField 模板字段。

选中 gvPatient 控件任务快捷菜单中的“编辑列”命令，打开“字段”对话框，在“选定的字段”列表框中依次勾选“姓名”“性别”“生日”字段，分别单击右侧底部的“将此字段转换为 TemplateField”超链接，完成这些列的处理后统一单击“确定”按钮，如图 7.5.25 所示。

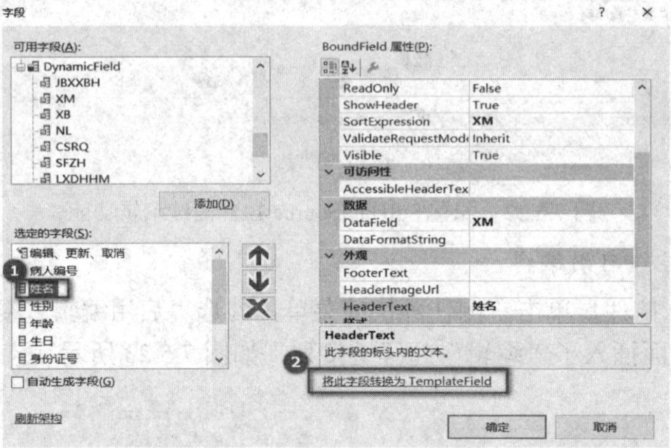

图 7.5.25　转换字段为模板域

选择“GridView 任务”快捷菜单的“编辑模板”命令，切换到 GridView 控件的模板编辑模式。

首先，编辑“姓名”列模板，在“显示”下拉列表中选择“姓名”列的 EditItemTemplate 选项。从工具箱的“验证”组中将“RequiredFieldValidator”控件拖放到模板中，设置其属性分别如图 7.5.26 和图 7.5.27 所示。

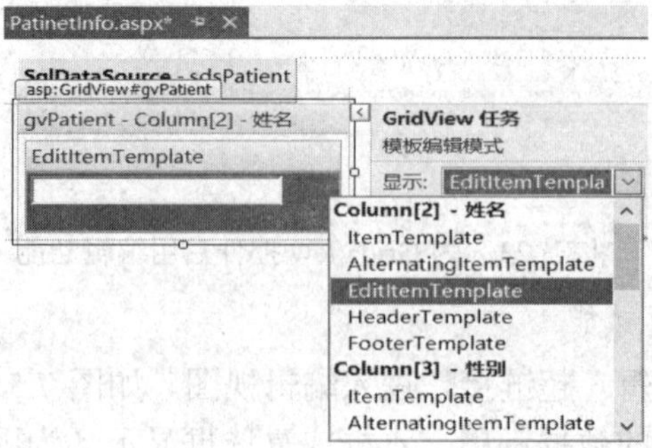

图 7.5.26　为“姓名”列模板添加 RequiredFieldvalidator 控件

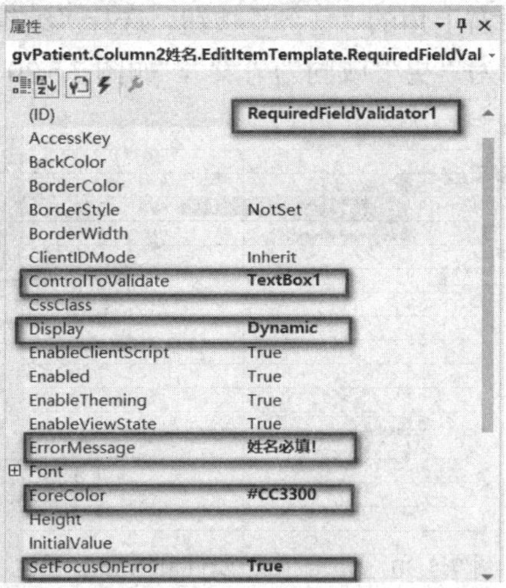

图 7.5.27　设置 RequiredFieldvalidator 控件属性

其次，编辑"性别"列模板，在"显示"下拉列表中选择"性别"列的 EditItemTemplate 选项。删除模板中原有的文本框控件，从工具箱"标准"组中将 RadioButtonList 控件拖放到模板中，如图 7.5.28 所示。设置 RadioButtonList 控件的 RepeatDirection 属性为"Horizontal"，如图 7.5.29 所示。

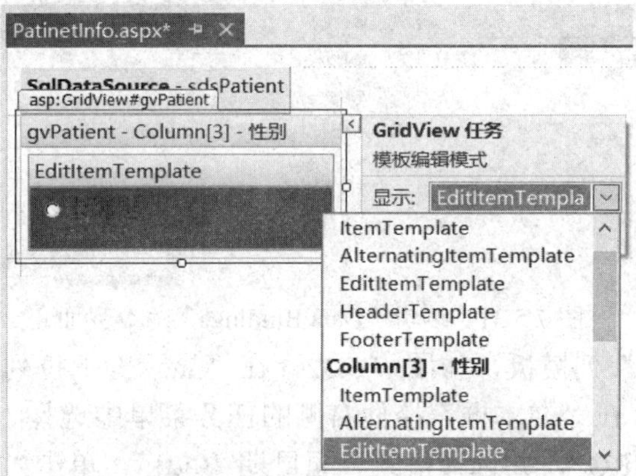

图 7.5.28　为"性别"列模板添加 RadioButtonList 控件

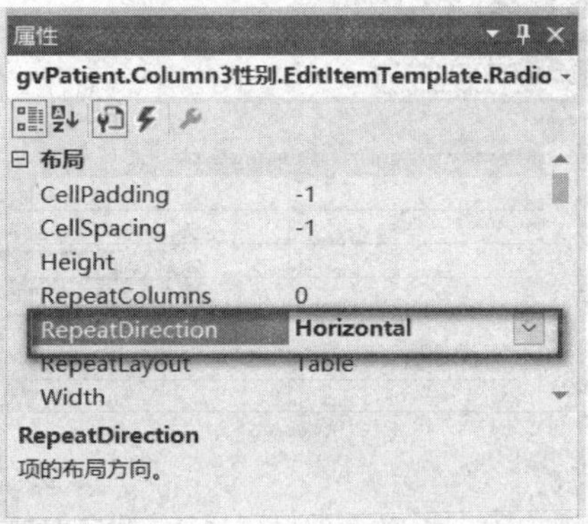

图 7.5.29　设置 RadioButtonList 控件属性

单击 RadioButtonList 控件右上角的“任务”按钮，选择“编辑项”命令，添加 2 个列表项，设置 Text 属性和 Value 属性同为“男”或同为“女”，如图 7.5.30 所示，点击“确定”按钮。

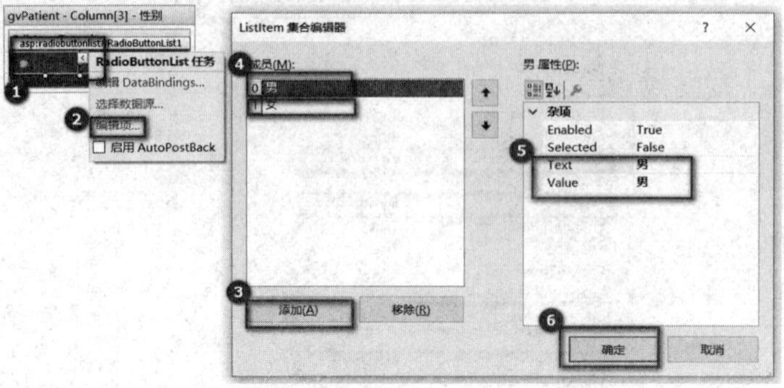

图 7.5.30　编辑 Text 属性和 Value 属性

单击 RadioButtonList 控件右上角的“任务”按钮，选择“编辑 DataBindings”命令，如图 7.5.31 所示，选择绑定到“XB”字段。

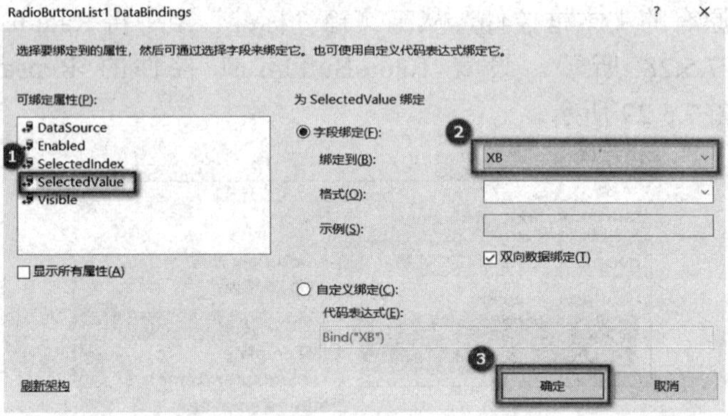

图 7.5.31　编辑“Data Bindings”命令界面

接下来编辑“生日”列模板，如图 7.5.32，在“显示”下拉列表中选择“生日”列的 EditItemTemplate 选项。在“文本框”控件右侧的任务菜单中选择“编辑 DataBindings”命令，设置绑定字段“CSRQ”，并选择格式“短日期-{0:d}”，单击“确定”按钮。从工具箱的“验证”组中将 CompareValidator 控件拖放到模板中，设置其属性如图 7.5.33 所示。

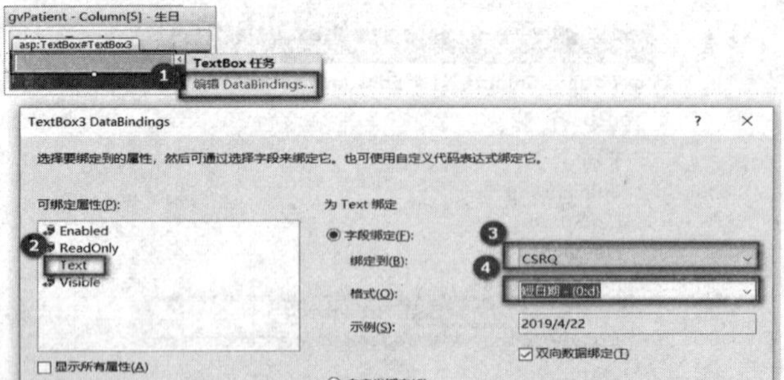

图 7.5.32　编辑“生日”字段模板

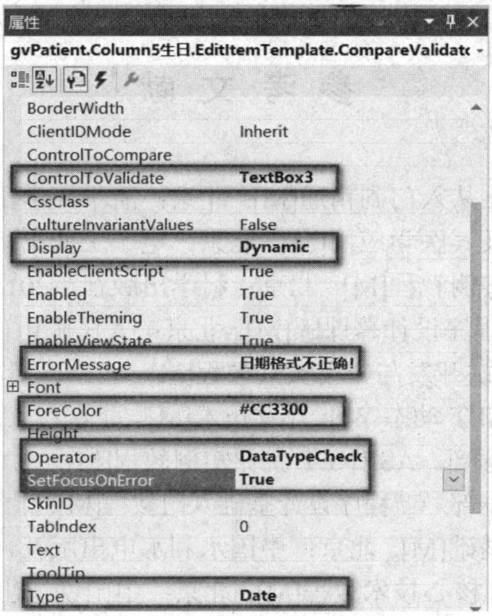

图 7.5.33 设置 CompareValidator 控件属性

5) 测试运行

测试运行编辑模块控制的功能，测试效果如图 7.5.34 所示。

图 7.5.34 测试运行病人信息编辑功能

GridView 控件也支持删除模式，可以从数据源删除当前行。操作方法与编辑模式类似，首先需要 SqlDataSource 数据源控件设置高级编辑功能，然后在 GridView 控件“启用删除”。这样，GridView 控件在每一行会显示一个“删除”超级链接，用户单击时，在数据源中删除该行并重新显示网格。另外，由于删除操作是永久性不可撤销的，为避免误操作，可以在 RowCreated 事件过程中添加代码实现“警告提示”功能。

3. 完成自选小型医疗 IT 系统的主业务处理界面与逻辑设计

完成自选小型医疗 IT 系统的主业务处理模块设计，参考命题(可选其他题目)如下：

(1) 住院管理子系统；

(2) 药品管理子系统；

(3) 设备管理子系统；

(4) 慢病管理子系统；

(5) 亚健康服务管理子系统。

参 考 文 献

[1] 明日科技. SQL Server 从入门到精通[M]. 北京：清华大学出版社，2017.
[2] 冯天亮. 数据库原理及其医学应用[M]. 北京：电子工业出版社，2014.
[3] 曹起武. SQL Server 实例教程[M]. 北京：科学出版社，2015.
[4] 明日科技. ASP.NET 程序设计慕课版[M]. 北京：人民邮电出版社，2017.
[5] 李振. ASP.NET4.5 网站开发与应用实践教程[M]. 北京：清华大学出版社，2017.
[6] 郭玲，李俊平. ASP.NET 动态 Web 开发技术[M]. 北京：人民邮电出版社，2017.
[7] 传智播客高教产品研发部. ASP.NET 就业实例教程[M]. 北京：人民邮电出版社，2015.
[8] 传智播客高教产品研发部. C#程序设计基础入门教程[M]. 北京：人民邮电出版社，2014.
[9] 唐继勇. 计算机网络基础[M]. 北京：中国水利水电出版社，2015.
[10] 黑马程序员. Node.js 核心技术教程[M]. 北京：中国铁道出版社，2017.
[11] [日]竹下隆史. 图解 TCP/IP[M]. 北京：人民邮电出版社，2013.
[12] [日]上野宣. 图解 HTTP[M]. 于均良，译. 北京：人民邮电出版社，2013.
[13] 施诚. 医院信息系统分析与设计[M]. 北京：电子工业出版社，2014.